量子力学原理及应用

刘劲松　编著

科学出版社
北京

内 容 简 介

本书内容主要包括：基本原理(波函数与概率波、力学量与算符、薛定谔方程、态叠加原理、全同性原理)，定态问题(一维与三维束缚态、一维散射态、电磁场中带电粒子的运动)，算符(狄拉克符号、算符对易、厄米算符、力学量完全集)，表象变换与矩阵力学(表象及变换、算符的矩阵表示、矩阵力学)，微扰论和变分法(定态与含时微扰论、变分法)，量子跃迁(光的吸收与辐射、自发辐射、能级宽度、激光原理)，自旋(自旋表象、自旋轨道耦合态、光谱精细结构、双电子自旋态)，量子纠缠(纠缠态、纠缠判据与纠缠度、量子隐形传态、测量与退相干). 每章末附有适量的习题.

本书可作为高等学校工科类本科生量子力学课程教材(48～56 学时)，适用于光学工程、电子信息、控制、机械等专业.

图书在版编目（CIP）数据

量子力学原理及应用/刘劲松编著. —北京：科学出版社，2022.6

ISBN 978-7-03-070913-4

Ⅰ. ①量…　Ⅱ. ①刘…　Ⅲ. ①量子力学　Ⅳ. ①O413.1

中国版本图书馆 CIP 数据核字（2021）第 262268 号

责任编辑：龙嫚嫚　赵　颖 / 责任校对：杨聪敏

责任印制：赵　博 / 封面设计：无极书装

科学出版社 出版

北京东黄城根北街 16 号

邮政编码：100717

http://www.sciencep.com

三河市骏杰印刷有限公司印刷

科学出版社发行　各地新华书店经销

*

2022 年 6 月第　一　版　开本：720 × 1000　1/16

2024 年 8 月第五次印刷　印张：11 1/4

字数：227 000

定价：42.00 元

（如有印装质量问题，我社负责调换）

前　言

量子力学与理论力学、电动力学、热力学与统计物理一道，被称为四大力学. 这其中，后三个发展于 20 世纪前，适用于描述宏观条件下物质的运动，属于经典物理学的范畴. 对于微观世界(分子、原子、亚原子)和某些宏观现象(如低温超导、超流等)，只有用诞生于 20 世纪初的量子力学才能准确描述. 以往，量子力学通常是为大学理科物理专业开设的课程. 有些工科专业开设了量子物理课程，直接用量子力学的结论进行现象解释，达到知其然的教学目的. 近一二十年来，随着量子理论的应用领域日益广泛，许多工科专业都开设了量子力学课程，不仅要知其然，也要知其所以然. 然而，绝大多数工科专业的课时数(32～48 学时)往往远少于理科专业的课时数(56～64 学时)，这使得工科在量子力学的授课方式与内容选取上具有不同于理科的特点.

量子力学，因其语言佶屈聱牙、内容晦涩难懂，是四大力学中最难学的，常被学生视为“天书”. 究其原因，一是量子力学建立在公理体系之上，概念和术语非常抽象；二是描述的对象是微观粒子，缺乏直观的图像；三是波函数的统计诠释带来的或然性；四是力学量用算符表示，导致理论计算与实验观测之间的联系隐秘盘曲；五是需要用到较为广泛的数学知识. 所以，需要努力改革教学方法来不断提高授课质量. 这其中，拥有一本合适的教材十分重要. 作者基于二十余年来为工科学生教授量子力学所积累的经验和体会，编撰了这本教材，着重在以下几个方面进行了尝试.

量子理论已经创建一百余年，现在的学生从中学起已接触了相关概念. 在当代学生的脑海中，经典物理的图像与概念并非像一个世纪前的学者那样成为量子理论的认知障碍. 因此，本教材大大压缩或略去了诸如量子力学的初创过程、波函数物理意义解释的历史沿革、波包等内容. 在第 1 章就开宗明义，集中讲授量子力学的五个公理，使读者首先理解和掌握基本理论框架. 为了在讲述公理时能够提供更多的素材以帮助读者理解，在顺序上将诸如厄米算符、一维无限深方势阱等通常放在后续章节的内容提前到第 1 章.

量子力学的问题可以概括为定态问题、跃迁问题和散射问题等. 其中，定态问题归结为求解能量本征方程. 考虑到以微分方程的形式求解能量本征方程是学生们在其他物理课程中接触过的数学处理方式，本教材将一维定态问题、三维(中心力场) 定态问题和电磁场中粒子的运动集中安排到第 2 章，以微分方程为主要数学工具，统一讲授. 这使得学生们可以沿用熟悉的数学方式求解许多量子问题，在不必调用过多数学工具的情况下通过解决实例来提高对量子力学的认识，减轻学习难度.

狄拉克符号可在无具体表象的条件下推演出量子态和算符的许多性质，能够高度抽象地描述和概括量子理论的概念和结论. 因此，让学生尽早理解、掌握和使用狄拉克符号，对于量子力学的学习及日后的深造大有裨益. 为此，在第 3 章就安排了对狄拉克符号的系统讲授.

量子理论是当代科技的基石之一，与前沿技术甚至日常生活密切相关. 为达到学以致用的教学效果，本教材适当安排了能带结构、激光原理、量子信息、量子通信等应用性内容，尽量使读者能领悟和了解到量子理论的现实应用和发展前沿，并为衔接后续专业课程做好铺垫.

受篇幅和课时限制，本教材未涉及散射问题，有兴趣的读者可参考其他教材和专著.

刘劲松
2021 年 1 月
于武汉华中科技大学

目　　录

第1章　基本原理

量子力学是一门建立在公理体系上的物理理论. 基于公理构建理论体系是数学和物理中常用的方法，数学中典型的例子是欧几里得平面几何. 量子力学的公理、个数及其表述在不同的教科书有不尽相同的描述，通常来说有五个公理，本章分五节分别加以描述.

量子力学诞生于20世纪初，之前发展起来的力学、电磁学、光学、热学、声学、统计物理等，在当时都已相当成熟. 习惯上，将狭义相对论和量子力学提出之前建立起的物理学称为经典物理.

1.1　波函数与概率波

1.1.1　能量量子化

绝对黑体是一种理想化的模型，可以简单地理解为一个开孔的腔体，如图1.1.1所示，其特点是可以吸收和辐射各种频率的电磁波，在热平衡时吸收与辐射相平衡.

经典物理在处理黑体辐射时遇到了困难. 历史上，维恩(W. Wien)从热力学出发推出了一个描述绝对温度为T的黑体辐射能谱密度$\rho(\nu)$的公式，称为维恩公式

$$\rho(\nu)=\frac{\alpha\nu^3}{c^2}\mathrm{e}^{-\beta\nu/T}, \tag{1.1.1}$$

式中，ν为辐射频率，α、β为常量，c为真空光速，T为绝对温度. 如图1.1.2所示，维恩公式在高频段与实验值吻合得很好，但在低频段存在明显的差异.

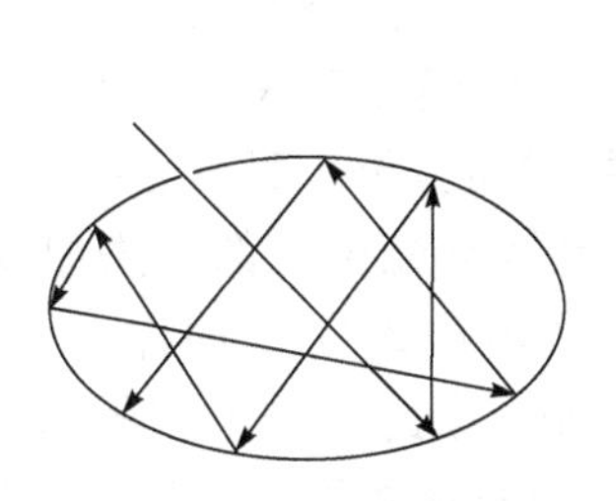

图1.1.1　黑体示意图

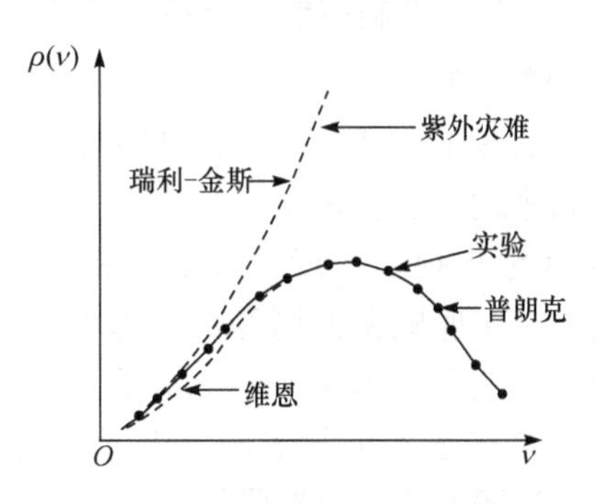

图1.1.2　三种黑体辐射公式与实验的对比

瑞利(J.W. Rayleigh)和金斯(J. H. Jeans)基于电动力学和统计物理推出另一个公式，称为瑞利-金斯公式

$$\rho(\nu)=\frac{8\pi k_{\rm B}T}{c^3}\nu^2, \tag{1.1.2}$$

式中，$k_{\rm B}=1.38\times10^{-23}$ J/K 为玻尔兹曼常量. 如图 1.1.2 所示，瑞利-金斯公式在低频段与实验值吻合得很好，但在高频段存在十分显著的差异，被称为“紫外灾难”.

为解释黑体辐射效应，普朗克(M. Planck)提出，黑体的辐射或吸收源于内壁分子或原子的振动，可将这种振动视为线性谐振子. 重要的是，普朗克突破能量连续取值这一经典物理学的观念，提出“能量量子化”的观点：这些谐振子只能处于某些分立的状态，在这些状态下，谐振子的能量不能取任意值，而是以“量子”(quantum)的方式，取某一最小能量 E 的整数倍. 普朗克假设

$$E=h\nu, \tag{1.1.3}$$

其中，ν 是谐振子的固有频率，$h=6.626\times10^{-34}$ J · s 称为普朗克常量，是一个由实验确定出的比例系数. 以这样的假设为前提，推导出了一个公式，称为普朗克公式

$$\rho(\nu)=\frac{8\pi\nu^2}{c^3}\frac{h\nu}{{\rm e}^{h\nu/k_{\rm B}T}-1}, \tag{1.1.4}$$

如图 1.1.2 所示，普朗克公式与实验结果惊人地吻合. 这表明，他提出的能量量子化概念拥有深刻的物理内涵. 经典物理认为能量的取值是连续的，从表观上看似乎不存异议. 普朗克的这一能量量子化假设，突破了这种表观认识，为后面解释氢原子光谱和光电效应等许多问题提供了思想基础，也吹起了量子力学的序曲.

1.1.2 波粒二象性

早期牛顿在研究光学时，曾将光束假设为粒子流，并据此解释了色散效应. 后来大量的干涉和衍射实验表明光是一种波，麦克斯韦的电磁理论证明光波是频率在$10^{14}\sim10^{16}$ Hz 的电磁波. 但是，从光的波动性出发却无法解释光电效应.

如图 1.1.3 所示，光波照射到金属上，能激发出电子(称为光电子). 对给定的金属来说，实验表明，能否产生光电子同入射光的频率 ν 有关，低于某个频率(称为截止频率 ν_0)后，无论光的强度多大，照射时间多长，都不能使光电子逸出. 这种现象无论用经典物理中的几何光学还是波动光学，都无法加以解释. 为此，爱因斯坦(A. Einstein)提出了光量子概念：光波由光量子(简称光子)组成，每一个光子的能量 E 与光频率 ν 的关系是 $E=h\nu$. 在此基础上来解释光电效应：当频率为 ν 的光照射金属时，一个电子只能以整体的形式吸收一个光子的

能量. 根据能量守恒定律，这个光子的能量 $h\nu$ 要转换为光电子的动能并能克服金属表面的束缚，需满足 $h\nu = \mu_e u_0^2/2+W$ ，其中 μ_e 是电子质量，u_0 是电子逸出金属表面的速度，W 是金属表面的逸出功. 光电子得以产生的条件是 $\mu_e u_0^2/2 > 0$ ，故光子的频率需满足 $\nu > W/h = \nu_0$. 爱因斯坦的光子假说是对普朗克能量量子化假说的发展，可以很好地解释光电效应.

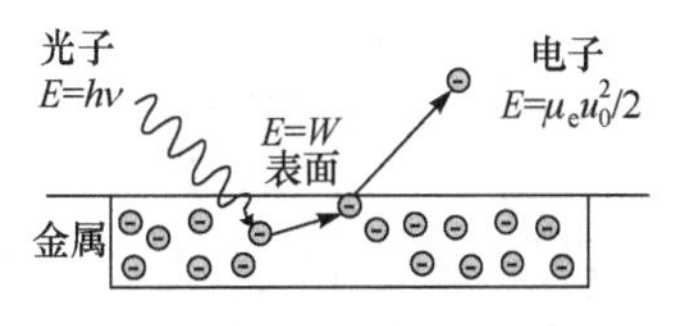

图 1.1.3　光电效应示意图

根据相对论，静止质量为 μ_0 的粒子，其能量 E 和动量 p 之间的关系为 $E^2 = \mu_0^2 c^4 + c^2 p^2$. 光子的运动速度为 c ，静止质量 $\mu_0 = 0$ ，故 $E = cp$ ，又因 $E = h\nu$ ，从而 $p = h\nu / c$. 频率 ν 和波长 λ 之间满足 $\nu\lambda = c$ ，因此得到光子的能量和动量为

$$E = h\nu = \hbar\omega , \tag{1.1.5}$$

$$\boldsymbol{p} = \frac{h}{\lambda}\boldsymbol{n} = \hbar\boldsymbol{k} , \tag{1.1.6}$$

式中，$\boldsymbol{n}$ 是光子运动方向上的单位矢量，$\omega = 2\pi\nu$ 称为角频率或圆频率，$\boldsymbol{k} = (2\pi / \lambda)\boldsymbol{n}$ 称为波矢，$\hbar = h / 2\pi$ 读作“h bar”，是量子力学里特有的符号.

光子假说揭示出光波具有“粒子性”，光的干涉和衍射实验表明光波具有“波动性”，式(1.1.5)和式(1.1.6)把光的这两重性质(粒子性和波动性)联系了起来，等式左边的能量和动量是描述粒子的，等式右边的频率和波长则是描述波动的. 光子所具有的这种粒子和波动的两重性称为**波粒二象性**. 值得强调的是，这里只是借助了粒子和波动两个经典物理中的概念，其本质既不是经典波，也不是经典粒子.

1.1.3　德布罗意波

德布罗意(de Broglie)在光的波粒二象性的启示下，提出一个假设：不仅静止质量为零的光子具有波粒二象性，而且静止质量不为零的实物粒子，如电子、原子、分子、子弹、足球、地球等，也应该具有波粒二象性. 由于实物粒子的粒子性不存异议，德布罗意假设的核心是实物粒子也有波动性，后来称此为德布罗意波或物质波，同样满足式(1.1.5)和式(1.1.6)，故此两式也被称为**德布罗意公式**或**德布罗意关系**. 由于实物粒子的静止质量 $\mu_0 \neq 0$ ，若粒子的运动速度 $u \ll c$ ，物质波的波长满足

$$\lambda = \frac{h}{\mu_0 u} . \tag{1.1.7}$$

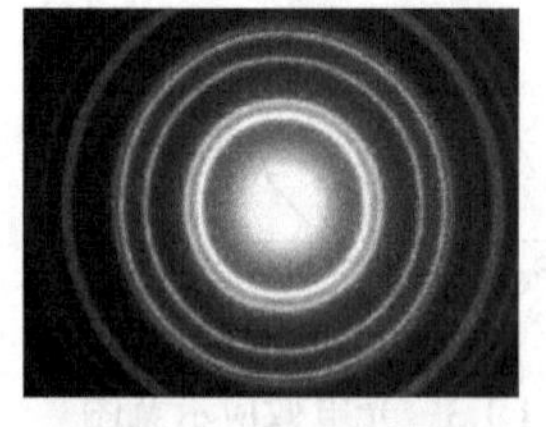

图 1.1.4　低能电子通过晶体后的衍射图样

德布罗意提出物质波的假设时并没有实验基础，但被后来的电子衍射等实验现象所证实. 图 1.1.4 是低能电子通过晶体后的衍射图样，说明电子具有波动性. 此外，也观察到原子和分子，尤其是 C60 这样的大分子等微观粒子的衍射现象. 各种实验数据都证实物质波确实存在，波长与动量之间满足德布罗意关系.

假设实物粒子的运动速度是 $u=10^{-6}c$，利用式(1.1.7)可以估算出不同静止质量的实物粒子所对应的物质波的波长 λ，结果见表 1.1.1. 对比表 1.1.2 可以看出，电子、质子、分子这些质量很小的“微观”粒子，其波长与熟知的光子波长可比拟. 在运动速度 $u=10^{-6}c$ 时，电子的波长落入红外波段，质子的波长落入紫外波段，C60 分子的波长介于紫外和 X 射线之间. 可见，这些微观粒子的波动性是很显著的，可采用与光学中干涉和衍射相类似的装置观测到它们的波动性. 对于子弹、铅球、地球这些质量很大的“宏观”粒子来说，其物质波的波长实在是太短了，因此几乎无法从实验上观测到波动性.

表 1.1.1　运动速度为 $u=10^{-6}c$ 的实物粒子所对应的物质波波长

	电子	质子	C60 分子	子弹	铅球	地球
μ_0 /kg	9.1×10^{-31}	1.67×10^{-27}	1.19×10^{-24}	2.0×10^{-2}	5	5.94×10^{24}
λ /m	2.29×10^{-6}	1.25×10^{-9}	1.75×10^{-12}	1.04×10^{-34}	4.17×10^{-37}	3.51×10^{-61}

表 1.1.2　不同频段的光子的波长

光子	红外	可见光	紫外	X 射线
λ/m	$(1\sim10)\times10^{-6}$	$(400\sim800)\times10^{-9}$	$(1\sim380)\times10^{-9}$	$(10^{-4}\sim1)\times10^{-12}$

1.1.4　不确定度关系

比起宏观粒子，微观粒子的波动性非常显著，这使得一些对宏观粒子成立的物理概念和规律，对微观粒子不再适用. 例如，经典力学表明，质点的位置和动量是可以同时确定的，但对微观粒子来说，这个结论不成立. 下面以电子单缝衍射为例来说明这个问题.

大量的实验表明，电子束通过夹缝时，会像光波一样发生衍射，形成与光的单缝衍射相类似的衍射条纹. 如图 1.1.5 所示，设沿 x 方向均匀分布的电子束沿 y

方向入射到狭缝上，入射电子的动量 $\boldsymbol{p}$ 只有 y 分量 p_y，没有 x 分量 p_x. 取狭缝中心处为 $x=0$，狭缝在 x 方向的宽度为 Δx，在 z 方向的长度可视为无穷. 如果电子没有波动性，自然不会形成衍射，电子的动量依旧只有 p_y，只能在观测屏上 $x=0$ 处、Δx 范围内观测到均匀分布的电子,没有衍射花样,此时电子的 x 坐标($\forall x \in \Delta x$)和动量 x 分量($p_x=0$)是可以同时确定的. 然而，实验观测表明，在屏上能观测到衍射图样，说明电子存在波动性. 此时考察电子的动量，发现其 x 分量 p_x 一般不为零. 以一级衍射极小为例，设此时电子动量与 y 轴的夹角为 θ，则 p_x 的变化范围是 $\Delta p_x = p\sin\theta$；由衍射公式 $d\sin\theta = m\lambda$，此时 $d=\Delta x$ 及 $m=1$，故有 $\Delta x\sin\theta=\lambda$，进而有 $\Delta p_x = p\lambda/\Delta x$；再根据德布罗意关系 $p=h/\lambda$，有

$$\Delta x \Delta p_x = h. \tag{1.1.8}$$

此式表明，坐标 x 的偏差量 Δx 和动量 x 分量 p_x 的偏差量 Δp_x 不能同时为零，这称为**不确定度关系**. 如果 $\Delta x \to 0$，表明电子具有确定的位置即 $x=0$，根据式 (1.1.8)，必然有 $\Delta p_x \to \infty$. 这说明，如果电子的坐标位置得以确定，其动量就完全不能确定，反之亦然. 从测量的角度去理解，不确定度关系说明电子的坐标和动量不能同时准确测定. 这同经典物理的结论是不一样的，物质波的存在使得经典物理中的许多概念和结论受到了空前的挑战.

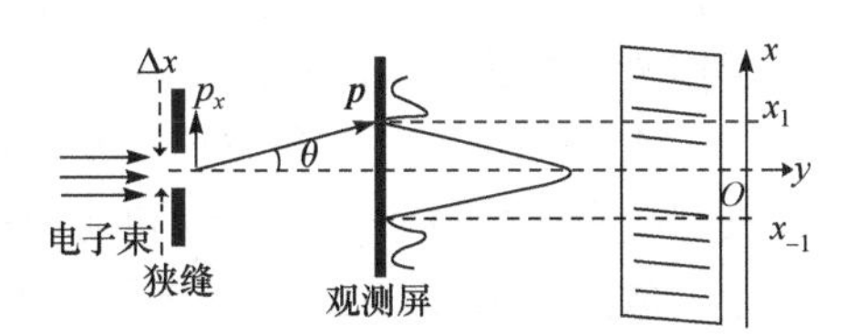

图 1.1.5　电子单缝衍射示意图

1.1.5　波函数

普朗克提出的能量量子化，是通过普朗克常量 h 表征出来的. 由于 h 非常之小，在很多情况下，尤其在宏观现象中，h 和其他物理量相比可以略去. 例如物质波的波长 λ，与 h 成正比，与静止质量 μ_0 成反比，像电子、质子、原子、分子等微观粒子，因其 μ_0 足够小，h 的作用不能忽略，导致微观粒子具有相对较长的波长，波动效应显著；而像子弹、铅球、地球等宏观粒子，因其 μ_0 足够大，h 的作用可以忽略，导致宏观粒子的 λ 小到完全可以忽略不计，几乎观测不到波动现象. 所以，凡是 h 能起显著作用、不能被忽略掉的现象可以称为量子现象. 不确定度关系的本质是物质波的存在，是典型的量子现象. 黑体辐射、光电效应、固体比热容、氢原子光谱、原子结构与稳定性等很多经典物理遇到困难的问题，都是 h 在其中的作用不能忽略，量子效应显著，所以必须建立新的理论体系 —— 量子理论来加以解释.

量子现象的特征之一是粒子具有波粒二象性，为此，引入**波函数**这一物理量

来对波粒二象性加以描述. 下面从经典物理中的平面波出发来构建波函数的数学形式. 在三维笛卡儿坐标系中，振幅为 A 、圆频率为 $\omega = 2\pi\nu$ 、波长为 λ 、沿波矢 $\boldsymbol{k}$ 方向传播的平面波可表示为

$$\psi(\boldsymbol{r},t)=A\cos(\boldsymbol{k}\cdot\boldsymbol{r}-\omega t) , \tag{1.1.9}$$

式中，$\boldsymbol{r} = x\boldsymbol{e}_x + y\boldsymbol{e}_y + z\boldsymbol{e}_z$ ，$\boldsymbol{k} = k_x\boldsymbol{e}_x + k_y\boldsymbol{e}_y + k_z\boldsymbol{e}_z$ ，$\boldsymbol{e}_x, \boldsymbol{e}_y$ 和 $\boldsymbol{e}_z$ 分别为 x, y 和 z 方向上的单位矢量，$|\boldsymbol{k}| = 2\pi/\lambda$. 此式也可用复数形式表达为

$$\psi(\boldsymbol{r},t)=A\mathrm{e}^{\mathrm{i}(\boldsymbol{k}\cdot\boldsymbol{r}-\omega t)} , \tag{1.1.10}$$

式中，$\mathrm{i}=\sqrt{-1}$. 将式(1.1.5)和式(1.1.6)代入式(1.1.10)中，得到

$$\psi(\boldsymbol{r},t)=A\mathrm{e}^{\frac{\mathrm{i}}{\hbar}(\boldsymbol{p}\cdot\boldsymbol{r}-Et)} . \tag{1.1.11}$$

式(1.1.11)不仅能通过周期函数的特性来描述波动性，而且能够通过 E 和 $\boldsymbol{p}$ 这两个反映粒子特性的物理量来描述粒子性. 故式(1.1.11)描述的是粒子的波粒二象性，可视作波函数的数学形式，一般而言它是随时空变化的复函数.

式(1.1.11)对应频率和波长都是常量的平面波. 由德布罗意关系可知，频率和波长都是常量的粒子，其能量和动量都是常量. 由于自由粒子的能量和动量都是常量，故式(1.1.11)描述的应该是自由粒子的波函数. 一般情况下粒子的波函数 $\psi(\boldsymbol{r},t)$ 的时空变量的函数形式如何确定，需要建立一整套理论来解决. 这样的理论就是量子力学，确定粒子的波函数是其核心任务之一.

1.1.6　波函数的统计诠释

粒子的状态用波函数 $\psi(\boldsymbol{r},t)$ 描述，波函数的物理意义是什么呢？长期以来对此形成了很多观点和认识. 目前普遍接受的一种解释是玻恩(M. Born)的统计诠释：粒子的波动性导致它在不同空间点出现的概率不同，波函数的模方 $|\psi(\boldsymbol{r},t)|^2$ 代表粒子 t 时刻出现在点 (x, y, z) 的概率密度.

下面以电子单缝衍射为例来理解波函数的概率特性. 如图 1.1.5 所示，电子束通过狭缝后在观测屏上形成干涉条纹，中心处 $(x = 0)$ 强度最大，在极小处 $(x = x_{\pm 1})$ 强度为零. 设 t 时刻电子通过狭缝到达观测屏上的波函数为 $\psi(x)$ ，按波函数的统计诠释，粒子以不同的概率出现在观测屏上不同的点，出现在 $x = 0$ 处的概率密度 $|\psi(0)|^2$ 最大，出现在极小处 $(x = x_{\pm 1})$ 的概率密度 $|\psi(x_{\pm})|^2 = 0$. 从这种意义上说，波函数也称为概率波.

玻恩对波函数的统计诠释不能从其他已有结论中逻辑地推出，需要以公理的方式加以确立，其正确性有待据此推演的结果能否与实验一致来加以检验.

量子力学公理一：粒子的状态用波函数$\psi(\boldsymbol{r},t)$描述，波函数的模方$|\psi(\boldsymbol{r},t)|^2$代表$t$时刻粒子出现在空间点$(x,y,z)$的概率密度，$|\psi(\boldsymbol{r},t)|^2\Delta\tau$代表$t$时刻在空间点$(x,y,z)$处的体积元$\Delta\tau=\Delta x\Delta y\Delta z$内找到粒子的概率.

按照波函数的统计诠释，波函数必须满足单值、连续、归一、可积和有限等数学要求，这称为波函数的标准条件. 换句话说，波函数只有满足这些标准条件，才是物理上可接受的.

波函数$\psi(\boldsymbol{r},t)$应该是自变量的单值函数. 按波函数的统计诠释，粒子以一定的概率在空间某一点出现，这个概率是确定的，所以波函数必须是单值函数.

波函数$\psi(\boldsymbol{r},t)$应该是连续的，这是因为，若t时刻粒子的空间位置改变了一个无穷小$\Delta\boldsymbol{r}$，粒子出现在$\boldsymbol{r}+\Delta\boldsymbol{r}$的概率密度$|\psi(\boldsymbol{r}+\Delta\boldsymbol{r},t)|^2$与出现在$\boldsymbol{r}$处的概率密度$|\psi(\boldsymbol{r},t)|^2$，也应该相差一个无穷小，这只有在$\psi(\boldsymbol{r},t)$是连续的情况下才能得以保证.

在不考虑粒子的产生和湮灭的情况下，粒子必然会在全空间出现. 从概率论的角度说，t时刻粒子在全空间出现的概率必然为1，即

$$\int_{\infty}|\psi(\boldsymbol{r},t)|^2\mathrm{d}\tau=1, \tag{1.1.12}$$

式中，$\mathrm{d}\tau=\mathrm{d}x\mathrm{d}y\mathrm{d}z$是微分体积元. 式(1.1.12)称为波函数的归一化条件.

波函数的归一化是波函数统计诠释的必然结果，这就要求波函数是有限和模方可积的，即下面的积分必须存在且有限：

$$\int_{\infty}|\psi(\boldsymbol{r},t)|^2\mathrm{d}\tau=C>0. \tag{1.1.13}$$

一般情况下，实数C并不一定等于1. 此时，需要令$\psi'=\frac{1}{\sqrt{C}}\psi$来对$\psi$进行归一化

$$\int_{\infty}|\psi'(\boldsymbol{r},t)|^2\mathrm{d}\tau=\frac{1}{C}\int_{\infty}|\psi(\boldsymbol{r},t)|^2\mathrm{d}\tau=1, \tag{1.1.14}$$

归一化后的波函数ψ'才能用来描述粒子的状态.

从表面上看，ψ和ψ'是两个不同的函数，但因其只相差一个常数因子，它们代表的概率密度分布是一样的. 所以，基于波函数的统计诠释，相差一个常数因子的两个波函数描述的是同一个粒子状态. 特别地，$\forall\delta\in R$(实数)，若$\psi'=\mathrm{e}^{\mathrm{i}\delta}\psi$，即$\psi$和$\psi'$只相差一个相位因子，因为$|\psi(\boldsymbol{r},t)|^2=|\psi'(\boldsymbol{r},t)|^2$，这一方面说明，相差一个相位因子的两个波函数因拥有相同的概率密度分布，描述的是同一个粒子状态；另一方面说明，波函数$\psi=|\psi|\mathrm{e}^{\mathrm{i}\theta}$的相位因子$\theta$可以是不确定的. 波函数的这些特点源于其统计诠释，初学者往往不易理解.

1.2 力学量与算符

1.2.1 坐标系与表象

象是事物呈现出的形态，表象是表达形态的方法或途径. 同一事物会因表象的不同而呈现出不同的形态. 从数学上讲，一种常用的表象方法是通过建立坐标系，确定函数形式来对事物进行表象. 同样是圆，直角坐标和极坐标给出的函数形式不一样，这两个不同的函数可以理解为圆的不同表象，但因本质都是圆，所以两种函数可以进行变换，也就是表象变换.

物理上常用的两个表象是坐标表象和动量表象，分别通过空间坐标系和动量坐标系来实现. 对于坐标表象中的任一波函数$\psi(\boldsymbol{r},t)$来说，满足如下傅里叶变换关系：

$$\psi(\boldsymbol{r},t)=\frac{1}{(2\pi\hbar)^{3/2}}\int_{\infty}\widehat{\psi}(\boldsymbol{p},t)\mathrm{e}^{\frac{\mathrm{i}}{\hbar}(\boldsymbol{p}\cdot\boldsymbol{r}-Et)}\mathrm{d}p_{\tau}=\int_{\infty}\widehat{\psi}(\boldsymbol{p},t)\psi_{\mathrm{b}}(\boldsymbol{r},\boldsymbol{p},t)\mathrm{d}p_{\tau}\,, \tag{1.2.1}$$

式中，$\mathrm{d}p_{\tau}=\mathrm{d}p_x\mathrm{d}p_y\mathrm{d}p_z$是动量表象中的微分体积元，

$$\psi_{\mathrm{b}}(\boldsymbol{r},\boldsymbol{p},t)=\frac{1}{(2\pi\hbar)^{3/2}}\mathrm{e}^{\frac{\mathrm{i}}{\hbar}(\boldsymbol{p}\cdot\boldsymbol{r}-Et)}. \tag{1.2.2}$$

对比式(1.1.11)可知，ψ_{b}是振幅为$(2\pi\hbar)^{-3/2}$的平面波，对应自由粒子的波函数.

式(1.2.1)可以理解为坐标表象中的波函数$\psi(\boldsymbol{r},t)$可用平面波ψ_{b}来展开，展开系数为$\widehat{\psi}(\boldsymbol{p},t)$，是粒子在动量表象中的波函数. 按统计诠释，$|\widehat{\psi}(\boldsymbol{p},t)|^2$应该代表$t$时刻粒子具有动量$\boldsymbol{p}=p_x\boldsymbol{e}_{p_x}+p_y\boldsymbol{e}_{p_y}+p_z\boldsymbol{e}_{p_z}$的概率密度，可通过数学上的傅里叶逆变换求得

$$\widehat{\psi}(\boldsymbol{p},t)=\int_{\infty}\psi(\boldsymbol{r},t)\psi_{\mathrm{b}}^{*}(\boldsymbol{r},\boldsymbol{p},t)\mathrm{d}\tau=\frac{1}{(2\pi\hbar)^{3/2}}\int_{\infty}\psi(\boldsymbol{r},t)\mathrm{e}^{-\frac{\mathrm{i}}{\hbar}(\boldsymbol{p}\cdot\boldsymbol{r}-Et)}\mathrm{d}\tau\,. \tag{1.2.3}$$

式(1.2.1)表明，坐标表象中的波函数$\psi(\boldsymbol{r},t)$可以通过具有不同动量的平面波$\psi_{\mathrm{b}}(\boldsymbol{r},\boldsymbol{p},t)$的线性叠加而获得，叠加系数是粒子在动量表象中的波函数$\widehat{\psi}(\boldsymbol{p},t)$. 同样，式(1.2.3)表明，动量表象中的波函数$\widehat{\psi}(\boldsymbol{p},t)$可以通过具有不同坐标的平面波$\psi_{\mathrm{b}}^{*}(\boldsymbol{r},\boldsymbol{p},t)$的线性叠加而获得，叠加系数是粒子在坐标表象中的波函数$\psi(\boldsymbol{r},t)$.

1.2.2 算符与厄米算符

1. 算符

可将式(1.2.1)写为$\psi(\boldsymbol{r},t)=\hat{F}\widehat{\psi}(\boldsymbol{p},t)$，其中

$$\hat{F}=\frac{1}{(2\pi\hbar)^{3/2}}\int_{\infty}\mathrm{d}p_{\tau}\mathrm{e}^{\frac{\mathrm{i}}{\hbar}(\boldsymbol{p}\cdot\boldsymbol{r}-Et)},\tag{1.2.4}$$

称之为算符，是一种积分算符，其作用是将$\bar{\psi}(\boldsymbol{p},t)$变换为$\psi(\boldsymbol{r},t)$. 在数学上，将一种运算或操作抽象表达成一个算符$\hat{A}$，其作用是将一个函数变换$\varphi$为另一个函数$\psi$，即$\psi=\hat{A}\varphi$. 微分、积分、转置、平方等操作，都可用一个算符来表达.

一个常用的算符∇，称为矢量微分算符，也称梯度算符，在三维笛卡儿坐标下的定义为

$$\nabla=\boldsymbol{e}_x\frac{\partial}{\partial x}+\boldsymbol{e}_y\frac{\partial}{\partial y}+\boldsymbol{e}_z\frac{\partial}{\partial z},\tag{1.2.5}$$

需要注意的是，数学上也称∇为哈密顿算符，但在量子力学中，哈密顿算符有特殊的含义，与数学中的含义不同. 将∇作用到式(1.2.2)给出的平面波ψ_{b}上，有

$$-\mathrm{i}\hbar\nabla\psi_{\mathrm{b}}=\boldsymbol{p}\psi_{\mathrm{b}}.\tag{1.2.6}$$

2. 线性算符

任给函数ψ和φ，以及常数c_1和c_2，若$\hat{A}(c_1\psi+c_2\varphi)=c_1\hat{A}\psi+c_2\hat{A}\varphi$，则称$\hat{A}$为线性算符.

3. 转置算符

设$\hat{A}$和$\tilde{\hat{A}}$是两个算符，$\forall\psi$和φ，若下式成立：

$$\int\psi^*\tilde{\hat{A}}\varphi\mathrm{d}\tau=\int\varphi\hat{A}\psi^*\mathrm{d}\tau,\tag{1.2.7}$$

则称$\tilde{\hat{A}}$是$\hat{A}$的转置算符；同样，$\hat{A}$也是$\tilde{\hat{A}}$的转置算符. 在线性代数中，转置算符的作用是将矩阵的行列互换，操作比较直观. 通过式(1.2.7)，利用定积分来定义转置操作，特征是转置前后的ψ^*和φ的位置发生了变化. 值得注意的是，通常默认算符向右作用，所以，在式(1.2.7)的左边，φ被$\tilde{\hat{A}}$作用，ψ^*没被作用；而在式(1.2.7)的右边，ψ^*被$\hat{A}$作用，φ没被作用. 需要强调的是，$\hat{A}$和$\tilde{\hat{A}}$是两个算符，一般$\hat{A}\neq\tilde{\hat{A}}$.

4. 共轭算符

算符可以在实数域，也可以在复数域. 对算符$\hat{A}$中的每一项取复共轭所得到的算符，称为$\hat{A}$的共轭算符，记作$\hat{A}^*$. 一般而言，$\hat{A}\neq\hat{A}^*$.

5. 伴算符

定义算符 $\hat{A}$ 的共轭转置算符为其伴算符，记作 $\hat{A}^{\dagger}=\tilde{\hat{A}}^{*}$. 一般而言，$\hat{A}\neq\hat{A}^{\dagger}$.

6. 厄米算符

若算符 $\hat{A}$ 等于其伴算符，即 $\hat{A}=\hat{A}^{\dagger}$，则称 $\hat{A}$ 为厄米算符，又称自伴算符. 线性厄米算符是量子力学中最重要的一类算符.

1.2.3 力学量的平均值

在下面的讨论中，暂时不考虑时间变量. 在坐标表象下，设粒子处于波函数 $\psi(\boldsymbol{r})$ 所描述的状态下，虽然粒子以一定的概率出现在空间某一点，其坐标 $\boldsymbol{r}$ 没有确定的值，但有确定的概率密度分布 $|\psi(\boldsymbol{r})|^2=\psi^*\psi$，因而有确定的平均值. 根据概率论，坐标 $\boldsymbol{r}$ 的平均值 $\overline{\boldsymbol{r}}=\overline{x}\,\boldsymbol{e}_x+\overline{y}\,\boldsymbol{e}_y+\overline{z}\,\boldsymbol{e}_z$ 等于概率密度 $|\psi(\boldsymbol{r})|^2$ 下的期望值，即

$$\overline{\boldsymbol{r}}=\int\boldsymbol{r}\,|\psi(\boldsymbol{r})|^2\,\mathrm{d}\tau=\int\psi^*(\boldsymbol{r})\boldsymbol{r}\psi(\boldsymbol{r})\mathrm{d}\tau\,. \tag{1.2.8}$$

对于一些以坐标 $\boldsymbol{r}$ 为自变量的函数，比如势函数 $V(\boldsymbol{r})$，根据概率论，其平均值 $\overline{V}$ 为

$$\overline{V}=\int\psi^*(\boldsymbol{r})V(\boldsymbol{r})\psi(\boldsymbol{r})\mathrm{d}\tau\,. \tag{1.2.9}$$

同样地，在动量表象下，设粒子处于波函数 $\widehat{\varphi}(\boldsymbol{p})$ 所描述的状态下，粒子具有动量 $\boldsymbol{p}$ 的概率密度为 $|\widehat{\varphi}(\boldsymbol{p})|^2=\widehat{\varphi}^*\widehat{\varphi}$. 根据概率论，动量 $\boldsymbol{p}$ 的平均值 $\overline{\boldsymbol{p}}$ 等于概率密度 $|\psi(\boldsymbol{p})|^2$ 下的期望值，即

$$\overline{\boldsymbol{p}}=\int\boldsymbol{p}\,|\widehat{\varphi}(\boldsymbol{p})|^2\,\mathrm{d}p_\tau=\int\widehat{\varphi}^*(\boldsymbol{p})\boldsymbol{p}\widehat{\varphi}(\boldsymbol{p})\mathrm{d}p_\tau\,. \tag{1.2.10}$$

现在提出一个问题，能否以坐标为自变量的波函数 $\psi(\boldsymbol{r})$ 求动量 $\boldsymbol{p}$ 的平均值 $\overline{\boldsymbol{p}}$？此时套用式(1.2.8)，将其中的 $\boldsymbol{r}$ 换成 $\boldsymbol{p}$，由于 $\boldsymbol{p}$ 只能作为参变量加入坐标表象的积分运算，会被作为常数来处理，无法求出 $\overline{\boldsymbol{p}}$. 能否套用式(1.2.9)，将其中的 $V(\boldsymbol{r})$ 换成 $\boldsymbol{p}(\boldsymbol{r})$？这也无法实现，因为动量 $\boldsymbol{p}$ 是 $\dot{\boldsymbol{r}}=\mathrm{d}\boldsymbol{r}/\mathrm{d}t$ 的函数，不是坐标 $\boldsymbol{r}$ 的函数. 但是，可以借助式(1.2.1)和式(1.2.3)来实现这一目标. 略去时间因子，将式 (1.2.3)取复共轭代入式(1.2.10)，并利用式(1.2.2)，有

$$\overline{\boldsymbol{p}}=\iint_{\infty\,\infty}\psi^*(\boldsymbol{r})\boldsymbol{p}\psi_{\mathrm{b}}(\boldsymbol{r},\boldsymbol{p})\widehat{\varphi}(\boldsymbol{p})\mathrm{d}p_\tau\mathrm{d}\tau\,, \tag{1.2.11}$$

利用式(1.2.6)，上式变为

$$\overline{\boldsymbol{p}}=\iint_{\infty\,\infty}\psi^*(\boldsymbol{r})(-\mathrm{i}\hbar\nabla)\psi_{\mathrm{b}}(\boldsymbol{r},\boldsymbol{p})\widehat{\varphi}(\boldsymbol{p})\mathrm{d}p_\tau\mathrm{d}\tau\,, \tag{1.2.12}$$

再利用式(1.2.1)，有

$$\overline{\boldsymbol{p}}=\int_{\infty}\psi^{*}(\boldsymbol{r})(-\mathrm{i}\hbar\nabla)\psi(\boldsymbol{r})\mathrm{d}\tau=\int_{\infty}\psi^{*}(\boldsymbol{r})\hat{\boldsymbol{p}}\psi(\boldsymbol{r})\mathrm{d}\tau, \tag{1.2.13}$$

式中，

$$\hat{\boldsymbol{p}}\equiv-\mathrm{i}\hbar\nabla=-\mathrm{i}\hbar\left(\boldsymbol{e}_{x}\frac{\partial}{\partial x}+\boldsymbol{e}_{y}\frac{\partial}{\partial y}+\boldsymbol{e}_{z}\frac{\partial}{\partial z}\right). \tag{1.2.14}$$

$\hat{\boldsymbol{p}}$ 为动量 $\boldsymbol{p}$ 的算符，称为动量算符.

1.2.4 力学量用算符表示

动量算符的引入，源于用坐标表象下的波函数 $\psi(\boldsymbol{r})$ 求动量表象下的物理量 $\boldsymbol{p}$ 的平均值 $\overline{\boldsymbol{p}}$ 时遇到了困难，根源在于波函数的统计诠释. 因为 $|\psi(\boldsymbol{r})|^2$ 代表的是坐标 $\boldsymbol{r}$ 的概率密度，不能直接用于计算动量的平均值，必须通过引入算符 $\hat{\boldsymbol{p}}$ 来解决. 观察式(1.2.5)和式(1.2.14)可知，动量算符 $\hat{\boldsymbol{p}}$ 的核心是坐标表象下的微分算符，因此，式(1.2.13)表明，用坐标表象下的波函数 $\psi(\boldsymbol{r})$ 求动量 $\boldsymbol{p}$ 的平均值 $\overline{\boldsymbol{p}}$，不能使用动量本身，而要使用一种坐标表象下的算符 $\hat{\boldsymbol{p}}$. 这样一种基于坐标表象下的波函数计算动量表象物理量的平均值而引入算符的方法，不能逻辑地、自然而然地推广到任意情况和任意物理量，只能以公理的形式加以确认.

> 量子力学公理二：任意力学量 A 可用一个对应的线性厄米算符 $\hat{A}$ 来表示，力学量 A 在量子态 ψ 下的平均值 $\overline{A}$ 可借助算符 $\hat{A}$ 通过内积 $(\psi,\hat{A}\psi)$ 计算来完成.

以坐标表象为例，任意力学量 A 在归一化量子态 $\psi(\boldsymbol{r})$ 下的平均值 $\overline{A}$ 可通过定积分形式的内积来计算

$$\overline{A}=(\psi,\hat{A}\psi)=\int\psi^{*}(\boldsymbol{r})\hat{A}\psi(\boldsymbol{r})\mathrm{d}\tau, \tag{1.2.15}$$

式中，$\hat{A}$ 是力学量 A 在坐标表象下的线性厄米算符.

同样地，也可以在动量表象中求出任意力学量 A 在归一化量子态 $\widehat{\psi}(\boldsymbol{p})$ 下的平均值 $\overline{A}_p$

$$\overline{A}_p=\int\widehat{\psi}^{*}(\boldsymbol{p})\hat{A}_p\widehat{\psi}(\boldsymbol{p})\mathrm{d}p_{\tau}, \tag{1.2.16}$$

式中，$\hat{A}_p$ 是力学量 A 在动量表象下的线性厄米算符.

一般情况下，同一力学量在不同表象下的算符是不同的. 以动量 $\boldsymbol{p}$ 为例，坐标表象下的算符由式(1.2.14)给出，动量表象下的算符就是其自身，故式(1.2.10)

右边积分中的 $\boldsymbol{p}$ 就是动量表象下的动量算符 $\hat{\boldsymbol{p}}$. 类似地，坐标 $\boldsymbol{r}$ 在坐标表象中的算符就是其自身，即 $\boldsymbol{r}=\hat{\boldsymbol{r}}$，故式(1.2.8)右边积分中的 $\boldsymbol{r}$ 也可以写作 $\hat{\boldsymbol{r}}$. 可以采用类似的方法，得到动量表象下坐标 $\boldsymbol{r}$ 的算符形式为

$$\hat{\boldsymbol{r}} \equiv \mathrm{i}\hbar\frac{\partial}{\partial \boldsymbol{p}} = \mathrm{i}\hbar\left(\boldsymbol{e}_{p_x}\frac{\partial}{\partial p_x}+\boldsymbol{e}_{p_y}\frac{\partial}{\partial p_y}+\boldsymbol{e}_{p_z}\frac{\partial}{\partial p_z}\right). \tag{1.2.17}$$

所以，动量表象中坐标 $\boldsymbol{r}$ 在归一化量子态 $\widehat{\psi}(\boldsymbol{p})$ 下的平均值可以基于下式求出：

$$\overline{\boldsymbol{r}} = \int \widehat{\psi}^*(\boldsymbol{p})\hat{\boldsymbol{r}}\widehat{\psi}(\boldsymbol{p})\mathrm{d}p_\tau . \tag{1.2.18}$$

由于坐标表象是常用表象，如不加以特别说明，通常给出的都是坐标表象下的算符形式.

为什么表示力学量的算符需要是厄米算符呢？这是因为，力学量的平均值是实验可观测量，必须是实数，而厄米算符在任何量子态下的平均值都是实数.

【定理 1.2.1】 厄米算符在任何量子态下的平均值都是实数.

证 任给力学量 A，对应的算符 $\hat{A}$ 是厄米算符，满足 $\hat{A}=\hat{A}^\dagger=\tilde{\hat{A}}^*$. 任给归一化量子态 $\psi(\boldsymbol{r})$，A 在 $\psi(\boldsymbol{r})$ 下的平均值 $\overline{A}$ 为

$$\overline{A}=\int\psi^*(\boldsymbol{r})\hat{A}\psi(\boldsymbol{r})\mathrm{d}\tau=\int\psi^*(\boldsymbol{r})\tilde{\hat{A}}^*\psi(\boldsymbol{r})\mathrm{d}\tau=\int\psi(\boldsymbol{r})\hat{A}^*\psi^*(\boldsymbol{r})\mathrm{d}\tau=\left[\int\psi^*(\boldsymbol{r})\hat{A}\psi(\boldsymbol{r})\mathrm{d}\tau\right]^*=\overline{A}^*.$$

因为

$$\overline{A}=\overline{A}^*,$$

所以 $\overline{A}$ 是实数(证毕).

1.2.5 常见力学量的算符

在坐标表象下，坐标算符 $\hat{\boldsymbol{r}}$ 是坐标自身 $\boldsymbol{r}$，动量算符 $\hat{\boldsymbol{p}}$ 由式(1.2.14)给出. 其他力学量的算符，并没有一个确定其算符的固定方法. 一种常用的方法是经典对应法，即从力学量的经典表达式出发，以 $\boldsymbol{r}$ 和 $\hat{\boldsymbol{p}}$ 为基础，来构建对应的算符. 如果这样对应出来的算符是厄米的，则可供使用；如果不是厄米的，需要进行厄米化处理后方能使用. 算符的设立源于公理二，其形式的正确性有待实验检验.

在坐标表象下，几个常用力学量的算符形式如下.

1. 位置算符

在笛卡儿坐标系中，微观粒子的位置记作 $\boldsymbol{r}=x\boldsymbol{e}_x+y\boldsymbol{e}_y+z\boldsymbol{e}_z=(x,y,z)$. 在量子力学中，用位置算符表达粒子的位置，即

$$\boldsymbol{r}\to\hat{\boldsymbol{r}},\quad x\to\hat{x},\quad y\to\hat{y},\quad z\to\hat{z}. \tag{1.2.19}$$

由于坐标表象中位置算符就是位置变量自身，故一般不加区别. 根据厄米算符的定义，很容易证明位置算符是厄米算符.

2. 动量算符

微观粒子的动量为 $\boldsymbol{p}=(p_x,p_y,p_z)$ ， p_x,p_y,p_z 为其在三个正交方向上的分量. 在量子力学中，用动量算符表达粒子的动量

$$\boldsymbol{p}\to\hat{\boldsymbol{p}}\equiv-\mathrm{i}\hbar\nabla=-\mathrm{i}\hbar\left(\boldsymbol{e}_x\frac{\partial}{\partial x}+\boldsymbol{e}_y\frac{\partial}{\partial y}+\boldsymbol{e}_z\frac{\partial}{\partial z}\right). \tag{1.2.20}$$

$$p_x\to\hat{p}_x\equiv-\mathrm{i}\hbar\frac{\partial}{\partial x},\quad p_y\to\hat{p}_y\equiv-\mathrm{i}\hbar\frac{\partial}{\partial y},\quad p_z\to\hat{p}_z\equiv-\mathrm{i}\hbar\frac{\partial}{\partial z}. \tag{1.2.21}$$

满足 $\psi(\boldsymbol{r})\xrightarrow{r\to\infty}0$ 的量子态，即无穷远处波函数为零的量子态，称为束缚态.

【定理 1.2.2】　动量算符 $\boldsymbol{p}$ 在束缚态下是厄米算符.

证　以一维为例加以证明. $\forall\psi(x)$和$\varphi(x)$，对动量算符 $\hat{p}_x=-\mathrm{i}\hbar\partial/\partial x$ ，有

$$\int_{-\infty}^{\infty}\mathrm{d}x\varphi\hat{p}_x\psi^*=-\mathrm{i}\hbar\int_{-\infty}^{\infty}\mathrm{d}x\varphi\partial\psi^*/\partial x=-\mathrm{i}\hbar\left[\varphi\psi^*\Big|_{-\infty}^{\infty}-\int_{-\infty}^{\infty}\mathrm{d}x\psi^*\partial\varphi/\partial x\right].$$

在 $\psi(x)\xrightarrow{x\to\pm\infty}0$ 的条件下， $\varphi\psi^*\Big|_{-\infty}^{\infty}=0$ ，故有

$$\int_{-\infty}^{\infty}\mathrm{d}x\varphi\hat{p}_x\psi^*=\mathrm{i}\hbar\int_{-\infty}^{\infty}\mathrm{d}x\psi^*\partial\varphi/\partial x=\int_{-\infty}^{\infty}\mathrm{d}x\psi^*(-\hat{p}_x)\varphi=\int_{-\infty}^{\infty}\mathrm{d}x\psi^*\tilde{\hat{p}}_x\varphi,$$

得到 $\tilde{\hat{p}}_x=-\hat{p}_x$. 另一方面， $\hat{p}_x^*=\mathrm{i}\hbar\partial/\partial x=-\hat{p}_x$. 所以， $\hat{p}_x^\dagger=(\tilde{\hat{p}}_x)^*=(-\hat{p}_x)^*=\hat{p}_x$ ，故证得 $\hat{p}_x$ 是厄米算符(证毕).

3. 角动量算符

经典力学中角动量的定义为 $\boldsymbol{l}=\boldsymbol{r}\times\boldsymbol{p}$ ，采用经典对应，将其算符化

$$\boldsymbol{l}=\boldsymbol{r}\times\boldsymbol{p}\to\hat{\boldsymbol{l}}\equiv\hat{\boldsymbol{r}}\times\hat{\boldsymbol{p}}=-\mathrm{i}\hbar(\boldsymbol{r}\times\nabla). \tag{1.2.22}$$

注意，坐标表象下 $\hat{\boldsymbol{r}}=\boldsymbol{r}$. 在 $\hat{\boldsymbol{r}}$ 和 $\hat{\boldsymbol{p}}$ 为厄米算符的条件下，可以验证 $\hat{\boldsymbol{l}}$ 也是厄米算符. $\hat{\boldsymbol{l}}$ 在笛卡儿坐标系中三个正交方向上的分量为

$$\begin{aligned}\hat{l}_x&=y\hat{p}_z-z\hat{p}_y=-\mathrm{i}\hbar\left(y\frac{\partial}{\partial z}-z\frac{\partial}{\partial y}\right)\\\hat{l}_y&=z\hat{p}_x-x\hat{p}_z=-\mathrm{i}\hbar\left(z\frac{\partial}{\partial x}-x\frac{\partial}{\partial z}\right)\\\hat{l}_z&=x\hat{p}_y-y\hat{p}_x=-\mathrm{i}\hbar\left(x\frac{\partial}{\partial y}-y\frac{\partial}{\partial x}\right)\end{aligned}. \tag{1.2.23}$$

4. 动能算符

经典力学中质量为 μ 的粒子，动能为 $T=\dfrac{\boldsymbol{p}\cdot\boldsymbol{p}}{2\mu}$. 采用经典对应，将其算符化

$$T=\frac{\boldsymbol{p}\cdot\boldsymbol{p}}{2\mu}\to\hat{T}\equiv\frac{\hat{\boldsymbol{p}}\cdot\hat{\boldsymbol{p}}}{2\mu}=-\frac{\hbar^2}{2\mu}\left(\frac{\partial^2}{\partial x^2}+\frac{\partial^2}{\partial y^2}+\frac{\partial^2}{\partial z^2}\right)=-\frac{\hbar^2}{2\mu}\nabla^2, \tag{1.2.24}$$

其中

$$\nabla^2=\frac{\partial^2}{\partial x^2}+\frac{\partial^2}{\partial y^2}+\frac{\partial^2}{\partial z^2}, \tag{1.2.25}$$

称为拉普拉斯算子，对 $\forall\psi$，$\nabla^2\psi=\nabla\cdot(\nabla\psi)$. ∇^2 有时也表示为 Δ.

5. 哈密顿算符

质量为 μ 的粒子在势场 $V(\boldsymbol{r})$ 中运动，动能算符为 $\hat{T}$，势能算符为 $\hat{V}$. 在坐标表象下，势场 $V(\boldsymbol{r})$ 作为坐标的函数，算符就是其自身，即 $\hat{V}=V(\boldsymbol{r})$. 定义 $\hat{T}$ 与 $V(\boldsymbol{r})$ 之和为系统的哈密顿算符，记为 $\hat{H}$

$$\hat{H}\equiv\hat{T}+V(\boldsymbol{r})=-\frac{\hbar^2}{2\mu}\nabla^2+V(\boldsymbol{r}). \tag{1.2.26}$$

用类似于证明动量算符为厄米算符的方法，可证明角动量、动能、哈密顿算符等都是厄米算符.

6. 能量算符

从式(1.2.1)出发，对 $\psi(\boldsymbol{r},t)$ 关于时间求偏导数，有

$$\frac{\partial}{\partial t}\psi(\boldsymbol{r},t)=-\frac{\mathrm{i}}{\hbar}E\psi(\boldsymbol{r},t)\to\mathrm{i}\hbar\frac{\partial}{\partial t}\psi(\boldsymbol{r},t)=E\psi(\boldsymbol{r},t).$$

可据此引入一个算符——能量算符 $\hat{E}$

$$E\to\hat{E}\equiv\mathrm{i}\hbar\frac{\partial}{\partial t}. \tag{1.2.27}$$

1.3 量子态的时空演化

1.3.1 薛定谔方程

质量为 μ 的粒子在势场 V 中运动，其波函数为 ψ. 粒子的能量 E 等于其动能

T 与势能 V 之和，即

$$E = T + V . \tag{1.3.1}$$

两边同乘以粒子的波函数 ψ ，有

$$E\psi = (T + V)\psi . \tag{1.3.2}$$

做代换 $E \to \hat{E} \equiv \mathrm{i}\hbar\frac{\partial}{\partial t}$ ， $T + V \to \hat{T} + \hat{V} \equiv \hat{H}$ ，从上式得到

$$\mathrm{i}\hbar\frac{\partial}{\partial t}\psi = \hat{H}\psi . \tag{1.3.3}$$

这就是粒子的波函数 ψ 所满足的时空演化方程，称为薛定谔方程，有时也称为含时薛定谔方程. 在坐标表象下， $\psi = \psi(\boldsymbol{r},t)$ ， $\hat{H}$ 由式(1.2.26)给出，薛定谔方程的具体形式为

$$\mathrm{i}\hbar\frac{\partial}{\partial t}\psi(\boldsymbol{r},t) = \left[-\frac{\hbar^2}{2\mu}\nabla^2 + V(\boldsymbol{r},t)\right]\psi(\boldsymbol{r},t) . \tag{1.3.4}$$

从数学上讲，这是一个包含 x,y,z,t 四个变量的偏微分方程，要根据具体问题的初始条件和边界条件来加以求解.

要强调的是，薛定谔方程是不能够用上述方法“推导”出来的. 从数学上讲，从式(1.3.2)到式(1.3.3)所做的将常量 E 、T 和 V 替换为具有操作能力的算符 $\hat{E}$ 、$\hat{T}$ 和 $\hat{V}$ 是不被允许的. 实际上，薛定谔方程是量子力学基本理论框架中的一个公理，不能从已有知识中推导出来，其正确性只能依靠实验来加以验证.

量子力学公理三：描述粒子量子态的波函数 ψ ，其时空演化在数学上满足薛定谔方程： $\mathrm{i}\hbar\frac{\partial}{\partial t}\psi = \hat{H}\psi$ ，其中 $\hat{H}$ 是粒子的哈密顿算符.

历史上，是薛定谔(E. Schrödinger)借鉴经典波动力学中的波动方程，考虑到量子参数 h，提出了描述微观粒子波动特性的波动方程，称为薛定谔方程.

1.3.2 概率流密度

下面从薛定谔方程出发，引入一个物理量：概率流密度. 得出一个推论：粒子在空间出现的概率是守恒的.

质量为 μ 的粒子在势场 V 中运动，波函数为 $\psi(\boldsymbol{r},t)$ ，满足薛定谔方程(1.3.4). 通过 $(1.3.4)\times\psi^*(\boldsymbol{r},t) - \psi(\boldsymbol{r},t)\times(1.3.4)^*$ 的推导，得到

$$\frac{\partial\rho}{\partial t} = -\nabla\cdot\boldsymbol{j} , \tag{1.3.5}$$

$$\boldsymbol{j} = -\frac{\mathrm{i}\hbar}{2\mu}(\psi^* \nabla \psi - \psi \nabla \psi^*) . \tag{1.3.6}$$

式中，$\rho = |\psi|^2 = \psi^* \psi$ 是粒子的概率密度，$\boldsymbol{j}$ 称为概率流密度或粒子流密度，其物理意义可通过以下积分来加以理解.

考虑如图 1.3.1 所示的空间体积元. 对式(1.3.5)关于此体积元做体积分

$$\int_V \frac{\partial \rho}{\partial t} \mathrm{d}\tau = -\int_V (\nabla \cdot \boldsymbol{j}) \mathrm{d}\tau , \tag{1.3.7}$$

根据积分中的高斯定理，有 $\int_V (\nabla \cdot \boldsymbol{j}) \mathrm{d}\tau = \int_S \boldsymbol{j} \cdot \mathrm{d}\boldsymbol{S}$，可将体积分 $\int_V \mathrm{d}\tau$ 转换为面积分 $\int_S \mathrm{d}\boldsymbol{S}$，而得到

$$\frac{\partial}{\partial t} \int_V \rho \mathrm{d}\tau = -\int_S \boldsymbol{j} \cdot \mathrm{d}\boldsymbol{S} . \tag{1.3.8}$$

左边表示在封闭区域 τ 中找到粒子的总概率 $\int_V \rho \mathrm{d}\tau$ 在单位时间内的增量，右边表示粒子在单位时间内通过 τ 的表面 S 流入 τ 内的概率. 所以，式(1.3.6)给出的矢量 $\boldsymbol{j}$ 表示的是通过封闭区域 τ 的概率流密度或粒子流密度.

入射粒子流　S　$\mathrm{d}\boldsymbol{S}$　τ　出射粒子流

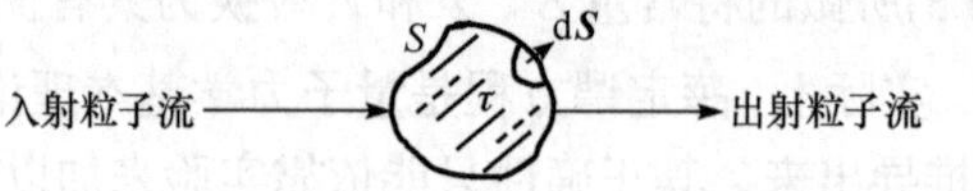

图 1.3.1　粒子通过体积为 τ、表面积为 S 的三维体积元

1.3.3　定态薛定谔方程

一般情况下，粒子所处的势场 V 是时空的函数，即 $V=V(\boldsymbol{r},t)$.如果 V 与时间无关，即 $\partial V(\boldsymbol{r},t)/\partial t = 0$，则可将薛定谔方程进行时、空变量分离. 为此，令波函数 $\psi(\boldsymbol{r},t) = \psi_E(\boldsymbol{r}) g(t)$，代入式(1.3.4)中，有

$$\mathrm{i}\hbar \frac{1}{g(t)} \frac{\mathrm{d}}{\mathrm{d}t} g(t) = \frac{1}{\psi_E(\boldsymbol{r})} \left[-\frac{\hbar^2}{2\mu} \nabla^2 + V(\boldsymbol{r}) \right] \psi_E(\boldsymbol{r}) = E , \tag{1.3.9}$$

其中，E 为待定常数. 由上式可得 $g(t)$ 满足方程 $\mathrm{i}\hbar \mathrm{d}g(t)/\mathrm{d}t = Eg(t)$，其解为 $g(t) \sim \mathrm{e}^{-\mathrm{i}Et/\hbar}$. 由于普朗克常量 h 的量纲为 J · s，所以常数 E 具有能量量纲，代表粒子具有的能量. 此时薛定谔方程的解可表示为 $\psi(\boldsymbol{r},t) = \psi_E(\boldsymbol{r}) \mathrm{e}^{-\mathrm{i}Et/\hbar}$，通常 $\psi_E(\boldsymbol{r})$ 的下标 E 往往被省略，故有

$$\psi(\boldsymbol{r},t) = \psi(\boldsymbol{r}) \mathrm{e}^{-\mathrm{i}Et/\hbar} . \tag{1.3.10}$$

这说明$\psi(\boldsymbol{r},t)$的时间部分在$\partial V(\boldsymbol{r},t)/\partial t=0$的条件下完全得以确定，但空间部分$\psi(\boldsymbol{r})$还需要通过以下方程来确定：

$$\left[-\frac{\hbar^2}{2\mu}\nabla^2+V(\boldsymbol{r})\right]\psi(\boldsymbol{r})=E\psi(\boldsymbol{r})\,. \tag{1.3.11}$$

通常称此方程为定态薛定谔方程.

1.3.4 能量本征方程

若粒子的势函数V不随时间变化，系统的哈密顿算符可表示为

$$\hat{H}=-\frac{\hbar^2}{2\mu}\nabla^2+V(\boldsymbol{r})\,, \tag{1.3.12}$$

这样，定态薛定谔方程(1.3.11)也可写为

$$\hat{H}\psi(\boldsymbol{r})=E\psi(\boldsymbol{r})\,. \tag{1.3.13}$$

数学上，任给算符$\hat{A}$，若存在函数f，满足$\hat{A}f=af$，其中a为常数，则称这样的方程为本征方程，称f为本征函数或本征态，称a为本征值. 式(1.3.13)是算符$\hat{H}$关于本征值E的本征方程，由于常数E具有能量量纲，通常称此方程为能量本征方程，称$\psi(\boldsymbol{r})$为能量本征态，称E为能量本征值.

综上所述，粒子的波函数$\psi(\boldsymbol{r},t)$满足薛定谔方程$\mathrm{i}\hbar\partial\psi/\partial t=\hat{H}\psi$，在系统的哈密顿算符$\hat{H}$不显含时间即$\partial\hat{H}/\partial t=0$的条件下，可对$\psi(\boldsymbol{r},t)$进行时、空变量分离$\psi(\boldsymbol{r},t)=\psi(\boldsymbol{r})g(t)$，其中时间部分可被确定为$g(t)\sim \mathrm{e}^{-\mathrm{i}Et/\hbar}$，空间部分$\psi(\boldsymbol{r})$满足能量本征方程$\hat{H}\psi(\boldsymbol{r})=E\psi(\boldsymbol{r})$，需要在给定势函数$V(\boldsymbol{r})$和边界条件后加以求解. 在求解过程中，粒子的能量本征值E同时确定.

1.3.5 一维无限深方势阱

如图 1.3.2 所示，质量为μ的粒子在一维势场$V(x)$中运动

$$V(x)=\begin{cases}0, & 0<x<a\\ \infty, & x<0,x>a\end{cases}, \tag{1.3.14}$$

这样的势场称为一维无限深方势阱. 因$\partial V(x)/\partial t=0$，粒子的波函数为$\psi(x,t)=\psi(x)\mathrm{e}^{-\mathrm{i}Et/\hbar}$. 空间波函数$\psi(x)$满足一维情况下的定态薛定谔方程，即能量本征方程

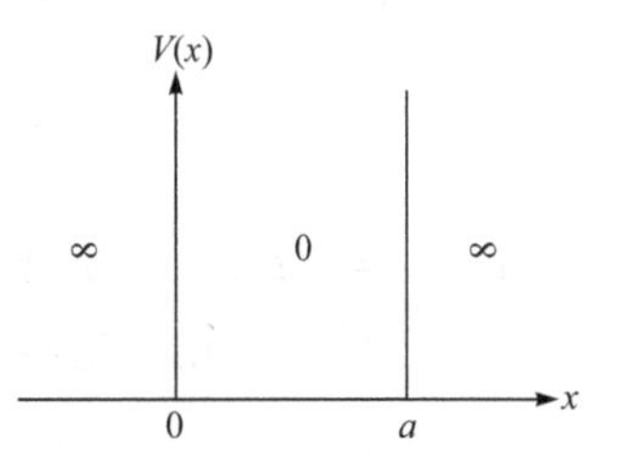

图 1.3.2 一维无限深方势阱

$$\left[-\frac{\hbar^2}{2\mu}\frac{d^2}{dx^2}+V(x)\right]\psi(x)=E\psi(x). \tag{1.3.15}$$

阱深为无穷的物理含义是粒子完全被束缚在阱内，不能出现在阱外. 按照波函数的统计诠释，要求阱壁及阱外的波函数$\psi(x)=0$. 故在边界上有

$$\psi(0)=0, \quad \psi(a)=0, \tag{1.3.16}$$

在势阱内($0<x<a$)，$V(x)=0$，从式(1.3.15)可得

$$\frac{d^2}{dx^2}\psi(x)+k^2\psi(x)=0, \tag{1.3.17}$$

其中

$$k=\frac{\sqrt{2\mu E}}{\hbar}. \tag{1.3.18}$$

方程(1.3.17)的解为

$$\psi(x)=A\sin(kx+\delta), \tag{1.3.19}$$

其中，A与δ是待定常数. 由边界条件$\psi(0)=0$，有$\delta=0$. 再由边界条件$\psi(a)=0$，有$\sin(ka)=0$，从而得到

$$ka=n\pi, \quad n=1,2,3,\cdots, \tag{1.3.20}$$

由此得到波函数为$\psi(x)=\psi_n(x)=A\sin(n\pi x/a)$, $n=1,2,3,\cdots$. 通常称n为量子数. 需要注意的是，$n=0\to\psi(x)\equiv 0$，无意义；同时. n可取正、负整数，对应的波函数相差一个负号，按波函数的统计诠释，对应的是同一个量子态，所以，只取n为正整数. 联合式(1.3.18)和式(1.3.20)，得

$$E=E_n=\frac{\hbar^2\pi^2}{2\mu a^2}n^2, \quad n=1,2,3,\cdots, \tag{1.3.21}$$

E_n是能量本征值，对应的能量本征态是$\psi_n(x)$. 利用归一化条件，有

$$1=\int_{-\infty}^{\infty}|\psi_n(x)|^2 dx=\int_0^a |A|^2\sin^2\left(\frac{n\pi}{a}x\right)dx, \tag{1.3.22}$$

可求出$A=\sqrt{2/a}e^{i\delta}$，其中δ为任意实数. 不妨取$\delta=0$，则$A=\sqrt{2/a}$为实数.

粒子的归一化能量本征态为

$$\psi(x)=\psi_n(x)=\begin{cases}\sqrt{\dfrac{2}{a}}\sin\left(\dfrac{n\pi}{a}x\right), & 0<x<a\\ 0, & x\leqslant 0, x\geqslant a\end{cases}. \tag{1.3.23}$$

再将时间因子考虑进来，得到一维无限深方势阱中粒子的波函数为

$$\psi_n(x,t)=\psi_n(x)\mathrm{e}^{-\mathrm{i}E_nt/\hbar}=\begin{cases}\sqrt{\dfrac{2}{a}}\sin\left(\dfrac{n\pi x}{a}\right)\mathrm{e}^{-\mathrm{i}E_nt/\hbar}, & 0<x<a\\ 0, & x\leqslant 0,x\geqslant a\end{cases}. \tag{1.3.24}$$

讨论

(1) 式(1.3.21)表明，一维无限深方势阱中粒子的能量是量子化的，即构成的能谱是离散谱．与普朗克假设不同，这是在给定边界条件下求解薛定谔方程的必然结果.

(2) 阱外的波函数为零，粒子被约束在阱内．这种无穷远处的波函数为零，即$\psi(x)\xrightarrow{x\to\pm\infty}0$的量子态是束缚态．通常，束缚态对应离散能量谱．

(3) 在经典物理中，粒子在静止状态下的能量可以为零．与此不同，式(1.3.21)表明，$E_1=\dfrac{\hbar^2\pi^2}{2\mu a^2}\neq 0$，说明微观粒子的最低能量不为零．这可以理解为，微观粒子因其波动性，不可能静止，故其最低能量也就不会为零.

(4) 图 1.3.3 给出了一维无限深方势阱中量子数$n=1\sim5$对应的波函数$\psi_n(x)$及概率密度$|\psi_n(x)|^2$．当$n=1$时，波函数在阱内无零点，按波函数的统计诠释，粒子在阱内各处均可能出现，在中央处出现的概率最大；当$n>1$时，波函数在阱内拥有$n-1$个节点，即波函数为零的地方，粒子不能在这些节点处出现．作为对比，如果是经典粒子，它在阱内任何地方都能出现.

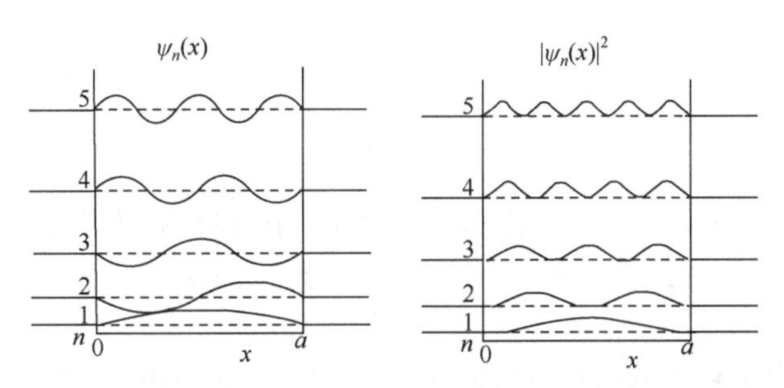

图 1.3.3 一维无限深方势阱中粒子的波函数$\psi_n(x)$及概率密度$|\psi_n(x)|^2$

(5) 一般情况下，归一化常数与量子数有关．在本例中，归一化常数A与量子数n无关.

(6) 考察式(1.3.23)，任给两个量子数不同的波函数ψ_n和$\psi_{n'}$($n\neq n'$)，做积分

$$\int_{-\infty}^{\infty}\psi_{n'}^*(x)\psi_n(x)\mathrm{d}x=\int_0^a|A|^2\sin\left(\frac{n'\pi x}{a}\right)\sin\left(\frac{n\pi x}{a}\right)\mathrm{d}x=0\,, \tag{1.3.25}$$

数学上，称满足这样条件的两个函数ψ_n和$\psi_{n'}$是正交的．再结合式(1.3.22)，有

$$\int_{-\infty}^{\infty}\psi_{n'}^{*}(x)\ \psi_{n}(x)\mathrm{d}x=\delta_{n'n}=\begin{cases}1, & n'=n\\ 0, & n'\neq n\end{cases}. \tag{1.3.26}$$

此式表达了波函数ψ_n的正交归一性. 当$n'=n$时，$\delta_{n'n}=1$，代表归一；当$n'\neq n$时，$\delta_{n'n}=0$，代表正交. 厄米算符本征函数的正交性问题，将在第 3 章做一般性讨论.

1.3.6 自由粒子

自由粒子不受外力作用，在势能为零的势场中运动，即$V(\boldsymbol{r})=0,\boldsymbol{r}\in(-\infty,\infty)$. 因$\partial V(\boldsymbol{r})/\partial t=0$，粒子的波函数为$\psi(\boldsymbol{r},t)=\psi(\boldsymbol{r})\mathrm{e}^{-\mathrm{i}Et/\hbar}$，其中空间波函数$\psi(\boldsymbol{r})$满足方程(1.3.13)，即

$$\left(\frac{\partial}{\partial x^{2}}+\frac{\partial}{\partial y^{2}}+\frac{\partial}{\partial z^{2}}\right)\psi(\boldsymbol{r})+k^{2}\psi(\boldsymbol{r})=0, \tag{1.3.27}$$

式中，$k=\sqrt{2\mu E}/\hbar$，μ为粒子质量. 由于自由粒子从无穷远来，到无穷远去，没有边界限制，故方程(1.3.27)的解为行波解

$$\psi(\boldsymbol{r})=A\mathrm{e}^{\frac{\mathrm{i}}{\hbar}\boldsymbol{p}\cdot\boldsymbol{r}}, \tag{1.3.28}$$

式中，$\boldsymbol{p}$是粒子的动量，这里用到了关系

$$E=\frac{|\boldsymbol{p}|^{2}}{2\mu}. \tag{1.3.29}$$

加上时间因子，自由粒子的波函数为

$$\psi(\boldsymbol{r},t)=A\mathrm{e}^{\frac{\mathrm{i}}{\hbar}(\boldsymbol{p}\cdot\boldsymbol{r}-Et)}. \tag{1.3.30}$$

此结果同式(1.1.11)一样. 所不同的是，式(1.1.11)是将德布罗意关系代入经典平面波表达式(1.1.10)后得到的，而(1.3.30)是薛定谔方程的解.

讨论

(1) 由于自由粒子的动量$\boldsymbol{p}$可取任意值，从式(1.3.29)可知，自由粒子的能量E可取任意，这样构成的能谱是连续谱.

(2) 式(1.3.30)表明，对自由粒子来说，$\psi(\boldsymbol{r})\xrightarrow{r\to\infty}\neq 0$. 所以，自由粒子的量子态不是束缚态，对应连续能谱.

(3) 连续谱的波函数在归一化问题上遇到了困难. 此时，

$$\int_{\infty}|\psi(\boldsymbol{r})|^{2}\mathrm{d}\tau=\int_{\infty}|A|^{2}\mathrm{d}\tau\to\infty. \tag{1.3.31}$$

此问题留在第 3 章再做讨论.

1.4 态叠加原理

1.4.1 量子态的叠加

考察式(1.3.24)，$\psi_n(x,t)$是粒子在一维无限深方势阱中薛定谔方程的解. 因$n=1,2,3,\cdots$，这种解有无穷多个. 以$n=1,2$为例，把ψ_1和ψ_2做线性叠加，有

$$\psi=c_1\psi_1+c_2\psi_2=c_1\psi_1(x)\mathrm{e}^{-\mathrm{i}E_1t/\hbar}+c_2\psi_2\mathrm{e}^{-\mathrm{i}E_2t/\hbar}. \tag{1.4.1}$$

式中，c_1和c_2是叠加系数，通常是复常数. 将ψ代入薛定谔方程$\mathrm{i}\hbar\partial\psi/\partial t=\hat{H}\psi$中，可以验证$\psi=c_1\psi_1+c_2\psi_2$依然是方程的解. 由于薛定谔方程中的算符都是线性算符，这种结果在数学上是很自然的. 从物理上讲，此结果表明微观粒子的两个量子态的线性叠加态依然是这个粒子的量子态. 事实上，这个结论适用于式(1.3.24)给出的所有量子态. 将所有的$\psi_n(x,t)$进行线性叠加，有

$$\psi=\sum_{n=1}^{\infty}c_n\psi_n=\sum_{n=1}^{\infty}c_n\psi_n(x)\mathrm{e}^{-\mathrm{i}E_nt/\hbar}. \tag{1.4.2}$$

这样的叠加态ψ依然是薛定谔方程的解，依然是这个微观粒子的量子态. 按照波函数的统计诠释，叠加态ψ也应该是归一化的，即$\int_{-\infty}^{\infty}|\psi|^2\mathrm{d}x=1$. 将式(1.4.2)代入，并利用式(1.3.26)，得到

$$\sum_{n=1}^{\infty}|c_n|^2=1. \tag{1.4.3}$$

这表明，在归一化的要求下，叠加态中的叠加系数也要满足归一化要求.

1.4.2 定态与非定态

考察式(1.4.2)，如果ψ中只包含一个本征态ψ_k，设对应的本征值为E_k，则

$$\psi=\psi_k=\psi_k(x)\mathrm{e}^{-\mathrm{i}E_kt/\hbar}. \tag{1.4.4}$$

这样的量子态称为定态，对应的概率密度$\rho=|\psi|^2=|\psi_k(x)|^2$与时间无关. 定态的特点是，若初始时刻($t=0$)系统处于量子态$\psi_k$，则$t>0$后系统一直处于$\psi_k$，具有确定的能量本征值$E_k$.

如果ψ中包含多个本征态，例如，式(1.4.1)包含了两个本征态，对应的本征值为E_1和E_2，此时对应的概率密度与时间有关

$$\rho=|\psi_1(x)|^2+|\psi_2(x)|^2+\psi_1(x)\psi_2^*(x)\mathrm{e}^{-\mathrm{i}\omega_{12}t}+\psi_1^*(x)\psi_2(x)\mathrm{e}^{\mathrm{i}\omega_{12}t}. \tag{1.4.5}$$

式中，$\omega_{12}=(E_1-E_2)/\hbar$. 通常称式(1.4.1)或式(1.4.2)对应的量子态为非定态.

在定态$\psi_k(x,t)=\psi_k(x)\mathrm{e}^{-\mathrm{i}E_k t/\hbar}$下求哈密顿算符$\hat{H}$的平均值$\bar{H}$，有

$$\bar{H}=\int_{-\infty}^{\infty}\psi_k^*(x,t)\hat{H}\psi_k(x,t)\mathrm{d}x=\int_{-\infty}^{\infty}\psi_k^*(x)\mathrm{e}^{\mathrm{i}\frac{E_k}{\hbar}t}\hat{H}\psi_k(x)\mathrm{e}^{-\mathrm{i}\frac{E_k}{\hbar}t}\mathrm{d}x=E_k\int_{-\infty}^{\infty}|\psi_k(x)|^2\mathrm{d}x=E_k. \tag{1.4.6}$$

可见，定态下$\hat{H}$的平均值$\bar{H}$等于这个定态对应的能量本征值E_k.

在非定态下求$\hat{H}$的平均值，先考察包含两个本征态的情况. 由式(1.4.1)并利用式(1.3.26)，有

$$\bar{H}=\int_{-\infty}^{\infty}\left(\sum_{n=1}^{2}c_n\psi_n(x)\mathrm{e}^{-\mathrm{i}E_n t/\hbar}\right)^*\hat{H}\left(\sum_{n'=1}^{2}c_{n'}\psi_{n'}(x)\mathrm{e}^{-\mathrm{i}E_{n'}t/\hbar}\right)\mathrm{d}x=|c_1|^2E_1+|c_2|^2E_2. \tag{1.4.7}$$

再考察包含无穷多本征态的情况，此时从式(1.4.2)出发可得

$$\bar{H}=\sum_{n=1}^{\infty}|c_n|^2E_n. \tag{1.4.8}$$

可见，非定态下$\hat{H}$的平均值等于这个非定态所包含的所有能量本征值的加权平均，加权系数是叠加系数的模方. 由式(1.4.3)，$\sum_{n=1}^{\infty}|c_n|^2=1$，可见叠加系数$c_n$的模方$|c_n|^2$代表对应的本征值$E_n$在$\bar{H}$中所占份额的权重.

从测量的角度去理解，对定态来说，它是一个非叠加的单一本征态ψ_k，其测量结果是可预见的，就是这个本征态ψ_k对应的本征值E_k. 对于非定态来说，它是多个本征态的线性叠加态，一次测量能得到的结果不可预见，它可能是叠加态中包含的所有本征态中的某个本征态ψ_n所对应的本征值E_n. 经过足够多次测量后，E_n会以$|c_n|^2$的概率出现，c_n是ψ_n在叠加态中对应的叠加系数.

1.4.3 态叠加原理

定态只包含单一本征态ψ_k，测量前后粒子都处于量子态ψ_k. 对于非定态这样的叠加态$\psi=\sum_{n=1}^{\infty}c_n\psi_n$，测量前后粒子都处于什么量子态？一种观点认为，测量前粒子处于叠加态ψ，若测量得到的结果是本征值$E_{n'}$，则粒子的状态就变成相应的本征态$\psi_{n'}$. 把粒子的量子态从测量前处于叠加态$\psi=\sum_{n=1}^{\infty}c_n\psi_n$到测量后处于某一本征态$\psi_{n'}$的过程称为量子态坍缩或塌缩.

以上分析表明，从量子态的角度看，粒子无论是处于定态这样的单一本征态，

还是处于非定态这样的本征态的叠加态，都满足薛定谔方程，都可以是粒子的量子态. 但是，如果叠加态不是由本征态叠加构成，还能是粒子的量子态吗？从测量的角度看，对于叠加态来说，当不对粒子进行测量时，粒子的状态按照薛定谔方程进行时间演化. 但若对粒子进行测量，测量后粒子处于什么状态，只能给出概率性的描述. 这些问题不能从其他结论中得出，也不能从已述及的三个公理中推演出来，只能再以公理的形式加以确认，通常称此公理为**态叠加原理**.

量子力学公理四：如果$\psi_n(n=1,2,3,\cdots)$是系统可能的量子态，则其线性叠加$\psi=c_1\psi_1+c_2\psi_2+c_3\psi_3+\cdots=\sum_{n=1}^{\infty}c_n\psi_n$也是体系的一个可能的态. 当体系处于$\psi$态时，它以$|c_n|^2\Big/\sum_{n=1}^{\infty}|c_n|^2$的概率处于$\psi_n$.

需要指出的是，公理中述及的量子态ψ_n，是系统所有可能的量子态，不一定是某个算符的本征态.

态叠加原理是与测量紧密关联的一个公理. 考虑一种特殊而重要的情况，如果$\psi_1,\psi_2,\psi_3\cdots$是某个力学量$A$的算符$\hat{A}$的本征态，对应的本征值为$a_n$，此时态叠加原理具有特别重要的物理意义：如果体系处于归一化叠加态$\psi=\sum_{n=1}^{\infty}c_n\psi_n$，若对力学量$A$进行测量，每次测量的结果只可能是本征值$a_n$中的某一个$a_{n'}$，得到$a_{n'}$的概率为$|c_{n'}|^2$，测量后量子态立即坍缩到相应的本征态$\psi_{n'}$. 此时力学量$A$在量子态$\psi$下的平均值可通过下式求得：

$$\overline{A}=\sum_{n=1}^{\infty}|c_n|^2a_n. \tag{1.4.9}$$

量子态坍缩使其具有不可克隆性. 对叠加态$\psi=\sum_{n=1}^{\infty}c_n\psi_n$进行测量后，系统将从$\psi$态坍缩到新态$\psi_{n'}$. 这种塌缩是随机的、无法进行精确预测的过程. ψ态以概率$|c_{n'}|^2$坍缩到$\psi_{n'}$态，这种概率的分布不因测量而改变. 测量导致ψ坍缩后，体系在$\psi_{n'}$上演化，ψ因测量而完全消失，体系不能从$\psi_{n'}$回归到ψ. 这表明，任何量子态ψ不可能被克隆，因为克隆ψ时必然伴随着测量等具体操作，这就会导致ψ坍缩，永远不能再复原，故克隆必然失败. 量子态坍缩的不可克隆性为保密通信提供了一种思路. 在通信中，如果信息以叠加态作为载体传输，若被他人监测，一次测量就会导致量子态的坍缩. 若信息以加密方式传输，需要多次测量掌握加密规律后才能破译，量子态的坍缩特性使得多次测量无法实现，这就为量子保密

通信提供了原理上的可行性.

1.5　全同粒子与全同性原理

1.5.1　全同性原理

粒子的质量、电荷等特征属于粒子的内禀固有属性. 例如，电子拥有负电荷，质子拥有正电荷. 将拥有相同内禀属性的粒子称为全同粒子. 例如,电子是一类全同粒子，质子是一类全同粒子，中子也是一类全同粒子.

以经典物理的视角来看两个全同粒子，一方面，不同的粒子具有不同的坐标和速度，另一方面，两个粒子不可能在同一时间占据同一空间位置，所以即使是两个全同粒子从物理上也是可区分的。但以量子力学的视角看，由于粒子存在波粒二象性，一方面，粒子以一定的概率出现在空间某一点，另一方面，空间同一点可能同时出现两个粒子波函数的叠加. 因此，从波函数的统计诠释来理解，全同粒子从物理上是无法加以区分的. 但是，这种不可区分性无法从已有结论以及上述四个公理中逻辑地推演出来，必须通过公理的方式加以确认.

> 量子力学公理五：在一个由内禀属性完全相同的粒子组成的量子系统中，对任意两个粒子进行交换，不会改变系统的量子态.

这个公理意味着，在一个由全同粒子(例如都是电子)构成的量子系统中，交换任意两个全同粒子，不会导致任何可被观测到的现象出现，亦即微观粒子是不能被标识的，不可能在两个全同粒子之间做出区分. 从这个意义上讲，这个公理也称为全同性原理.

1.5.2　全同粒子的薛定谔方程

考虑由 N 个全同粒子组成的体系，第 i 个粒子的全部变量用 q_i 表示，描述体系的哈密顿算符可以写为 $\hat{H}(q_1,\cdots,q_i\cdots,q_j\cdots,q_N,t)$. 从全同性原理知，由全同性粒子构成的体系，对任意两个粒子进行交换，不会改变系统的量子态. 这就要求对体系中的任意两个粒子 i 和 j 互换时，体系的哈密顿算符保持不变

$$\hat{H}(q_1,\cdots,q_i\cdots,q_j\cdots,q_N,t)=\hat{H}(q_1,\cdots,q_j\cdots,q_i\cdots,q_N,t). \tag{1.5.1}$$

此式表示全同粒子体系的哈密顿算符具有交换不变性. 设全同粒子体系的波函数为 $\psi(q_1,\cdots,q_i\cdots,q_j\cdots,q_N,t)$，全同粒子体系的薛定谔方程为

$$
\begin{aligned}
&\mathrm{i}\hbar\frac{\partial\psi(q_1,\cdots,q_i\cdots,q_j\cdots,q_N,t)}{\partial t}\\
&=\hat{H}(q_1,\cdots,q_i\cdots,q_j\cdots,q_N,t)\psi(q_1,\cdots,q_i\cdots,q_j\cdots,q_N,t).
\end{aligned}
\tag{1.5.2}
$$

1.5.3 交换对称性

引入一种算符，称为交换算符 $\hat{p}_{ij}$，其作用是将粒子 i 和 j 的位置相互交换

$$
\hat{p}_{ij}\psi(q_1,\cdots,q_i\cdots,q_j\cdots,q_N,t)=\psi(q_1,\cdots,q_j\cdots,q_i\cdots,q_N,t). \tag{1.5.3}
$$

其中，ψ 是任意全同粒子体系的波函数. 由于全同粒子体系的哈密顿算符 $\hat{H}$ 具有交换不变性，所以 $\hat{H}$ 和 $\hat{p}_{ij}$ 是对易的，故有

$$
\hat{p}_{ij}\hat{H}\psi=\hat{H}\hat{p}_{ij}\psi. \tag{1.5.4}
$$

设 ψ_{ij} 是某一全同粒子体系的波函数，满足薛定谔方程(1.5.2). 将 $\hat{p}_{ij}$ 作用到式 (1.5.2)两边，考虑到 $\hat{p}_{ij}\,\partial\psi_{ij}/\partial t=\partial(\hat{p}_{ij}\psi_{ij})/\partial t$，再利用式(1.5.4)，有

$$
\mathrm{i}\hbar\frac{\partial}{\partial t}(\hat{p}_{ij}\psi_{ij})=\hat{H}(\hat{p}_{ij}\psi_{ij}). \tag{1.5.5}
$$

这说明，$\hat{p}_{ij}\psi_{ij}$ 也满足薛定谔方程，也是这一全同粒子体系的波函数. 按波函数的统计诠释，ψ_{ij} 和 $\hat{p}_{ij}\psi$ 应该只相差一个常数 λ，即

$$
\hat{p}_{ij}\psi_{ij}=\lambda\psi_{ij}. \tag{1.5.6}
$$

这说明，ψ_{ij} 是 $\hat{p}_{ij}$ 的本征态，对应的本征值是 λ. 将 $\hat{p}_{ij}$ 作用到式(1.5.6)两边，左边 $=\hat{p}_{ij}(\hat{p}_{ij}\psi_{ij})=\hat{p}_{ij}\psi_{ji}=\psi_{ij}$，右边 $=\hat{p}_{ij}(\lambda\psi_{ij})=\lambda\hat{p}_{ij}\psi_{ij}=\lambda^2\psi_{ij}$. 左边=右边 $\to$ $\lambda^2=1\to\lambda=\pm1$.

当 $\lambda=1$ 时，有 $\hat{p}_{ij}\psi_{ij}=\psi_{ij}$，此时全同粒子体系的波函数具有交换对称性. 从统计的概念讲，这类全同粒子服从玻色–爱因斯坦统计，故称之为玻色子. 当 $\lambda=-1$ 时，有 $\hat{p}_{ij}\psi_{ij}=-\psi_{ij}$，此时全同粒子体系的波函数具有反交换对称性. 从统计的概念讲，这类全同粒子服从费米–狄拉克统计，故称之为费米子.

1.5.4 泡利不相容原理

考虑一个费米子，其哈密顿算符为 $\hat{H}_0$，且 $\partial\hat{H}_0/\partial t=0$. 若有这样两个全同的费米子，则能量本征方程为

$$
\hat{H}_0(q_1)\psi_n(q_1)=\varepsilon_n\psi_n(q_1), \tag{1.5.7}
$$

$$
\hat{H}_0(q_2)\psi_m(q_2)=\varepsilon_m\psi_m(q_2), \tag{1.5.8}
$$

其中，q_1, q_2分别是粒子 1，2 的坐标，n,m是量子数. 由于是全同粒子，对应的波函数是相同的. 若两个这样的彼此无相互作用的全同费米子组成一个体系，则系统的哈密顿算符为

$$\hat{H} = \hat{H}_0(q_1) + \hat{H}_0(q_2) , \tag{1.5.9}$$

本征方程为

$$\hat{H}\psi(q_1, q_2) = E\psi(q_1, q_2) \tag{1.5.10}$$

将式(1.5.7)～式(1.5.9)代入式(1.5.10)，并考虑到作为费米全同粒子体系的波函数$\psi(q_1, q_2)$具有交换反对称性，即$\psi(q_1, q_2) = -\psi(q_2, q_1)$，得到

$$\begin{aligned}\psi(q_1, q_2) &= \frac{1}{\sqrt{2}}[\psi_n(q_1)\psi_m(q_2) - \psi_n(q_2)\psi_m(q_1)] \\ &= \frac{1}{\sqrt{2}}\begin{vmatrix}\psi_n(q_1) & \psi_n(q_2) \\ \psi_m(q_1) & \psi_m(q_2)\end{vmatrix},\end{aligned} \tag{1.5.11}$$

式中，$1/\sqrt{2}$是归一化常数. 若$n = m$，则$\psi(q_1, q_2) = 0$. 这说明，对两个费米子组成的全同粒子体系来说，两个粒子不能处于相同的量子态.

对N个费米子组成的全同粒子体系，可用类似的方法得到体系的波函数为

$$\psi(q_1, q_2, \cdots, q_N) = \frac{1}{\sqrt{N!}}\begin{vmatrix}\psi_n(q_1) & \psi_n(q_2) & \cdots & \psi_n(q_N) \\ \psi_m(q_1) & \psi_m(q_2) & \cdots & \psi_m(q_N) \\ \vdots & \vdots & & \vdots \\ \psi_k(q_1) & \psi_k(q_2) & \cdots & \psi_k(q_N)\end{vmatrix}. \tag{1.5.12}$$

这个结果说明，若有两个或两个以上的粒子状态相同，则由于行列式中有两行或两行以上相同，此行列式必然为零. 这表明，对费米子构成的全同粒子体系来说，不能有两个或两个以上的全同费米子处在同一个量子态，此结果称为泡利不相容原理，虽然是泡利(W. E. Pauli)早期独立提出的，但本质上是全同性原理的逻辑结果. 所谓不相容，是说一个费米子占据一个量子态后，不再允许另一个费米子来占据相同的量子态. 全同费米子体系波函数的反交换对称性导致了这一结果，由全同玻色子组成的体系就没有这个限制.

习 题 1

1.1 试利用普朗克公式证明维恩位移定律：能量密度极大值所对应的波长λ_m与温度T成反比，即$\lambda_m T = b$，其中b为常量.

1.2 一个正电子通过物质时，被原子捕获并与原子中的电子一道湮灭产生两

个光子：$e^+ + e^- \to 2\gamma$. 求所产生的德布罗意波的波长. 已知电子质量为 $\mu_e = 9.1\times 10^{-31}\text{kg}$.

1.3 一质量为 μ 的粒子禁闭在宽度为 a 的一维无限深方势阱内，求粒子从基态跃迁到第一激发态所需能量值.

1.4 静止自由电子经电压 U 加速后，获得动能 $E_k = eU$ (eV)，求电子德布罗意波的波长 λ 随 U 变化的关系式. 令 $\lambda_c = h/(\mu_e c) = 2.426\times 10^{-12}\text{m}$， $u = U/(\mu_e c^2/e) = U/(5.11\times 10^5\text{V})$，绘制 λ/λ_c-u 曲线.

1.5 粒子被禁闭在宽度为 a 的一维无限深方势阱内，处于能量本征态 $\psi_n(x) = \sqrt{\frac{2}{a}}\sin\left(\frac{n\pi}{a}x\right)$，$n = 1,2,3,\cdots$. 求粒子坐标 x 、x^2 及它们的平均值 $\bar{x}$ 、$\overline{x^2}$. 在此基础上，求坐标的不确定度 $\Delta x = \sqrt{\overline{(\Delta x)^2}} = \sqrt{\overline{x^2} - \bar{x}^2}$. 在经典情况下，在区域 $(0,a)$ 中粒子处于 $\mathrm{d}x$ 范围内的概率为 $\mathrm{d}x/a$，求对应的 $\bar{x}$ 、$\overline{x^2}$ 和 Δx，并与 $n\to\infty$ 时量子的情况做对比.

1.6 粒子处于宽度为 a 的一维无限深方势阱内，波函数为 $\psi(x) = Ax(a-x)$. (1)求归一化常数 A；(2)将 $\psi(x)$ 用粒子的能量本征态 $\psi_n(x) = \sqrt{\frac{2}{a}}\sin\left(\frac{n\pi}{a}x\right)$ 展开，即 $\psi(x) = \sum_n c_n\psi_n(x)$，求展开系数 c_n；(3)求粒子处于 $\psi_n(x)$ 的概率 P_n；(4)计算 P_1，绘出 $\psi(x)$ 和 $\psi_1(x)$ 曲线并做讨论.

第2章 定态问题

量子力学要解决的问题，就是在给定初、边值的情况下，通过求解薛定谔方程 $\mathrm{i}\hbar\partial\psi/\partial t=\hat{H}\psi$ 来获得粒子的波函数 $\psi(\boldsymbol{r},t)$，预言量子态的时空演化. 归纳起来，量子力学要解决的问题大致为三类：定态问题、跃迁问题和散射问题.

如果哈密顿算符 $\hat{H}$ 不显含时间，即 $\partial\hat{H}/\partial t=0$，则方程的解 $\psi(\boldsymbol{r},t)$ 的时、空变量分离为 $\psi(\boldsymbol{r},t)=\psi(\boldsymbol{r})\mathrm{e}^{-\mathrm{i}Et/\hbar}$，其特点是波函数的时间变量部分已被确定. 所谓定态问题，就是在知道了粒子所处的势函数 $V(\boldsymbol{r})$ 之后，通过求解定态薛定谔方程 $\hat{H}\psi(\boldsymbol{r})=E\psi(\boldsymbol{r})$ 来确定空间变量波函数 $\psi(\boldsymbol{r})$，其中 $\hat{H}=[-\hbar^2\nabla^2/(2\mu)+V(\boldsymbol{r})]$. 此方程也称能量本征方程，在已知 $V(\boldsymbol{r})$ 后，定态问题就是通过解能量本征方程来确定本征态 $\psi(\boldsymbol{r})$ 和本征值 E. 在本章中，如无特别需要，不再提及波函数 $\psi(\boldsymbol{r},t)=\psi(\boldsymbol{r})\mathrm{e}^{-iEt/\hbar}$ 的时间部分. 定态问题的核心就是求解一个量子系统可能的稳定状态，特别是束缚态，获得其能级与波函数，因此定态问题通常没有初始条件. 通过定态问题的求解，可获得原子或分子中电子的束缚态，为跃迁问题、能带问题等提供理论基础.

量子力学有两种主要的数学方式：一种是以偏微分方程为核心的波动力学方式，一种是以矩阵方程为核心的矩阵力学方式. 本章讨论的定态问题，采用的是波动力学方式，需要用到偏微分方程、常微分方程、特殊函数、复变函数、概率论和场论等数学知识.

2.1 一维束缚态

在坐标表象中，能量本征方程 $\hat{H}\psi=E\psi$ 以偏微分方程的形式给出

$$\left[-\frac{\hbar^2}{2\mu}\nabla^2+V(\boldsymbol{r})\right]\psi(\boldsymbol{r})=E\psi(\boldsymbol{r})\,, \tag{2.1.1}$$

式中，μ 为粒子质量，三维直角坐标系下 $\boldsymbol{r}=x\boldsymbol{e}_x+y\boldsymbol{e}_y+z\boldsymbol{e}_z$，$\nabla^2=\partial^2/\partial x^2+\partial^2/\partial y^2+\partial^2/\partial z^2$. 方程(2.1.1)是一个关于 x,y,z 的偏微分方程. 一维情况下，$\nabla^2=\mathrm{d}^2/\mathrm{d}x^2$，能量本征方程 $\hat{H}\psi=E\psi$ 简化为关于空间变量 x 的常微分方程

$$\left[-\frac{\hbar^2}{2\mu}\frac{\mathrm{d}^2}{\mathrm{d}x^2}+V(x)\right]\psi(x)=E\psi(x). \tag{2.1.2}$$

一维定态问题，就是要在给定$V(x)$和边界条件后，确定能量本征态$\psi(x)$和能量本征值E. 一维束缚态是一维定态问题的重要内容，其中最典型的例子之一是1.3.5节中讲到的一维无限深方势阱. 本节讲述另外两个例子：一维半无限深方势阱和一维线性谐振子.

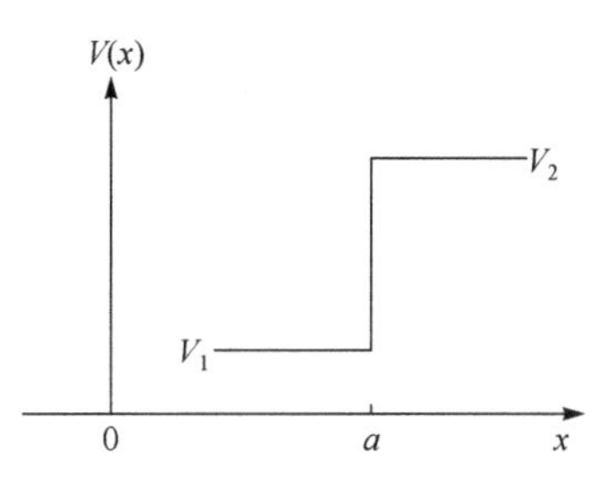

图 2.1.1　一维跳跃势函数

如图2.1.1所示，一维势场中，若势函数$V(x)$在某一点有跳跃、不连续，对应的波函数及其导函数的连续性问题，有如下定理.

【定理 2.1.1】 设$V(x)=\begin{cases}V_1, & x<a\\ V_2, & x>a\end{cases}$，在$x=a$处不连续，有一个跳跃. 若$V_1-V_2$有限，则能量本征函数$\psi(x)$及其导函数$\dot{\psi}(x)=\mathrm{d}\psi(x)/\mathrm{d}x$在$a$点是连续的.

证 由一维能量本征方程(2.1.2)，有

$$\frac{\mathrm{d}^2}{\mathrm{d}x^2}\psi(x)=\frac{2\mu}{\hbar^2}[V(x)-E]\psi(x). \tag{2.1.3}$$

在$V(x)$连续的地方，$\psi(x)$的二阶导数$\mathrm{d}^2\psi(x)/\mathrm{d}x^2$必然连续，故$\psi(x)$及其导函数$\dot{\psi}(x)$也必然连续. 在$x=a$处，$V(x)$不连续，有一个有限的跳跃. 此时可对方程(2.1.3)在$x=a$的一个领域内求积分，

$$\lim_{\varepsilon\to0}\int_{a-\varepsilon}^{a+\varepsilon}\frac{\mathrm{d}}{\mathrm{d}x}\dot{\psi}(x)\mathrm{d}x=\frac{2\mu}{\hbar^2}\lim_{\varepsilon\to0}\int_{a-\varepsilon}^{a+\varepsilon}[V(x)-E]\psi(x)\mathrm{d}x. \tag{2.1.4}$$

等号左边$=\dot{\psi}(a+0)-\dot{\psi}(a-0)$. 对于等号右边，因为$[V(x)-E]$在$x=a$处虽不连续，但跳跃有限，故极限值为零，即等号右边=0. 故有，$\dot{\psi}(a+0)-\dot{\psi}(a-0)=0\to\dot{\psi}(a+0)=\dot{\psi}(a-0)$，即$\dot{\psi}(x)$在$x=a$的左、右极限相同，所以$\dot{\psi}(x)$在$x=a$处连续，因而$\psi(x)$在$x=a$处也连续(证毕).

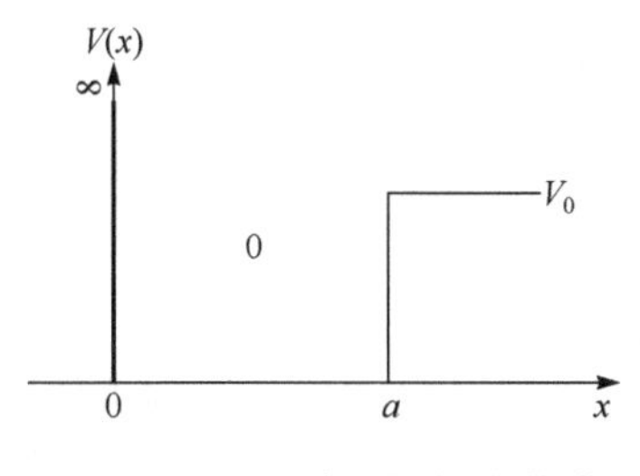

图 2.1.2　一维半无限深方势阱

2.1.1　一维半无限深方势阱

如图2.1.2所示，质量为μ的粒子在一维势场$V(x)$中运动

$$V(x)=\begin{cases}\infty, & x<0\\ 0, & 0<x<a\\ V_0, & x>a\end{cases}. \tag{2.1.5}$$

这样的势场称为一维半无限深方势阱. 在 $x<0$ 的区域，$V(x)=\infty$，表明物理上不允许粒子在此区域出现，故有

$$\psi(x)=0, \quad x<0. \tag{2.1.6}$$

在 $0<x<a$ 的区域，$V(x)=0$，代入一维能量本征方程(2.1.2)，有

$$\frac{\mathrm{d}^2}{\mathrm{d}x^2}\psi(x)+k^2\psi(x)=0, \tag{2.1.7}$$

其中，

$$k=\frac{\sqrt{2\mu E}}{\hbar}, \tag{2.1.8}$$

方程(2.1.7)的解为 $\psi(x)=A\sin(kx+\delta)$，其中 A 与 δ 是待定常数. 按边界条件 $\psi(0)=0$，要求 $\delta=0$，故有

$$\psi(x)=A\sin kx, \quad 0<x<a, \tag{2.1.9}$$

在 $x>a$ 的区域，$V(x)=V_0$，代入一维能量本征方程(2.1.2)中，有

$$\frac{\mathrm{d}^2}{\mathrm{d}x^2}\psi(x)-\beta^2\psi(x)=0, \tag{2.1.10}$$

其中，

$$\beta=\frac{\sqrt{2\mu(V_0-E)}}{\hbar}. \tag{2.1.11}$$

方程(2.1.10)的解为 $\psi(x)=B\mathrm{e}^{-\beta x}+C\mathrm{e}^{\beta x}$，其中 B 与 C 是待定常数. 因为需要求解的是束缚态，故须有 $\psi(x)\xrightarrow{x\to\infty}0$，必然有 $C=0$ 且 $E<V_0$，故有

$$\psi(x)=B\mathrm{e}^{-\beta x}, \quad x>a. \tag{2.1.12}$$

根据定理 2.1.1，$\psi(x)$ 和 $\mathrm{d}\psi(x)/\mathrm{d}x$ 在 $x=a$ 处连续. 由式(2.1.9)和式(2.1.12)，有

$$A\sin ka=B\mathrm{e}^{-\beta a}, \tag{2.1.13}$$

$$Ak\cos ka=-\beta B\mathrm{e}^{-\beta a}. \tag{2.1.14}$$

两式相除，得到

$$k\cot ka=-\beta. \tag{2.1.15}$$

将式(2.1.8)和式(2.1.11)代入，得到

$$E=\frac{V_0}{2}\left[1-\cos\left(\frac{2a\sqrt{2\mu E}}{\hbar}\right)\right]. \tag{2.1.16}$$

这是一个关于能量本征值E的超越方程，可数值求解.

讨论

(1) 一维半无限深方势阱中粒子的能量满足超越方程(2.1.16)，无法解析表达. 作为对比，一维无限深方势阱中粒子的能量可以解析表达，见式(1.3.21).

(2) 借助方程(2.1.16)，通过数值计算，可以获得粒子的能量. 记等式(2.1.16)右边为$f(E)$，取$V_0=5\times10^{-29}\,\mathrm{V/m}$，$\mu=10^{-19}\,\mathrm{kg}$，$a=10^{-9}\,\mathrm{m}$，计算过程如图 2.1.3 所示，其中的直线和曲线的交点位置就是计算得到的能量本征值. 计算结果如图 2.1.4 所示，表明一维半无限深方势阱中束缚态粒子的能级也是量子化的，即$E=E_n$. 越接近阱底，粒子的能级越密集，能级差越小；越接近阱口，粒子的能级越稀疏，能级差越大.

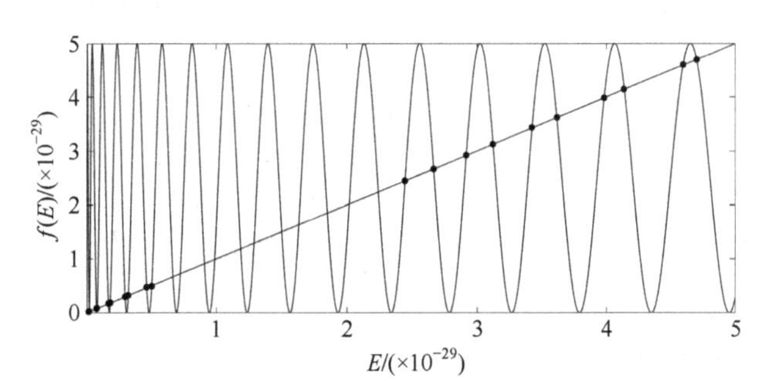

图 2.1.3　一维半无限深方势阱中能量本征值的数值求解

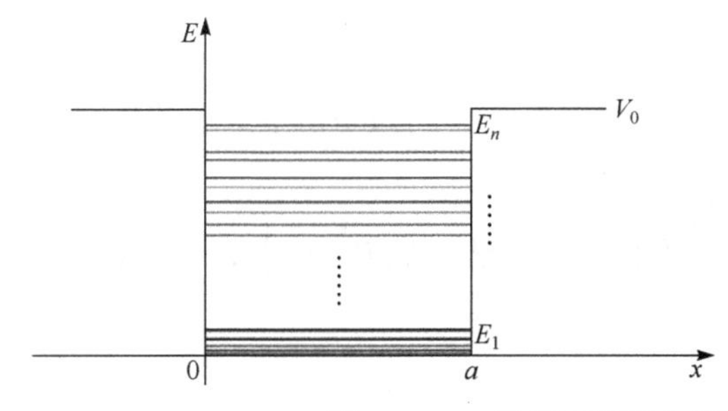

能级名称	能级值/($\times10^{-30}$J)
E_1	0.186
E_2	0.201
⋮	⋮
E_{n-1}	45.913
E_n	46.938

图 2.1.4　一维半无限深方势阱中粒子的能量本征值

(3) 能量本征值和本征态是一一对应的，即一个能级E_n对应一个本征态ψ_n.

(4) 在阱口附近即$E\approx V_0$时，有$\beta=E-V_0\approx0$. 从式(2.1.14)出发，可以获得能级E的表达式为

$$E=E_j=\frac{\hbar^2\pi^2}{2\mu a^2}\left(j+\frac{1}{2}\right)^2,\qquad j=0,1,2,3,\cdots. \tag{2.1.17}$$

此式与一维无限深方势阱的能级公式(1.3.21)非常相似.

(5) 由于存在束缚态的条件是$E<V_0$，所以V_0至少要大于式(2.1.17)给出的各

种可能值中的最小值 $E_{j=0}$，这样得到存在束缚态的条件是

$$V_0 \geqslant E_{j=0} = \frac{\hbar^2\pi^2}{8\mu a^2}. \tag{2.1.18}$$

(6) 从归一化条件 $\int_{-\infty}^{\infty}|\psi(x)|^2\,\mathrm{d}x = 1$ 出发，结合式(2.1.13)，获得与能级 $E = E_n$ 对应的归一化波函数为

$$\psi_n(x) = \begin{cases} 0, & x<0 \\ A_n\sin(k_n x), & 0\leqslant x\leqslant a \\ B_n \mathrm{e}^{-\beta_n x}, & x>a \end{cases}. \tag{2.1.19}$$

其中，$k_n = \sqrt{2\mu E_n}/\hbar$，$\beta_n = \sqrt{2\mu(V_0 - E_n)}/\hbar$；归一化常数 A_n 和 B_n 为

$$\begin{aligned} A_n &= \sqrt{2}\left[a - \frac{1}{2k_n}\sin(2k_n a) + \frac{1}{\beta_n}\sin^2(k_n a)\right]^{-\frac{1}{2}} \\ B_n &= \sqrt{2}\left[a - \frac{1}{2k_n}\sin(2k_n a) + \frac{1}{\beta_n}\sin^2(k_n a)\right]^{-\frac{1}{2}}\mathrm{e}^{\beta_n a}\sin k_n a \end{aligned}. \tag{2.1.20}$$

2.1.2 一维线性谐振子

质量为 μ 的粒子在一维空间中运动，如果势函数为 $V(x)=\frac{1}{2}\mu\omega^2x^2$，常数 ω 为振动圆频率，则称这种体系为线性谐振子. 在经典力学中，线性谐振子的运动是简谐运动. 许多物理系统都可近似看作是线性谐振子，例如晶格中离子的振动，双原子分子中两原子间的势函数等.

在量子力学中，这是一种典型的定态问题. 将势函数 $V(x)=\frac{1}{2}\mu\omega^2x^2$ 代入方程(2.1.2)，有

$$\left[-\frac{\hbar^2}{2\mu}\frac{\mathrm{d}^2}{\mathrm{d}x^2} + \frac{1}{2}\mu\omega^2x^2\right]\psi(x) = E\psi(x). \tag{2.1.21}$$

做变量代换，令

$$\alpha=\sqrt{\frac{\mu\omega}{\hbar}};\quad \xi = \alpha x;\quad \lambda = \frac{2E}{\hbar\omega}. \tag{2.1.22}$$

方程(2.1.21)变为

$$\frac{\mathrm{d}^2\psi(\xi)}{\mathrm{d}\xi^2} + (\lambda - \xi^2)\psi(\xi) = 0. \tag{2.1.23}$$

考察$\xi \to \pm\infty$时此方程的渐近行为，此时可将λ忽略掉，方程的近似解为$\psi(\xi) \sim e^{\pm\xi^2/2}$. 束缚态条件要求$\psi(x) \xrightarrow{x \to \pm\infty} 0$，故须有$\psi(\xi) \xrightarrow{\xi \to \pm\infty} 0$. 所以，$\psi(\xi) \sim e^{+\xi^2/2}$因不符合束缚态要求而被忽略. 这样，可给出方程(2.1.23)的一个试探解

$$\psi(\xi) = H(\xi) e^{-\xi^2/2} . \tag{2.1.24}$$

代入方程(2.1.23)中，得到

$$\frac{d^2 H(\xi)}{d\xi^2} - 2\xi \frac{dH(\xi)}{d\xi} + (\lambda - 1) H(\xi) = 0 , \tag{2.1.25}$$

这是厄米(Hermite)方程. 可以证明，当参数λ为奇数，即

$$\lambda = 2n+1, \quad n = 0,1,2,\cdots \tag{2.1.26}$$

时，方程(2.1.25)的解

$$H(\xi) = H_n(\xi) = (-1)^n e^{\xi^2} \frac{d^n}{d\xi^n} e^{-\xi^2}, \quad n = 0,1,2,\cdots, \tag{2.1.27}$$

能保证$\psi(\xi) \xrightarrow{\xi \to \pm\infty} 0$，使得束缚态的要求得以满足. $H_n(\xi)$称为厄米多项式，满足下面积分公式：

$$\int_{-\infty}^{\infty} H_{n'}(\xi) H_n(\xi) e^{-\xi^2} d\xi = \sqrt{\pi} 2^n n! \delta_{n'n} , \tag{2.1.28}$$

由式(2.1.24)，得到波函数为

$$\psi_n(\xi) = N_n e^{-\frac{\xi^2}{2}} H_n(\xi) , \tag{2.1.29}$$

式中，N_n是待定常数.

由式(2.1.22)，有$\lambda = 2E/(\hbar\omega)$，结合式(2.1.26)，可得到线性谐振子的能量本征值，即能级为

$$E = E_n = \left(n + \frac{1}{2}\right)\hbar\omega, \quad n = 0,1,2,\cdots, \tag{2.1.30}$$

对应能级E_n的归一化波函数为

$$\psi_n(x) = N_n e^{-\frac{\alpha^2}{2}x^2} H_n(\alpha x) , \tag{2.1.31}$$

式中，$\alpha = \sqrt{\mu\omega/\hbar}$. 归一化常数$N_n$可由$\int_{-\infty}^{\infty} \psi_n^*(x)\, \psi_n(x) dx = 1$并利用式(2.1.28)而获得

$$N_n = [\alpha / (\sqrt{\pi} 2^n n!)]^{1/2} . \tag{2.1.32}$$

利用式(2.1.28)、式(2.1.31)和式(2.1.32)，并考虑到线性谐振子的波函数是实函数，有

$$\int_{-\infty}^{\infty}\psi_{n'}^{*}(x)\ \psi_{n}(x)\mathrm{d}x=\delta_{n'n}\ . \tag{2.1.33}$$

对比式(1.3.26)可知，谐振子的波函数与一维无限深方势阱中的波函数一样，满足正交归一化条件.

讨论

(1) 如图 2.1.5 所示，其中的抛物线(虚线)是谐振子的势函数$V(x)=\dfrac{1}{2}\mu\omega^2x^2$. 由于$V(x\to\pm\infty)\to\infty$，谐振子本质上是一种广口无限深势阱，陷入其中的粒子不能逃逸到阱外，粒子拥有束缚态波函数，能级是离散的.

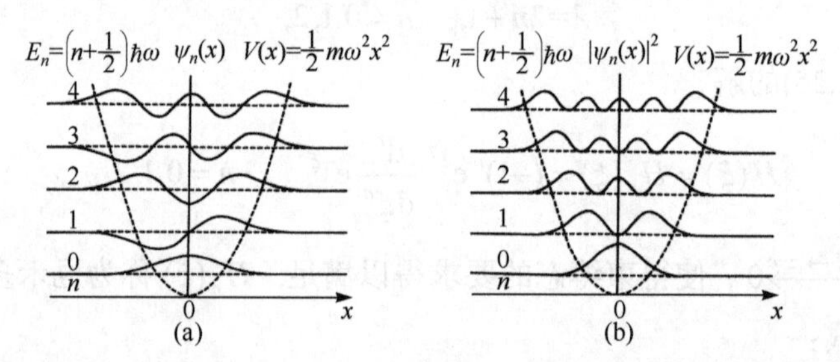

图 2.1.5　线性谐振子的能级 $E_n(n=0\sim4)$ 及其对应的波函数 $\psi_n(x)$ 和概率密度 $|\psi_n(x)|^2$

(2) 能量本征值和本征态是一一对应的，即一个能级E_n对应一个本征态ψ_n.

(3) 由式(2.1.30)可知，谐振子的能级是等间距的，相邻能级的差$\Delta E=\hbar\omega$是常数. $n=0$对应最低能态，称为基态；$n>0$的态称为激发态. 处于较高能态(例如$n=2$)的粒子，有可能跃迁到较低能态(例如$n=1$)，同时向外界释放$\hbar\omega$的能量. 如果释放的形式是电磁波，则粒子从能级$n=2$向$n=1$的跃迁，会辐射出一个能量为$\hbar\omega$的光子. 与此过程相反. 粒子也可以吸收一个能量为$\hbar\omega$的光子从低能态(例如$n=0$)跃迁到高能态$n=1$. 第 8 章将对此做系统讲述.

(4) 一维线性谐振子的基态能量$E_0=\dfrac{1}{2}\hbar\omega\neq0$，称为零点能. 普朗克在做能量量子化假设时，认为谐振子的能量为$E_n=n\hbar\omega$，$n=1,2,\cdots$,并不包含零点能. 光的晶体散射实验证实了零点能的存在. 由于光的散射源于晶体中离子的振动，当温度趋于绝对零度时，散射光的强度趋向于某一不为零的极限值，表明绝对零度时离子依旧有振动，即零点振动. 用经典物理处理谐振子问题时，无法得到零点能.

(5) 由厄米多项式所具有的积分特性即式(2.1.28)，可以导出式(2.1.33)，表明谐振子的波函数具有正交特性. 对比式(1.3.26)可知，与一维无限深方势阱中的波函数一样，谐振子的波函数同样具有正交特性. 第 3 章将对此做一般性讨论.

2.1.3 能带结构

量子力学的一个重要成果就是通过研究晶体中电子的能量和动量之间的关系而揭示出电子的能带结构，从而可将固体材料分为导体、半导体和绝缘体，为近代的许多技术革命，例如晶体管、集成电路、计算机等，提供了理论基础.

金属是一种晶体材料，其中的自由电子可承担输运电荷的作用，称为载流子. 金属是电的良导体，而非金属是不良导体，称为绝缘体. 有一些晶体材料，例如锗和硅，在导电特性上介于导体和绝缘体之间，称之为半导体. 这是人们基于量子力学，认知了晶体材料的能带结构后获得的认识.

考虑一维晶格中电子的行为. 如图 2.1.6 所示，原子排列在 x 轴上，相邻之间的间隔为 a. 按照晶体的一维克勒尼希-彭尼(Kronig-Penney)模型，电子的运动受一种周期势阱的支配，电子的波函数可理解为一种周期函数调制的平面波，称为布洛赫(Bloch)波. 电子的波函数可表示为

$$\psi(x)=u(x)\mathrm{e}^{\pm\mathrm{i}kx}. \tag{2.1.34}$$

其中，k 是波矢模量，取正号代表沿 x 方向传播，取负号代表沿 $-x$ 方向传播；$u(x)$ 是周期函数，满足 $u(x)=u(x+a)=u(x+2a)=\cdots$.

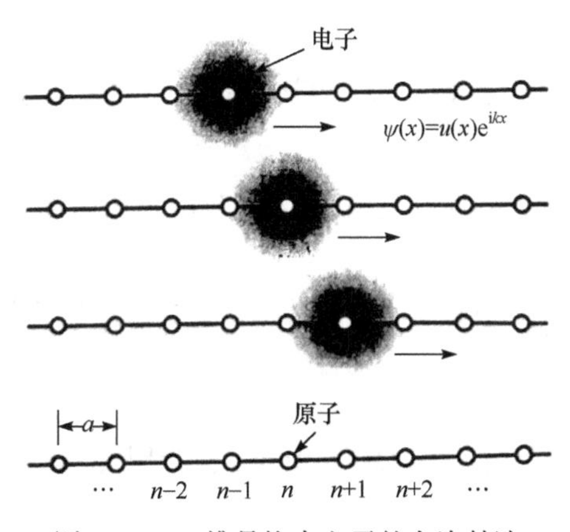

图 2.1.6 一维晶格中电子的布洛赫波

如图 2.1.7 所示，周期势阱可表示为

$$V(x)=V(x+a)=V(x+2a)=\cdots \tag{2.1.35}$$

其中，$a=b+c$ 为晶格常数. $V(x)$ 满足

$$V(x)=\begin{cases}0, & x\in(0,b)\\ V_0, & x\in(b,a)\end{cases}. \tag{2.1.36}$$

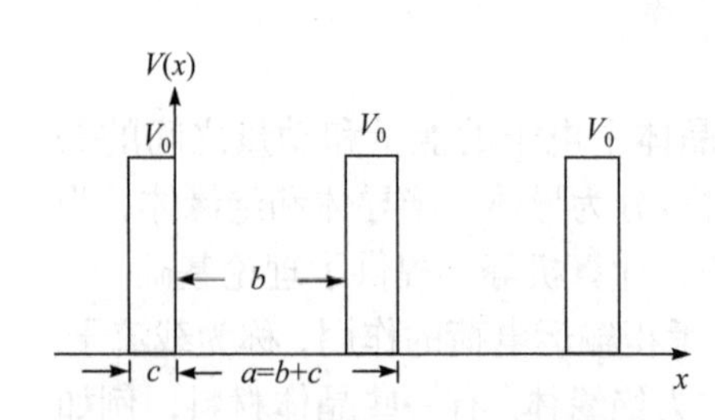

图 2.1.7　一维晶格的周期势阱

在阱内即 $x\in(0,b)$ 的区域，$V(x)=0$，代入一维能量本征方程(2.1.2)，有

$$\frac{\mathrm{d}^2}{\mathrm{d}x^2}\psi(x)+\alpha^2\psi(x)=0\,, \tag{2.1.37}$$

在阱外即 $x\in(b,a)$ 的区域，$V(x)=V_0$，代入一维能量本征方程(2.1.2)，有

$$\frac{\mathrm{d}^2}{\mathrm{d}x^2}\psi(x)-\beta^2\psi(x)=0\,, \tag{2.1.38}$$

以上两式中，参数 α 和 β 为

$$\alpha=\sqrt{2\mu_{\mathrm{e}}E}\big/\hbar\,,\qquad \beta=\sqrt{2\mu_{\mathrm{e}}(V_0-E)}\big/\hbar\,, \tag{2.1.39}$$

其中，E 为电子能量，μ_{e} 为电子质量.

在 $x\in(0,b)$ 区域内，将式(2.1.34)代入方程(2.1.37)，得到

$$\frac{\mathrm{d}^2}{\mathrm{d}x^2}u(x)+2\mathrm{i}k\frac{\mathrm{d}}{\mathrm{d}x}u(x)+(\alpha^2-k^2)u(x)=0\,. \tag{2.1.40}$$

此方程的解为

$$u(x)=A\mathrm{e}^{\mathrm{i}(\alpha-k)x}+B\mathrm{e}^{-\mathrm{i}(\alpha+k)x}\,, \tag{2.1.41}$$

其中，A 和 B 为待定常数.

在 $x\in(b,a)$ 区域内，将式(2.1.34)代入方程(2.1.38)，得到

$$\frac{\mathrm{d}^2}{\mathrm{d}x^2}u(x)+2\mathrm{i}k\frac{\mathrm{d}}{\mathrm{d}x}u(x)-(\beta^2+k^2)u(x)=0\,. \tag{2.1.42}$$

此方程的解为

$$u(x)=C\mathrm{e}^{(\beta-\mathrm{i}k)x}+D\mathrm{e}^{-(\beta+\mathrm{i}k)x}\,, \tag{2.1.43}$$

其中，C 和 D 为待定常数.

由定理 2.1.1，$\psi(x)$ 和 $\mathrm{d}\psi(x)/\mathrm{d}x$ 在 $x=0$ 处连续，可得

$$\begin{aligned}&A+B=C+D\\&\mathrm{i}(\alpha-k)A-\mathrm{i}(\alpha+k)B=(\beta-\mathrm{i}k)C-(\beta+\mathrm{i}k)D\end{aligned}\,, \tag{2.1.44}$$

由 $u(x)$ 和 $\mathrm{d}u(x)/\mathrm{d}x$ 的周期性可知，$u(b)=u(-c)$，$\mathrm{d}u(b)/\mathrm{d}x=\mathrm{d}u(-c)/\mathrm{d}x$，可得

$$\begin{aligned}&A\mathrm{e}^{\mathrm{i}(\alpha-k)b}+B\mathrm{e}^{-\mathrm{i}(\alpha+k)b}=C\mathrm{e}^{-(\beta-\mathrm{i}k)c}+D\mathrm{e}^{(\beta+\mathrm{i}k)c}\\&\mathrm{i}(\alpha-k)\mathrm{e}^{\mathrm{i}(\alpha-k)b}A-\mathrm{i}(\alpha+k)\mathrm{e}^{-\mathrm{i}(\alpha+k)b}B=(\beta-\mathrm{i}k)\mathrm{e}^{-(\beta-\mathrm{i}k)c}C-(\beta+\mathrm{i}k)\mathrm{e}^{(\beta+\mathrm{i}k)c}D\end{aligned}\,. \tag{2.1.45}$$

式(2.1.44)和式(2.1.45)构成关于 A、B、C 和 D 的四元一次齐次方程组，可写为

$$\begin{pmatrix} 1 & 1 & -1 & -1 \\ \mathrm{i}(\alpha-k) & -\mathrm{i}(\alpha+k) & -(\beta-\mathrm{i}k) & (\beta+\mathrm{i}k) \\ \mathrm{e}^{\mathrm{i}(\alpha-k)b} & \mathrm{e}^{-\mathrm{i}(\alpha+k)b} & -\mathrm{e}^{-(\beta-\mathrm{i}k)c} & -\mathrm{e}^{(\beta+\mathrm{i}k)c} \\ \mathrm{i}(\alpha-k)\mathrm{e}^{\mathrm{i}(\alpha-k)b} & -\mathrm{i}(\alpha+k)\mathrm{e}^{-\mathrm{i}(\alpha+k)b} & -(\beta-\mathrm{i}k)\mathrm{e}^{-(\beta-\mathrm{i}k)c} & (\beta+\mathrm{i}k)\mathrm{e}^{(\beta+\mathrm{i}k)c} \end{pmatrix}\begin{pmatrix} A \\ B \\ C \\ D \end{pmatrix}=0, \tag{2.1.46}$$

此方程组有非零解的条件是系数矩阵组成的系数行列式$\varDelta$为零，即

$$\varDelta=\begin{vmatrix} 1 & 1 & -1 & -1 \\ \mathrm{i}(\alpha-k) & -\mathrm{i}(\alpha+k) & -(\beta-\mathrm{i}k) & (\beta+\mathrm{i}k) \\ \mathrm{e}^{\mathrm{i}(\alpha-k)b} & \mathrm{e}^{-\mathrm{i}(\alpha+k)b} & -\mathrm{e}^{-(\beta-\mathrm{i}k)c} & -\mathrm{e}^{(\beta+\mathrm{i}k)c} \\ \mathrm{i}(\alpha-k)\mathrm{e}^{\mathrm{i}(\alpha-k)b} & -\mathrm{i}(\alpha+k)\mathrm{e}^{-\mathrm{i}(\alpha+k)b} & -(\beta-\mathrm{i}k)\mathrm{e}^{-(\beta-\mathrm{i}k)c} & (\beta+\mathrm{i}k)\mathrm{e}^{(\beta+\mathrm{i}k)c} \end{vmatrix}=0. \tag{2.1.47}$$

经推导，有

$$\varDelta=\mathrm{i}8\alpha\beta\mathrm{e}^{\mathrm{i}k(c-b)}\left\{\cos(ka)-\frac{\beta^2-\alpha^2}{2\alpha\beta}\sinh(\beta c)\sin(ab)-\cosh(\beta c)\cos(ab)\right\}. \tag{2.1.48}$$

注意此式中k是式(2.1.34)给出的布洛赫波的波矢模量. 同时，由式(2.1.39)可知，α和β包含电子能量E. 所以，从$\varDelta=0$出发可给出k随E的变化函数$k=k(E)$为

$$k=k(E)=\frac{1}{a}\arccos\{L(E/V_0)\}, \tag{2.1.49}$$

其中，函数$L(E/V_0)$为

$$L(\eta)=\frac{1-2\eta}{2\sqrt{\eta}\sqrt{1-\eta}}\sinh\{c\sqrt{\zeta(1-\eta)}\}\sin\{b\sqrt{\zeta\eta}\}+\cosh\{c\sqrt{\zeta(1-\eta)}\}\cos\{b\sqrt{\zeta\eta}\},$$
$$\eta=\frac{E}{V_0},\quad \zeta=\frac{2\mu_{\mathrm{e}}V_0}{\hbar^2}. \tag{2.1.50}$$

取$\mu_{\mathrm{e}}V_0\hbar^{-2}b^2/2=36$，$c/b=0.1$，利用上式，以$\eta=E/V_0$为自变量可方便地计算出$L(E/V_0)$随$E/V_0$的变化曲线，如图2.1.8所示. 不过，图中将$E/V_0$作为纵轴，而将$L(E/V_0)$作为横轴.

从图2.1.8可以看出，当$\eta=E/V_0$从0变化到±1时，$L(E/V_0)$随E/V_0呈现出一种变周期的振荡变化特性. 在$E/V_0\notin(0.035,0.122)$，$(0.208,0.358)$，$(0.523,0.694)$三个区间内，$|L(E/V_0)|\leqslant 1$. 由式(2.1.49)和余弦函数的性质可知，这样的取值能得到实数的布洛赫波矢k. 这意味着，E的取值不在上述三个区间时，k是实数，允许电子的能量存在，这样的能量区域被称为“允许能带”或能带. 在这些能带之间的区域，$|L(E/V_0)|>1$，给不出实数的波矢k，说明不允许电子的能

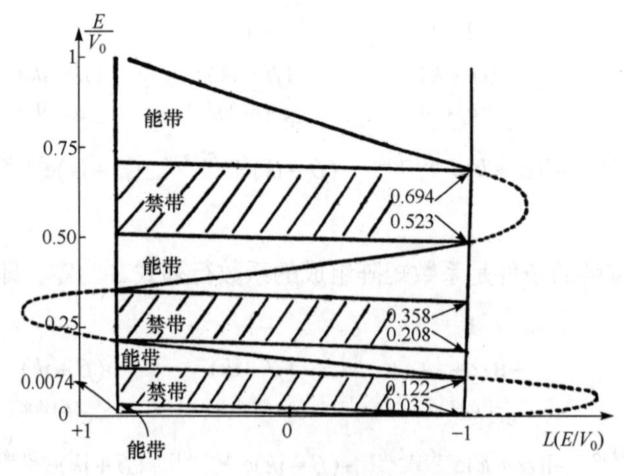

图 2.1.8　一维晶格的能带结构

量存在于这些区域，称其为“禁止能带”或禁带.

电子是费米子，服从费米–狄拉克统计. 绝对零度下电子的最高能级称为费米能级 E_F. 根据泡利不相容原理，一个量子态上只能容纳一个电子，所以绝对零度下，电子将从低到高依次填充各能级，除费米能级外均被填满. 晶体中有大量自由电子，从统计的角度讲，热平衡下费米能级的物理意义是该能级对应的量子态被电子占据的概率是 1/2.

从一维晶格的能带出发，利用费米能级的概念，可以将晶体分为导体、绝缘体和半导体. 如图 2.1.9 所示，能带(图中蓝色和黄灰色部分)允许电子存在，电子首先从能量最低的能带开始填充，如果将其填满，便形成了满带. 此时所有 $\pm k$ 的量子态同时被电子填满，总电流抵消，即便施加外电场也不能改变这种情况，故满带是不导电的. 电子将能量最低的能带填满后，紧随其后的禁带不允许电子存在，电子便会跨过禁带去填充能量次低的能带，直到所有的电子都填充到所有的能带.

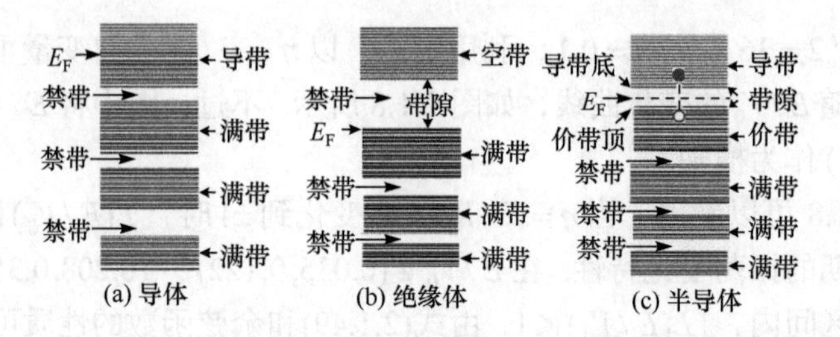

图 2.1.9　导体、绝缘体和半导体的能带结构(彩图请扫右侧二维码)

如图 2.1.9(a)所示，如果费米能级 E_F 在某一能带的中央，则该能带就被部分填充，此时若施加外电场，就可以把电子激发到此能带中空的能级上，使 $\pm k$ 量子态上电子的分布不再对称，形成定向流动而产生电流. 这样的材料便是导体，其中被部分填充的能带起导电的作用，故称其为导带.

如图 2.1.9(b)所示，如果费米能级 E_F 恰好在某一能带的顶端，则此能带上面相隔一个禁带的能带不会再有电子填充，称为空带. 通常称这样的禁带为带隙. 此时若施加外电场，如果带隙足够宽以至于不能将此能带中的电子跨过带隙激发到空带中去，便无法形成电流，这样的材料便是绝缘体. 如果带隙比较窄以至于能将电子激发到空带中去形成电流，这样的材料便是半导体.

如图 2.1.9(c)所示，如果费米能级 E_F 恰好落在半导体的带隙之中，则其下面的满带称为价带，上面的空带称为导带，通常情况下都是不导电的. 但是，由于半导体的带隙较窄，价带顶部的电子很容易受一些因素(例如热激发、电激发等)的影响被激发到导带的底部，在价带顶部留下一些空穴. 由于导带中的电子和价带中的空穴都可以定向移动而形成电流，故半导体的价带和导带在一定条件下都能导电.

2.2　一维散射态

2.1 节讨论的是势阱的问题，体系的势能在无穷远处为无穷大，粒子不能在无穷远处出现，故无穷远处粒子的波函数为零，这样的状态为束缚态，体系的能级是分立的，能量是量子化的. 本节讨论另外一种情况，此时体系的势能在无穷远处为零或有限，粒子可以在无穷远处出现，故粒子的波函数在无穷远处可以不为零. 这类问题源于粒子被势场散射，具有确定能量的粒子从无穷远来，被势场散射后又到无穷远去. 此时体系的能量可取任意值，构成连续谱，不再是量子化的.

如图 2.2.1 所示，左侧山脚下的一个圆石要去往山丘右侧山脚. 对经典粒子来说，必须对其做功使其动能和势能之和大于山峰处的势能，才有可能抵达右侧山脚. 对微观粒子来说，存在一种神奇的隧穿效应，即便粒子的能量小于山峰处的势能，也有一定的概率穿过山丘. 这个问题可通过讨论粒子被一维方势垒散射而得到答案.

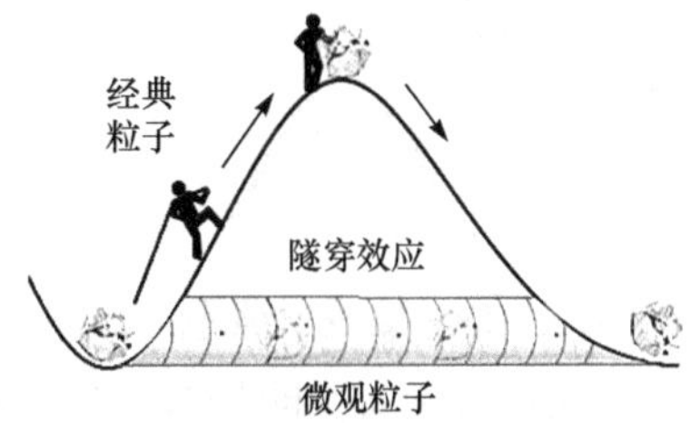

图 2.2.1　翻越山丘的粒子

2.2.1　一维方势垒

如图 2.2.2 所示，设体系的势函数为

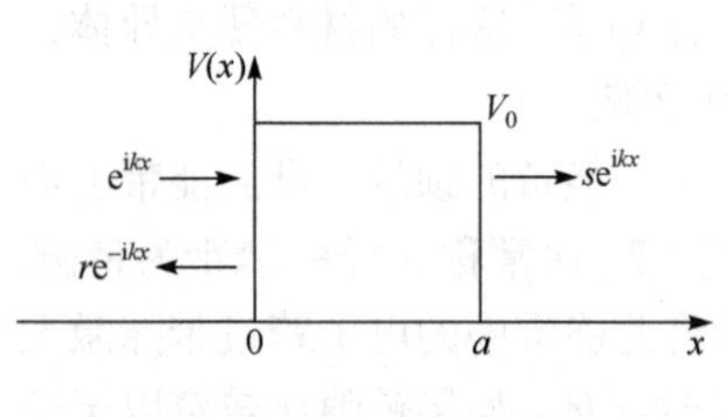

图 2.2.2 一维方势垒

$$V(x)=\begin{cases}V_0, & 0<x<a\\ 0, & x<0,x>a\end{cases}, \tag{2.2.1}$$

称这种势场为一维方势垒. 考虑一个质量为 μ ，能量为 E 的粒子，自 $x=-\infty$ 从左至右而来，可简单地用振幅为 1 的平面波 $\psi_{入}(x)=\mathrm{e}^{ikx}$ 加以描述. 此粒子在 $x=0$ 处遇到势垒，若 $E>V_0$ ，粒子可以通过势垒运动到 $x>a$ 的区域；若 $E<V_0$ ，粒子是否能运动到 $x>a$ 的区域，需要通过求解能量本征方程(2.1.2)来回答. 为此，先假设粒子以一定的透过率 s 透过势垒到达 $x>a$ 的区域，粒子的波函数可用 $\psi_{透}(x)=s\mathrm{e}^{ikx}$ 加以描述. 同时，粒子以一定的反射率 r 被势垒反射到 $x<0$ 的区域，粒子的波函数可用 $\psi_{反}(x)=r\mathrm{e}^{-ikx}$ 加以描述. 由式(1.3.6)及动量 $p=\hbar k=\mu u$ ，其中 u 是粒子的运动速率，可计算出 $\psi_{入}$、$\psi_{反}$ 和 $\psi_{透}$ 对应的概率流密度为 $j_{入}=\hbar k/\mu=u$ ， $j_{反}=|r|^2u$ 和 $j_{透}=|s|^2u$. 可见 $R=|r|^2$ 和 $T=|s|^2$ 分别代表粒子的反射系数和透过系数. R 和 T 要通过求解能量本征方程来获得，如果得出的 $T\equiv 0$ ，说明 $E<V_0$ 情况下粒子无法穿越势垒. 若 $T\neq 0$ ，说明粒子有 $T/(R+T)$ 的概率穿越势垒. 由于粒子概率流密度是守恒的，故应该有 $R+T=1$.

在 $x<0,x>a$ ，即势垒外的区域，$V(x)=0$ ，代入一维能量本征方程(2.1.2)，有

$$\frac{\mathrm{d}^2}{\mathrm{d}x^2}\psi(x)+k^2\psi(x)=0, \tag{2.2.2}$$

其中，$k=\sqrt{2\mu E}/\hbar$. 此方程的解为 $\psi(x)=C\mathrm{e}^{ikx}+D\mathrm{e}^{-ikx}$.在本问题中，由于假设在 $x<0$ 的区域存在入射波 e^{ikx} 和反射波 $r\mathrm{e}^{-ikx}$ ，在 $x>a$ 的区域只可能存在透射波 $s\mathrm{e}^{ikx}$ ，故有

$$\psi(x)=\begin{cases}\mathrm{e}^{ikx}+r\mathrm{e}^{-ikx}, & x<0\\ s\mathrm{e}^{ikx}, & x>a\end{cases}, \tag{2.2.3}$$

其中，r 与 s 是待定常数.

在 $0<x<a$ ，即势垒内的区域，$V(x)=V_0$ ，代入方程(2.1.2)，有

$$\frac{\mathrm{d}^2}{\mathrm{d}x^2}\psi(x)-\beta^2\psi(x)=0, \tag{2.2.4}$$

其中，$\beta=\sqrt{2\mu(V_0-E)}/\hbar$. 因为 $E<V_0$ ，故 β 为实数. 此方程的解为

$$\psi(x)=A\mathrm{e}^{-\beta x}+B\mathrm{e}^{\beta x}, \qquad 0<x<a, \tag{2.2.5}$$

其中，A 与 B 是待定常数. 根据定理 2.1.1，$\psi(x)$ 和 $\mathrm{d}\psi(x)/\mathrm{d}x$ 在 $x=0$ 和 $x=a$ 处

连续. 由式(2.2.3)和式(2.2.5)，有

$$\left.\begin{array}{r}1+r=A+B\\ A\mathrm{e}^{\beta a}+B\mathrm{e}^{-\beta a}=s\mathrm{e}^{\mathrm{i}ka}\\ \mathrm{i}k(1-r)/\beta=A-B\\ A\mathrm{e}^{\beta a}-B\mathrm{e}^{-\beta a}=\mathrm{i}ks\mathrm{e}^{\mathrm{i}ka}/\beta\end{array}\right\}. \tag{2.2.6}$$

这是一组关于 A 、B 、r 与 s 的四元一次方程组，其解为

$$\left.\begin{aligned}A&=\frac{s}{2}\left(1+\frac{\mathrm{i}k}{\beta}\right)\mathrm{e}^{(\mathrm{i}k-\beta)a}\\ B&=\frac{s}{2}\left(1-\frac{\mathrm{i}k}{\beta}\right)\mathrm{e}^{(\mathrm{i}k+\beta)a}\end{aligned}\right\}, \tag{2.2.7}$$

$$R=|r|^2=\frac{(k^2+\beta^2)^2 sh^2(\beta a)}{(k^2+\beta^2)^2 sh^2(\beta a)+4k^2\beta^2}, \tag{2.2.8}$$

$$T=|s|^2=\frac{4k^2\beta^2}{(k^2+\beta^2)^2 sh^2(\beta a)+4k^2\beta^2}. \tag{2.2.9}$$

上述结果表明，一般情况下，$R<1$ ，$T<1$ ，但 $R+T=1$.

讨论

(1) 一般情况下，$T\neq 0$. 这说明，即使 $E<V_0$ ，即粒子的能量小于势垒的高度，粒子也有一定的概率穿过势垒. 微观粒子能够穿透比其能量高的势垒的现象，称为隧道效应或势垒贯穿(图 2.2.3)，源于微观粒子的波粒二象性，没有宏观对应.

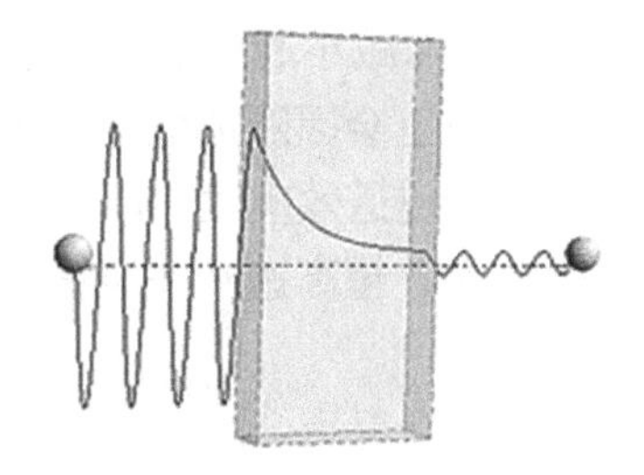

图 2.2.3　隧道效应或势垒贯穿

(2) 透射系数 T 与势垒的宽度和高度以及粒子的能量和质量密切相关. 在 $\beta a\gg 1$ 的条件下，从式(2.2.9)出发可得 T 的近似表达式为

$$T\approx\left(\frac{4k\beta}{k^2+\beta^2}\right)^2\mathrm{e}^{-2\beta a}=\frac{16E(V_0-E)}{V_0^2}\exp\left[-\frac{2a}{\hbar}\sqrt{2\mu(V_0-E)}\right]. \tag{2.2.10}$$

此式中，指数部分对 T 起主导作用. 可见，势垒越宽、越高，粒子的质量越大、能量越低，透过系数越小.

以电子通过宽度为 a 的方势垒为例，电子的质量 $\mu_{\mathrm{e}}=9.109\times10^{-31}\,\mathrm{kg}$，设 $V_0-E=8\times10^{-19}\,\mathrm{J}$，并注意 $\hbar=1.055\times10^{-34}\,\mathrm{J\cdot s}$，表 2.2.1 给出了根据式(2.2.9)计算出的不同势垒宽度下电子的透射系数. 结果表明，当势垒宽度为原子尺度

(10^{-10} m)时，电子的透射系数相当大，有 10%的概率可以穿越势垒；随着势垒宽度的增加，透射系数锐减，势垒宽度比原子尺度大一个数量级后，透射系数小到电子几乎无法穿越势垒的程度.

表 2.2.1　不同势垒宽度下电子的透射系数

a /(10^{-10} m)	1	2	5	10
T	0.1	1.2×10^{-2}	1.7×10^{-5}	3.0×10^{-10}

(3) 当 $\beta a = n\pi$ $(n=1,2,3,\cdots)$ 时，即

$$E = V_0 + \frac{n^2\hbar^2\pi^2}{2\mu a^2}, \tag{2.2.11}$$

由式(2.2.8)和式(2.2.9)可得到 $R=0$ ，$T=1$. 此时粒子完全透射，没有反射，称为共振透射.

(4) 基于电子的隧道效应，实现了许多器件和设备. 其中，隧道二极管和扫描隧道显微镜是典型代表.

如图 2.2.4 所示，隧道二极管是一种以隧道效应电流为主要电流分量的晶体二极管. 在高掺杂、窄硅锗 PN 结构成的势垒中，其伏安特性中存在着电流 i 随电压 v 增大而减小的负电阻现象. 当 PN 结足够窄时，即使不施加与势垒等高的偏压，电子也会因隧道效应穿越势垒形成隧道电流，形成负电阻现象. 由于具有负电阻，且隧道效应发生的速度很快，隧道二极管广泛应用于微波混频、检波、低噪声放大、超高速开关逻辑电路、触发器和存储电路等方面.

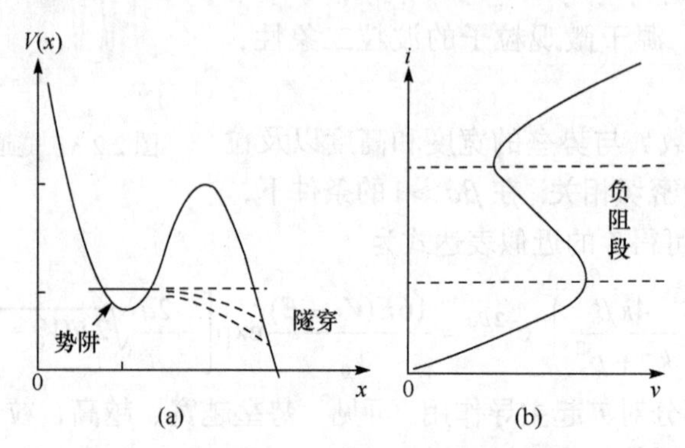

图 2.2.4　隧道二极管的势垒和伏安特性

如图 2.2.5 所示，扫描隧道显微镜是基于隧道效应并利用电子隧穿势垒的概率敏感依赖势垒宽度的特性而设计出的一种电子显微镜，具有原子级的图像分辨

能力，能够实时地观测单个原子在物质表面的排列状态以及与电子行为有关的物理、化学性质. 基本工作原理是：固定在压电陶瓷传感器上的探针沿样品表面扫描，通过记录隧道电流来刻画出固体表面的三维显微形貌. 扫描隧道显微镜在表面科学、生命科学、材料科学等领域有广泛的应用.

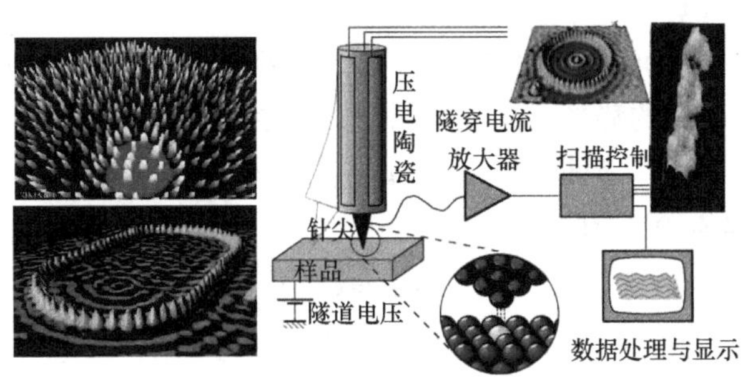

图 2.2.5　扫描隧道显微镜及其所成原子和 DNA 结构图

2.2.2　金属表面电子的反射与逸出

如图 2.2.6 所示，在金属内部，作用于传导电子的势场可表示为

$$V(x)=\begin{cases}-V_0, & x<0\\ 0, & x>0\end{cases}, \tag{2.2.12}$$

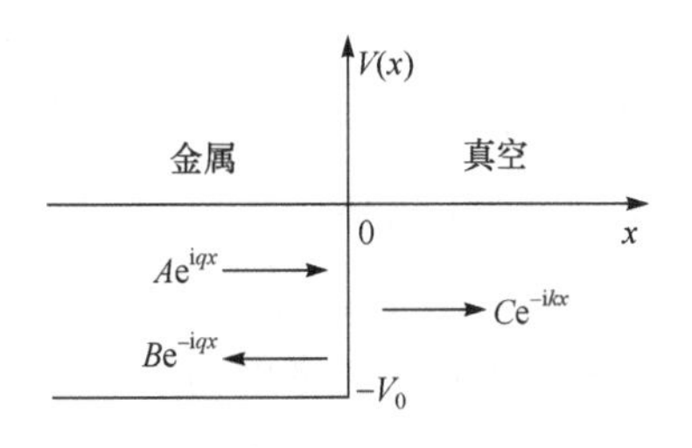

图 2.2.6　金属内部作用于传导电子的势场

金属内的势场规定为负数，反映的是金属中的晶格对电子的吸引作用. 这个势场的物理涵义是，电子受晶格的约束，遇到金属表面时如同碰到一个势垒. 电子的能量若小于这个势垒，按经典物理，电子必定被约束在金属内无法逃逸. 但是，按照量子力学，存在隧道效应，电子有可能逃逸出金属，这需要通过求解能量本征方程来加以分析.

在 $x<0$，即金属内的区域，$V(x)=-V_0$，代入一维能量本征方程(2.1.2)，有

$$\frac{d^2}{dx^2}\psi(x)+q^2\psi(x)=0, \tag{2.2.13}$$

其中，$q=\sqrt{2\mu_e(E+V_0)}/\hbar$，$\mu_e$ 为电子质量. 此方程的解为

$$\psi(x)=Ae^{iqx}+Be^{-iqx},\qquad x<0, \tag{2.2.14}$$

其中，A 和 B 是待定常数.

在 $x>0$，即金属外的区域，$V(x)=0$，代入方程(2.1.2)，有

$$\frac{d^2}{dx^2}\psi(x)+k^2\psi(x)=0, \tag{2.2.15}$$

其中，$k=\sqrt{2\mu_e E}/\hbar$. 此方程的解为$\psi(x)=C\mathrm{e}^{\mathrm{i}kx}+\widehat{C}\mathrm{e}^{-\mathrm{i}kx}$.在本问题中，由于在$x>0$的区域只存在透射波，常数$\widehat{C}=0$，故有

$$\psi(x)=C\mathrm{e}^{\mathrm{i}kx},\quad x>0, \tag{2.2.16}$$

其中，C是待定常数.

首先讨论$E>0$的情况. 此时k和q都是实数. 按经典理论，此时电子有足够的能量克服金属表面的势垒，离开金属，并不会被金属表面反射. 用量子力学来分析，看看情况如何. 根据定理 2.1.1，$\psi(x)$和$\mathrm{d}\psi(x)/\mathrm{d}x$在$x=0$处连续. 由式 (2.2.14)和式(2.2.16)，有

$$\left.\begin{aligned}A+B=C\\ q(A-B)=kC\end{aligned}\right\}. \tag{2.2.17}$$

从中解出

$$B=\frac{q-k}{q+k}A,\quad C=\frac{2q}{q+k}A, \tag{2.2.18}$$

结合式(2.2.14)和式(2.2.16)，表明在$x<0$的区域若存在入射波$\psi_{\text{入}}(x)=A\mathrm{e}^{\mathrm{i}qx}$，则在$x<0$的区域必存在反射波$\psi_{\text{反}}(x)=B\mathrm{e}^{-\mathrm{i}qx}$，同时在$x>0$的区域必存在透射波$\psi_{\text{透}}(x)=C\mathrm{e}^{\mathrm{i}kx}$. 由式(1.3.6)及动量$p=\hbar k=\mu_e u$，其中$u$是电子的运动速率，可计算出对应的概率流密度为

$$j_{\text{入}}=|A|^2\hbar q/\mu_e,\qquad j_{\text{反}}=|B|^2\hbar q/\mu_e,\qquad j_{\text{透}}=|C|^2\hbar k/\mu_e, \tag{2.2.19}$$

由式(2.2.18)和式(2.2.19)，可得到透过系数T和反射系数R分别为

$$T=\frac{j_{\text{透}}}{j_{\text{入}}}=\frac{4\sqrt{E(E+V_0)}}{\left(\sqrt{E+V_0}+\sqrt{E}\right)^2}, \tag{2.2.20}$$

$$R=\frac{j_{\text{反}}}{j_{\text{入}}}=\frac{V_0^2}{\left(\sqrt{E+V_0}+\sqrt{E}\right)^4}. \tag{2.2.21}$$

一般情况下，$R<1$，$T<1$，不难验证$R+T=1$. $R\neq 0$说明当$E>0$时，即使电子有足够的能量克服金属表面的势垒，也有一定的概率被金属表面反射.

其次讨论$-V_0<E<0$的情况. 此时q是实数，$k=\mathrm{i}\sqrt{2\mu_e|E|}/\hbar=\mathrm{i}p$为虚数，其中$p=\sqrt{2\mu_e|E|}/\hbar$为实数. 按经典理论，此时电子的能量低于金属表面的势垒，电子不会逸出金属表面. 用量子力学来分析，情况会怎样？此时$x<0$区域的波函数依然为式(2.2.14)，但$x>0$的区域的波函数为

$$\psi(x)=D\mathrm{e}^{-px}, \quad x>0. \tag{2.2.22}$$

根据定理 2.1.1，$\psi(x)$ 和 $\mathrm{d}\psi(x)/\mathrm{d}x$ 在 $x=0$ 处连续. 由式(2.2.14)和式(2.2.22)，经运算可得 A 、B 和 D 的比值关系为

$$\frac{D}{A}=\frac{2p}{q+\mathrm{i}p}, \quad \frac{B}{A}=\frac{q-\mathrm{i}p}{q+\mathrm{i}p}=\mathrm{e}^{\mathrm{i}\alpha}, \quad \tan\alpha=\frac{2pq}{p^2+q^2}. \tag{2.2.23}$$

由式(1.3.6)以及式(2.2.14)和式(2.2.22)，可得此时的概率流密度为

$$j_{入}=|A|^2\,\hbar q/\mu_{\mathrm{e}}, \quad j_{反}=|B|^2\,\hbar q/\mu_{\mathrm{e}}, \quad j_{透}=0. \tag{2.2.24}$$

以上三式勾画出在 $-V_0<E<0$ 情况下金属中的电子在界面反射和透射的图像为：一方面，$R=j_{反}/j_{入}=|B/A|^2=1$，$T=j_{透}/j_{入}=0$，说明此时作为粒子的电子被全部反射回金属内部，不能逸出金属之外，反射波与入射波相差一个相位因子 α ；另一方面，在金属外面($x>0$)，$|\psi(x)|^2=|D|^2\,\mathrm{e}^{-2px}\neq 0$，说明电子在金属外面出现的概率并不为零，尽管这个概率密度随距离指数衰减. 这表明，作为波的电子，此时依然有一定的概率逸出金属.

在 $E>0$ 和 $-V_0<E<0$ 两种情况下，金属内的电子在界面上的反射和逸出的图像见图 2.2.7.

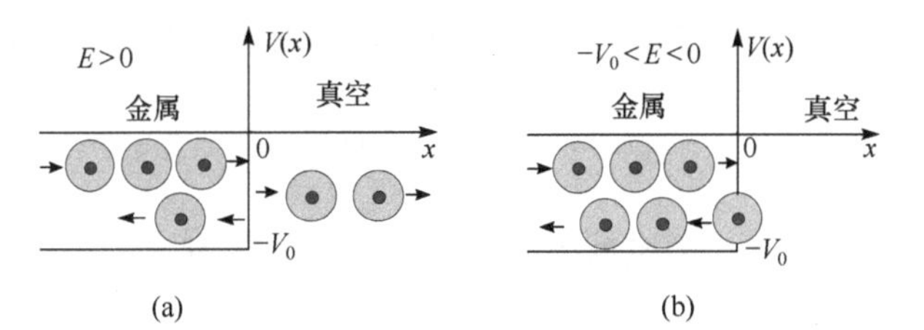

图 2.2.7　金属内的电子在界面上的反射与逸出

2.3　三维束缚态

三维情况下，角动量算符具有重要作用. 从角动量的三个分量 $\hat{l}_x$，$\hat{l}_y$ 和 $\hat{l}_z$ 出发，可以引入一个新的算符 $\hat{l}^2$，称为角动量平方算符，其定义为

$$\hat{l}^2=\hat{l}_x^2+\hat{l}_y^2+\hat{l}_z^2. \tag{2.3.1}$$

由于本节讨论的重点是中心力场，即势函数具有中心对称性，此时选择球坐标会带来便利. 式(1.2.23)给出了直角坐标系下角动量三个分量的表达式，通过坐标变换 $(x,y,z)\to(r,\theta,\varphi)$，可将其转换到球坐标系

$$
\begin{aligned}
&\hat{l}_x = \mathrm{i}\hbar\left(\sin\varphi\frac{\partial}{\partial\theta} + \cot\theta\cos\varphi\frac{\partial}{\partial\varphi}\right) \\
&\hat{l}_x = \mathrm{i}\hbar\left(-\cos\varphi\frac{\partial}{\partial\theta} + \cot\theta\sin\varphi\frac{\partial}{\partial\varphi}\right). \\
&\hat{l}_z = -\mathrm{i}\hbar\frac{\partial}{\partial\varphi}
\end{aligned}
\tag{2.3.2}
$$

在球坐标系下，$\hat{l}^2$ 以及拉普拉斯算子 ∇^2 的表达式分别为

$$
\hat{l}^2 = -\hbar^2\left[\frac{1}{\sin\theta}\frac{\partial}{\partial\theta}\left(\sin\theta\frac{\partial}{\partial\theta}\right) + \frac{1}{\sin^2\theta}\frac{\partial^2}{\partial\varphi^2}\right], \tag{2.3.3}
$$

$$
\nabla^2 = \frac{1}{r^2}\frac{\partial}{\partial r}\left(r^2\frac{\partial}{\partial r}\right) - \frac{\hat{l}^2}{\hbar^2 r^2}. \tag{2.3.4}
$$

2.3.1　中心力场径向方程

如果体系的势函数 $V = V(r)$ 与变量 θ 和 φ 无关，这样的力场称为**中心力场**. 在自然界中，太阳对地球的引力场、原子中原子核对电子的库仑场、三维各向同性谐振子场等，都是中心力场.

设质量为 μ 的粒子在中心力场 $V(r)$ 中运动，由式(1.3.12)，哈密顿算符为

$$
\hat{H} = -\frac{\hbar^2}{2\mu}\nabla^2 + V(r), \tag{2.3.5}
$$

结合式(2.3.3)～式(2.3.5)，得到球坐标下能量本征方程 $\hat{H}\psi(r,\theta,\varphi) = E\psi(r,\theta,\varphi)$ 的形式为

$$
\left[-\frac{\hbar^2}{2\mu}\frac{1}{r^2}\frac{\partial}{\partial r}\left(r^2\frac{\partial}{\partial r}\right) + \frac{\hat{l}^2}{2\mu r^2} + V(r)\right]\psi(r,\theta,\varphi) = E\psi(r,\theta,\varphi). \tag{2.3.6}
$$

采用分离变量法求解此方程. 为此，设

$$
\psi(r,\theta,\varphi) = R(r)Y(\theta,\varphi). \tag{2.3.7}
$$

将试探解(2.3.7)代入方程(2.3.6)，并注意 $\hat{l}^2$ 只对变量 θ 和 φ 起作用，得到

$$
\frac{1}{R(r)}\frac{\mathrm{d}}{\mathrm{d}r}\left[r^2\frac{\mathrm{d}R(r)}{\mathrm{d}r}\right] + \frac{2\mu r^2}{\hbar^2}[E - V(r)] = \frac{1}{Y(\theta,\varphi)}\frac{1}{\hbar^2}\hat{l}^2 Y(\theta,\varphi) = \lambda, \tag{2.3.8}
$$

其中，λ 是待定常数. 由此得到两个方程

$$
\frac{\mathrm{d}}{\mathrm{d}r}\left[r^2\frac{\mathrm{d}R(r)}{\mathrm{d}r}\right] + \frac{2\mu r^2}{\hbar^2}[E - V(r)]R(r) = \lambda R(r). \tag{2.3.9}
$$

$$\hat{l}^2 Y(\theta,\varphi)=\lambda\hbar^2 Y(\theta,\varphi)\,. \tag{2.3.10}$$

方程(2.3.9)仅与 r 有关，称为径向方程．类似地，方程(2.3.10)称为角向方程，它是一个关于算符 $\hat{l}^2$ 属于本征值 $\lambda\hbar^2$ 的本征方程. 换句话说，$Y(\theta,\varphi)$ 是算符 $\hat{l}^2$ 关于本征值 $\lambda\hbar^2$ 的本征函数.

同样可采用分离变量的方法求解角向方程. 为此，设 $Y(\theta,\varphi)=\Theta(\theta)\Phi(\varphi)$，代入方程(2.3.10)中，得到

$$\frac{\sin\theta}{\Theta(\theta)}\frac{\mathrm{d}}{\mathrm{d}\theta}\left[\sin\theta\frac{\mathrm{d}\Theta(\theta)}{\mathrm{d}\theta}\right]+\lambda\sin^2\theta=-\frac{\mathrm{d}^2\Phi(\varphi)}{\Phi(\varphi)\mathrm{d}\varphi^2}=m^2, \tag{2.3.11}$$

其中，m 是待定常数. 由此得到两个方程，一个是 $\Theta(\theta)$ 满足的勒让德方程

$$\frac{1}{\sin\theta}\frac{\mathrm{d}}{\mathrm{d}\theta}\left[\sin\theta\frac{\mathrm{d}\Theta(\theta)}{\mathrm{d}\theta}\right]+\left(\lambda-\frac{m^2}{\sin^2\theta}\right)\Theta(\theta)=0\,. \tag{2.3.12}$$

另一个是 $\Phi(\varphi)$ 满足的关于算符 $\hat{l}_z^2$ 的本征方程

$$\hat{l}_z^2\Phi(\varphi)=m^2\hbar^2\Phi(\varphi)\,. \tag{2.3.13}$$

事实上 $\Phi(\varphi)$ 也是算符 $\hat{l}_z$ 关于本征值 $m\hbar$ 的本征函数，满足本征方程

$$\hat{l}_z\Phi(\varphi)=m\hbar\Phi(\varphi)\,, \tag{2.3.14}$$

在周期条件 $\Phi(\varphi)=\Phi(\varphi+2\pi)$ 下，其解为 $\Phi(\varphi)=A\mathrm{e}^{\mathrm{i}m\varphi}, m=0,\pm1,\pm2,\cdots$. 由归一化条件 $\int_0^{2\pi}|\Phi(\varphi)|^2\,\mathrm{d}\varphi=1$ 可得 $A=1/\sqrt{2\pi}$. 所以，方程(2.3.13)和(2.3.14)的归一化解为

$$\Phi_m(\varphi)=\frac{1}{\sqrt{2\pi}}\mathrm{e}^{\mathrm{i}m\varphi},\quad m=0,\pm1,\pm2,\cdots\,, \tag{2.3.15}$$

量子数 m 称为磁量子数. 不难验证 $\Phi_m(\varphi)$ 满足正交归一关系

$$\int_0^{2\pi}\Phi_{m'}^*(\varphi)\Phi_m(\varphi)\mathrm{d}\varphi=\delta_{m'm}\,. \tag{2.3.16}$$

根据数学物理方法中的结论，对勒让德方程(2.3.12)来说，为使解 $\Theta(\theta)$ 在区间 $[0,\pi]$ 有限，常数 λ 只能取如下特殊值：

$$\lambda=l(l+1),\quad l=0,1,2,\cdots\,, \tag{2.3.17}$$

其中，量子数 l 称为轨道量子数. 此时方程(2.3.12)的解为

$$\Theta(\theta)=\Theta_{lm}(\theta)=\mathrm{P}_l^{|m|}(\cos\theta)=B_{lm}(1-\cos^2\theta)^{\frac{|m|}{2}}\frac{\mathrm{d}^{|m|}}{\mathrm{d}(\cos\theta)^{|m|}}\mathrm{P}_l(\cos\theta)\,. \tag{2.3.18}$$

其中，$\mathrm{P}_l^{|m|}(\cos\theta)$ 是缔合勒让德函数，$\mathrm{P}_l(\cos\theta)$ 是勒让德多项式，B_{lm} 是归一化常数.

当$|m|>l$时，$\frac{\mathrm{d}^{|m|}}{\mathrm{d}(\cos\theta)^{|m|}}\mathrm{P}_l(\cos\theta)=0$，因此只有$|m|\leqslant l$时$\Theta(\theta)$才不为零，故有

$$m=0,\pm1,\pm2,\cdots\pm l. \tag{2.3.19}$$

由归一化条件$\int_0^{\pi}|\Theta_{lm}(\theta)|^2\sin\theta\mathrm{d}\theta=1$，得到

$$B_{lm}=\sqrt{\frac{(l-|m|)!(2l+1)}{2(l+|m|)}}. \tag{2.3.20}$$

$\Theta_{lm}(\theta)$满足正交归一关系

$$\int_0^{\pi}\Theta_{l'm}^*(\theta)\Theta_{lm}(\theta)\sin\theta\mathrm{d}\theta=\delta_{l'l}. \tag{2.3.21}$$

角向方程(2.3.10)的解为$Y(\theta,\varphi)=\Theta(\theta)\Phi(\varphi)$，由式(2.3.15)和式(2.3.18)，有

$$Y(\theta,\varphi)=\mathrm{Y}_{lm}(\theta,\varphi)=N_{lm}(1-\cos^2\theta)^{\frac{|m|}{2}}\frac{\mathrm{d}^{|m|}}{\mathrm{d}(\cos\theta)^{|m|}}\mathrm{P}_l(\cos\theta)\mathrm{e}^{\mathrm{i}m\varphi}, \tag{2.3.22}$$

其中，归一化常数N_{lm}为

$$N_{lm}=\sqrt{\frac{(l-|m|)!(2l+1)}{4\pi(l+|m|)}}. \tag{2.3.23}$$

数学上，式(2.3.22)给出的函数是一种谐函数，由于$\mathrm{Y}_{lm}(\theta,\varphi)$是建立在二维球面上的，故称之为<u>球谐函数</u>，满足以下正交归一关系：

$$\begin{aligned}&\int_0^{2\pi}\int_0^{\pi}\mathrm{Y}_{l'm'}^*(\theta,\phi)\mathrm{Y}_{lm}(\theta,\phi)\sin\theta\mathrm{d}\theta\mathrm{d}\varphi\\&=\int_0^{\pi}\Theta_{l'm}^*(\theta)\Theta_{lm}(\theta)\sin\theta\mathrm{d}\theta\int_0^{2\pi}\Phi_{m'}^*(\varphi)\Phi_m(\varphi)\mathrm{d}\varphi=\delta_{l'l}\delta_{m'm}.\end{aligned} \tag{2.3.24}$$

在式(2.3.14)两边同乘以$\Theta_{lm}(\theta)$，由于$\hat{l}_z$只对变量φ起作用，故有$\hat{l}_z\mathrm{Y}_{lm}=m\hbar\mathrm{Y}_{lm}$，这说明球谐函数$\mathrm{Y}_{lm}$也是$\hat{l}_z$的本征函数. 如此得到

$$\begin{aligned}\hat{l}^2\mathrm{Y}_{lm}(\theta,\varphi)&=l(l+1)\hbar^2\mathrm{Y}_{lm}(\theta,\varphi),\quad l=0,1,2,\cdots\\\hat{l}_z\mathrm{Y}_{lm}(\theta,\varphi)&=m\hbar\mathrm{Y}_{lm}(\theta,\varphi),\quad m=0,\pm1,\pm2,\cdots,\pm l\end{aligned}. \tag{2.3.25}$$

这表明Y_{lm}是$\hat{l}^2$和$\hat{l}_z$的共同本征函数. $\hat{l}^2$对应的本征值是$l(l+1)\hbar^2$，而$\hat{l}_z$对应的本征值是$m\hbar$.

进一步可将中心力场的径向方程(2.3.9)写为

$$\frac{\mathrm{d}^2}{\mathrm{d}r^2}R_l(r)+\frac{2}{r}\frac{\mathrm{d}}{\mathrm{d}r}R_l(r)+\left\{\frac{2\mu}{\hbar^2}[E-V(r)]-\frac{l(l+1)}{r^2}\right\}R_l(r)=0. \tag{2.3.26}$$

综上所述，质量为 μ 的粒子在中心力场 $V(r)$ 中运动，其波函数 ψ 满足能量本征方程(2.3.6). 此波函数可表示为

$$\psi = \psi_{nlm}(r,\theta,\varphi) = R_{nl}(r)\mathrm{Y}_{lm}(\theta,\varphi), \tag{2.3.27}$$

其角向部分已经确定，为球谐函数 $\mathrm{Y}_{lm}(\theta,\varphi)$，其径向部分 $R_{nl}(r)$ 要在势函数 $V(r)$ 已知后，通过求解径向方程(2.3.26)来获得，并会依据边界确定能量本征值 E，同时再产生一个量子数 n.

2.3.2 三维各向同性谐振子

考虑质量为 μ 的粒子在三维各向同性谐振子势

$$V(r) = \frac{1}{2}\mu\omega^2 r^2 \tag{2.3.28}$$

中运动，其中 ω 是谐振子的共振频率. 由于在 x,y,z 三个方向上具有相同的共振频率，故称之为三维各向同性谐振子. 这是一种典型的中心力场，故其波函数可表示为 $\psi_{lm}(r,\theta,\varphi) = R_l(r)\mathrm{Y}_{lm}(\theta,\varphi)$，其中 $R_l(r)$ 满足径向方程

$$\frac{\mathrm{d}^2}{\mathrm{d}r^2}R_l(r) + \frac{2}{r}\frac{\mathrm{d}}{\mathrm{d}r}R_l(r) + \left\{\frac{2\mu}{\hbar^2}\left[E - \frac{1}{2}\mu\omega^2 r^2\right] - \frac{l(l+1)}{r^2}\right\}R_l(r) = 0, \tag{2.3.29}$$

式中，$\hbar$、μ、ω 是拥有具体量纲的物理量. 采用一种“自然单位”的方式，可从形式上进行简化. 具体做法是：先令体系的几个基本特征量为 1，如令 $\hbar = \mu = \omega = 1$，因而在推导和运算中这些参量不再出现；在最终的推导结果中，再按照量纲，将所关心的物理量用这些特征量表达出来. 例如，能量用 $\hbar\omega$ 表达、长度用 $\sqrt{\hbar/\mu\omega}$ 表达.

采用自然单位后，方程(2.3.29)简化为

$$\frac{\mathrm{d}^2}{\mathrm{d}r^2}R_l(r) + \frac{2}{r}\frac{\mathrm{d}}{\mathrm{d}r}R_l(r) + \left[2E - r^2 - \frac{l(l+1)}{r^2}\right]R_l(r) = 0. \tag{2.3.30}$$

令 $R_l(r) = r^l \mathrm{e}^{-r^2/2}u(r)$，将其转换为 $u(r)$ 的方程

$$\frac{\mathrm{d}^2}{\mathrm{d}r^2}u(r) + \frac{2}{r}(l+1-r^2)\frac{\mathrm{d}}{\mathrm{d}r}u(r) + [2E - (2l+3)]u(r) = 0. \tag{2.3.31}$$

令 $\xi = r^2$，$\alpha = (l+3/2-E)/2$，$\gamma = l+3/2$，上式变为

$$\xi\frac{\mathrm{d}^2}{\mathrm{d}\xi^2}u(\xi) + (\gamma - \xi)\frac{\mathrm{d}}{\mathrm{d}\xi}u(\xi) - \alpha u(\xi) = 0. \tag{2.3.32}$$

此方程称为合流超几何方程，其解 $u(\xi) = \mathrm{F}(\alpha,\gamma,\xi)$ 称为合流超几何函数

$$\mathrm{F}(\alpha,\gamma,\xi) = 1 + \frac{\alpha}{\gamma}\xi + \frac{\alpha(\alpha+1)}{\gamma(\gamma+1)2}\xi^2 + \frac{\alpha(\alpha+1)(\alpha+2)}{\gamma(\gamma+1)(\gamma+2)3!}\xi^3 + \cdots. \tag{2.3.33}$$

这样，得到方程(2.3.30)的解为 $R_l(r)=r^l\mathrm{e}^{-r^2/2}\mathrm{F}(\alpha,\gamma,r^2)$．因为 $\mathrm{F}(\alpha,\gamma,r^2)\xrightarrow{r\to\infty}\mathrm{e}^{r^2}$，故有 $R_l(r)\xrightarrow{r\to\infty}r^l\mathrm{e}^{r^2/2}\to\infty$．按束缚态要求，应该有 $R_l(r)\xrightarrow{r\to\infty}0$．所以，式(2.3.33)给出的合流超几何函数不满足束缚态的要求．如果将其从无穷级数斩断为多项式，则可满足束缚态的要求．为此，令 $\alpha=-n_r$，$n_r=0,1,2,\cdots$，这样 $\mathrm{F}(-n_r,\gamma,r^2)\sim r^{2n_r}$，则有 $R_l(r)\xrightarrow{r\to\infty}r^l\mathrm{e}^{-r^2/2}r^{2n_r}\to 0$，从而使束缚态条件得以满足，同时产生一个量子数 n_r．

从 $-n_r=\alpha=(l+3/2-E)/2$ 中得到 $E=2n_r+l+3/2$，令 $N=2n_r+l$ 并加上能量的自然单位 $\hbar\omega$，同时考虑到 $l,n_r=0,1,2,\cdots$ 有 $N=0,1,2,\cdots$，可得到三维各向同性谐振子的能级公式为

$$E=E_N=\left(N+\frac{3}{2}\right)\hbar\omega,\qquad N=0,1,2,\cdots,\tag{2.3.34}$$

加上长度倒数的自然单位 $\alpha=\sqrt{\mu\omega/\hbar}$ 后，归一化后的径向波函数为

$$R_{n_rl}(r)=\alpha^{\frac{3}{2}}\left[\frac{2^{l+2-n_r}(2l+2n_r+1)!!}{[(2l+1)!!]^2\sqrt{\pi}n_r!}\right]^{\frac{1}{2}}(\alpha r)^l\mathrm{e}^{-\frac{1}{2}\alpha^2r^2}\mathrm{F}\left(-n_r,l+\frac{3}{2},\alpha^2r^2\right),\tag{2.3.35}$$

与能量本征值 E_N 对应的归一化本征波函数为

$$\psi=\psi_{n_rlm}(r,\theta,\varphi)=R_{n_rl}(r)\mathrm{Y}_{lm}(\theta,\varphi),\tag{2.3.36}$$

满足正交归一条件

$$\begin{aligned}&\int_0^{2\pi}\int_0^{\pi}\int_0^{\infty}\psi^*_{n_r'l'm'}(r,\theta,\varphi)\psi_{n_rlm}(r,\theta,\varphi)r^2\sin\theta\mathrm{d}\varphi\mathrm{d}\theta\mathrm{d}r\\&=\int_0^{\infty}R^*_{n_r'l}(r)R_{n_rl}(r)r^2\mathrm{d}r\int_0^{\pi}\Theta^*_{l'm}(\theta)\Theta_{lm}(\theta)\sin\theta\mathrm{d}\theta\int_0^{2\pi}\Phi^*_{m'}(\varphi)\Phi_m(\varphi)\mathrm{d}\varphi\\&=\delta_{n_r'n_r}\delta_{l'l}\delta_{m'm}.\end{aligned}\tag{2.3.37}$$

讨论

(1) 与一维线性谐振子一样，三维各向同性谐振子的能级也是等间距的，相邻能级的差 $\Delta E=\hbar\omega$ 是常数.

(2) 一维线性谐振子的基态能量即零点能是 $E_0=\frac{1}{2}\hbar\omega$，三维各向同性谐振子的零点能为 $E_0=\frac{3}{2}\hbar\omega$，是一维时的三倍.

(3) 一维情况下，能量本征值和本征态是一一对应的，即一个能级 E_n 对应一个本征态 ψ_n．与此不同，在三维情况下，能级由 N 决定，波函数由一组量子数 n_rlm 决定．由于 $N=2n_r+l$，对同一个 N，有 (n_r,l) 个不同的组合与其对应，一

个 l 又对应 $2l+1$ 个 m ，所以，一个能级 E_N 对应多个本征态 $\psi_{n_r lm}(r,\theta,\varphi)$. 将这种一个能量本征值对应多个能量本征态的现象称为能级简并，并将一个能级对应本征态的数量称为简并度，记为 g . 不难证明，三维各向同性谐振子的能级简并度为

$$g_N = \frac{1}{2}(N+1)(N+2) . \tag{2.3.38}$$

可见，能级是高度简并的，仅在基态($N=0$)时不简并($g=1$). 如 2.1 节所述，一维谐振子的一个本征值都对应一个本征态，能级不简并. 三维情况下，因具有更高的几何对称性，能级除基态外都是简并的. 一般而言，几何对称性越高的系统，能级简并度越高.

(4) 一维情况下，粒子只有一个自由度，正交归一关系由式(2.1.33)给出，由一个量子数 n 决定. 三维情况下，粒子有三个自由度，正交归一关系由式(2.3.37)给出，由三个量子数 n_r 、 l 和 m 决定. 通常来说，粒子有几个自由度，其波函数的正交归一关系就需要由相同数量的量子数来决定.

2.3.3 氢原子

氢原子由一个质子和一个电子构成，是结构最简单的原子，其能量本征方程可以严格求解，这对从理论上解释并预言氢原子光谱，检验量子力学理论，具有重要的意义.

取无穷远处的势能为零，氢原子中的电子受原子核吸引的库仑势为

$$V(r) = -e^2/r . \tag{2.3.39}$$

其中， e 为电子电荷， r 是电子到原子核的距离. 这是一种中心力场，故其波函数可表示为 $\psi_{lm}(r,\theta,\varphi) = R_l(r)\mathrm{Y}_{lm}(\theta,\varphi)$ ，其中 $R_l(r)$ 满足径向方程

$$\frac{\mathrm{d}^2}{\mathrm{d}r^2}R_l(r) + \frac{2}{r}\frac{\mathrm{d}}{\mathrm{d}r}R_l(r) + \left\{\frac{2\mu l}{\hbar^2}\left[E + \frac{e^2}{r}\right] - \frac{l(l+1)}{r^2}\right\}R_l(r) = 0 , \tag{2.3.40}$$

式中， $\mu = \mu_\mathrm{e}\mu_\mathrm{p}/(\mu_\mathrm{e}+\mu_\mathrm{p})$ 为约化质量， μ_e 是电子质量， μ_p 是质子质量. 因为 $\mu_\mathrm{p} \gg \mu_\mathrm{e}$ ，所以 $\mu \approx \mu_\mathrm{e}$ ，引入参数

$$\beta = \sqrt{-2E} , \quad \xi = 2\beta r , \quad \gamma = 2(l+1) , \quad \alpha = l+1-\beta^{-1} , \tag{2.3.41}$$

由于无穷远处的势能为零，对处于束缚态的电子来说，其能量 $E<0$ ，故 β 为实数. 令

$$R_l(r) = r^l \mathrm{e}^{-\beta r} u_l(r) \tag{2.3.42}$$

采用自然单位，令 $\hbar = \mu = e = 1$ ，方程(2.3.40)变换为

$$\xi \frac{\mathrm{d}^2}{\mathrm{d}\xi^2}u(\xi)+(\gamma-\xi)\frac{\mathrm{d}}{\mathrm{d}\xi}u(\xi)-\alpha u(\xi)=0 . \tag{2.3.43}$$

与方程(2.3.32)一样，此方程是合流超几何方程，其解$u(\xi)=\mathrm{F}(\alpha,\gamma,\xi)$是合流超几何函数，由式(2.3.33)给出. 方程(2.3.40)的解为$R_l(r)=r^l\mathrm{e}^{-\beta r}\mathrm{F}(\alpha,\gamma,r^2)$，只有在$\alpha=-n_r$，$n_r=0,1,2,\cdots$时，才能满足束缚态$R_l(r)\xrightarrow{r\to\infty}0$的要求. 从$\beta=\sqrt{-2E}$及$-n_r=\alpha=l+1-\beta^{-1}$中得到$E=-\beta^2/2=-n^{-2}/2$，其中$n=n_r+l+1$，再加上能量的自然单位$\mu e^4\hbar^{-2}$，同时考虑到$l$=0,1,2,⋯和$n_r=0,1,2,\cdots$，有$n=1,2,3,\cdots$，得到氢原子的能级公式为

$$E=E_n=-\frac{\mu e^4}{2\hbar^2}\frac{1}{n^2}=-\frac{e^2}{2a_0}\frac{1}{n^2},\quad n=1,2,3,\cdots , \tag{2.3.44}$$

其中，$a_0=\hbar^2/(\mu e^2)$称为玻尔半径，n称为主量子数. 归一化后的径向波函数为

$$R_{nl}(r)=a_0^{-\frac{3}{2}}\frac{2}{n^2(2l+1)!}\left[\frac{(l+n)!}{(n-l-1)!}\right]^{\frac{1}{2}}\mathrm{e}^{-\frac{r}{na_0}}\left(\frac{2r}{na_0}\right)^l\mathrm{F}\left(-n+l+1,2l+2,\frac{2r}{na_0}\right), \tag{2.3.45}$$

与能量本征值E_n对应的归一化本征波函数为

$$\psi=\psi_{nlm}(r,\theta,\varphi)=R_{nl}(r)\mathrm{Y}_{lm}(\theta,\varphi), \tag{2.3.46}$$

满足正交归一条件

$$\int_0^{2\pi}\int_0^{\pi}\int_0^{\infty}\psi^*_{n'l'm'}(r,\theta,\varphi)\psi_{nlm}(r,\theta,\varphi)r^2\sin\theta\mathrm{d}\varphi\mathrm{d}\theta\mathrm{d}r=\delta_{n'n}\delta_{l'l}\delta_{m'm} . \tag{2.3.47}$$

讨论

(1) 能级简并度.

能级E_n由主量子数n决定，波函数由n、l、m三个量子数决定，故能级必定是简并的. 因为$l=n-n_r-1$且$n_r=0,1,2,\cdots$，故给定n后l会从 0 变化到$n-1$. 对给定的l来说，有$2l+1$个m与其对应. 因此，属于E_n能级的量子态ψ_{nlm}的数目为

$$g_n=\sum_{l=0}^{n-1}(2l+1)=n^2. \tag{2.3.48}$$

这说明能级E_n是n^2度简并的. 它高于三维各向同性谐振子的能级简并度,这是因为库仑场具有更高的对称性.

(2) 氢原子光谱.

式(2.3.44)表明，氢原子的能谱是离散谱. 能级由主量子数n标识，随n增大而增大(绝对值减小)，两相邻能级间的能级差随n增大而减小. 随着n的增大，能级越来越密，在$E\leqslant 0$处有无穷多条离散能级密集；当$E>0$后过渡到连续区. 当

$n\to\infty$ 时，$E_n\to 0$，此时电子不再受原子核束缚而发生电离. E_∞ 与电子基态能量 E_1 之差称为**电离能**. 由式(2.3.44)，氢原子的电离能为

$$E_{\text{电离}}=-E_1=\frac{e^2}{2a_0}=13.60\ \text{eV}, \tag{2.3.49}$$

与实验观测到的结果完全相同.

氢原子的电子从较高能级 n 跃迁到较低能级 n' 时，有可能向外辐射电磁波，频率为 $\nu=(E_n-E_{n'})/h$，对应的波数 $\tilde{\nu}$ (即波长 λ 的倒数 $1/\lambda$，单位 cm^{-1})为

$$\tilde{\nu}=R_\infty\left(\frac{1}{n'^2}-\frac{1}{n^2}\right), \tag{2.3.50}$$

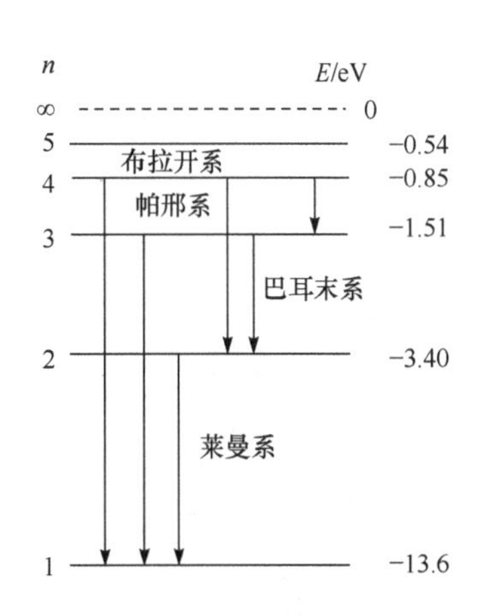

图 2.3.1 氢原子能级与光谱

式中，$R_\infty=\dfrac{1}{4\pi\varepsilon_0}\dfrac{e^2}{2a_0hc}$ 为里德伯常量. 此式称为氢原子光谱的里德伯公式，在量子力学建立之前，通过总结实验数据而得到. 可见，从量子力学的理论出发，可以逻辑地推出这一公式. 图 2.3.1 绘出了下能级 $n=1,2,3,4$ 时，从各高能级 n 向能级 n' 跃迁而辐射出的电磁波频谱，分别称为莱曼系、巴耳末系、帕邢系和布拉开系.

(3) 径向位置概率分布.

从氢原子的波函数出发可以得到其电子在空间各点的概率分布. 在半径 r 到 $r+\mathrm{d}r$ 的球壳内找到电子的概率是

$$\begin{aligned}&W_{nl}(r)\mathrm{d}r\\&=\int_{\varphi=0}^{2\pi}\int_{\theta=0}^{\pi}|R_{nl}(r)\mathrm{Y}_{lm}(\theta,\varphi)|^2r^2\sin\theta\mathrm{d}\theta\mathrm{d}\varphi\\&=R_{nl}^2(r)r^2\mathrm{d}r,\end{aligned} \tag{2.3.51}$$

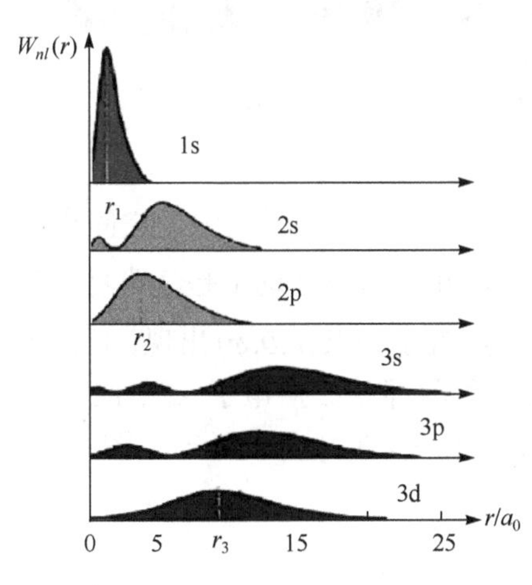

图 2.3.2 氢原子中电子的径向概率分布

图 2.3.2 给出了几组 nl 值下 $W_{nl}(r)$ 随 r/a_0 的变化曲线. 曲线上的 1s、2p 等代表 nl 的值，第一个是 n 的值，第二个 s、p 和 d 分别代表 $l=0$、1 和 2，是光谱学中常用的标识方式.

可以看出，$W_{nl}(r)=0$ 的次数(不包括 $r=0$、∞ 点)，亦即 $W_{nl}(r)$ 或 $R_{nl}(r)$ 的节点数，等于量子数 $n_r=n-l-1$. 例如，曲线 3s 有 $n_r=3-0-1=2$ 个节点；曲线 3p 有

$n_r=3-1-1=1$个节点. 这其中，$n_r=0$ $(l=n-1)$的态，称为圆轨道(如1s、2p和3d)，它们无节点. 可以证明，$W_{nl}(r)$-r/a_0曲线的极大值所在的位置为$r_n=n^2a_0$，$n=1,2,3,\cdots$，通常称r_n为最概然半径. $r_1=a_0$为玻尔半径，是量子力学创立前玻尔依据氢原子光谱数据而总结和假设出的氢原子半径. 从量子力学的结论看，玻尔半径是氢原子的电子在基态时径向概率取极大值的地方.

(4) 角向位置概率分布.

在角向(θ,φ)附近立体角$\mathrm{d}\Omega=\sin\theta\mathrm{d}\theta\mathrm{d}\varphi$内找到电子的概率是

$$\begin{aligned}W_{lm}(\theta,\varphi)\mathrm{d}\Omega&=\int_{r=0}^{\infty}|R_{nl}(r)\mathrm{Y}_{lm}(\theta,\varphi)|^2r^2\mathrm{d}r\mathrm{d}\Omega\\&=|\mathrm{Y}_{lm}(\theta,\varphi)|^2\mathrm{d}\Omega=B_{lm}^2[\mathrm{P}_l^{|m|}(\cos\theta)]^2\mathrm{d}\Omega,\end{aligned}\tag{2.3.52}$$

它与φ角无关，即对绕z轴旋转是对称的，这是因为球谐函数$\mathrm{Y}_{lm}(\theta,\varphi)$是$\hat{l}_z$本征态. 图2.3.3给出了$W_{00}(\theta,\varphi)=|\mathrm{Y}_{00}|^2$和$W_{10}(\theta,\varphi)=|\mathrm{Y}_{10}|^2$的立体图.

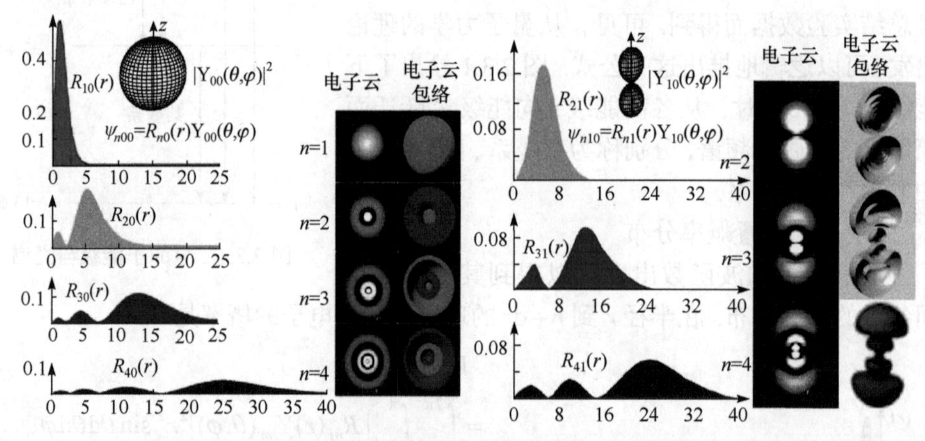

图 2.3.3　氢原子中电子的角向概率分布与电子云及其包络图

(5) 电子云图.

依据氢原子中电子的波函数$\psi_{nlm}(r,\theta,\varphi)$可得到电子在原子核附近空间点出现的概率密度$|\psi_{nlm}(r,\theta,\varphi)|^2$. 基于量子力学原理，电子绕核运动不是经典物理意义下的轨道运动，电子是以概率密度$|\psi_{nlm}(r,\theta,\varphi)|^2$在空间点$(r,\theta,\varphi)$出现，可以形象地将电子的运动状态和场景理解成一种围绕在原子核附近的“电子云”. 图2.3.3绘出了$\psi_{n00}(r,\theta,\varphi)$ $(n=1,2,3,4)$和$\psi_{n10}(r,\theta,\varphi)$ $(n=2,3,4)$的电子云图，即$|\psi_{n00}(r,\theta,\varphi)|^2$和$|\psi_{n10}(r,\theta,\varphi)|^2$立体图及其包络图.

(6) 电流密度与磁矩.

从统计意义上讲，处于量子态ψ_{nlm}的电子所形成的电流密度可基于式(1.3.6)

而得到

$$\boldsymbol{j}=\frac{\mathrm{i}e\hbar}{2\mu}(\psi_{nlm}^{*}\nabla\psi_{nlm}-\psi_{nlm}\nabla\psi_{nlm}^{*}). \tag{2.3.53}$$

球坐标系中矢量微分算子为

$$\nabla=\boldsymbol{e}_r\frac{\partial}{\partial r}+\boldsymbol{e}_\theta\frac{1}{r}\frac{\partial}{\partial\theta}+\boldsymbol{e}_\varphi\frac{1}{r\sin\theta}\frac{\partial}{\partial\varphi}, \tag{2.3.54}$$

将式(2.3.46)代入式(2.3.53)，可以得到 $\boldsymbol{j}=j_r\boldsymbol{e}_r+j_\theta\boldsymbol{e}_\theta+j_\varphi\boldsymbol{e}_\varphi$ 的三个分量，其中 $j_r=j_\theta=0$，

$$j_\varphi=-\frac{e\hbar m}{\mu}\frac{1}{r\sin\theta}|\psi_{nlm}|^2. \tag{2.3.55}$$

j_φ 是绕 z 轴的环电流密度. 取 $\mathrm{d}S$ 为垂直于电流方向、距离原点为 r 的面积元，则通过 $\mathrm{d}S$ 圆周的电流是 $\mathrm{d}I=j_\varphi\mathrm{d}S$，相应的磁矩是 $\mathrm{d}M_z=\pi r^2\sin^2\theta j_\varphi\mathrm{d}S$，积分得到环形电流在垂直于封闭环形曲面的方向上产生的磁矩为

$$M_z=-\frac{e\hbar}{2\mu}m=-\mu_\mathrm{B}m,\quad m=0,\pm1,\pm2,\cdots,\pm l, \tag{2.3.56}$$

其中，$\mu_\mathrm{B}=e\hbar/(2\mu)$ 称为玻尔磁子. 可见，此磁矩仅依赖量子数 m，这就是称 m 为磁量子数的原因. 对处于基态的电子来说，轨道量子数 $l=0$，故有 $m=0$，导致 $M_z=0$，即无磁矩. 可见，此磁矩与电子的状态有关(图 2.3.4).

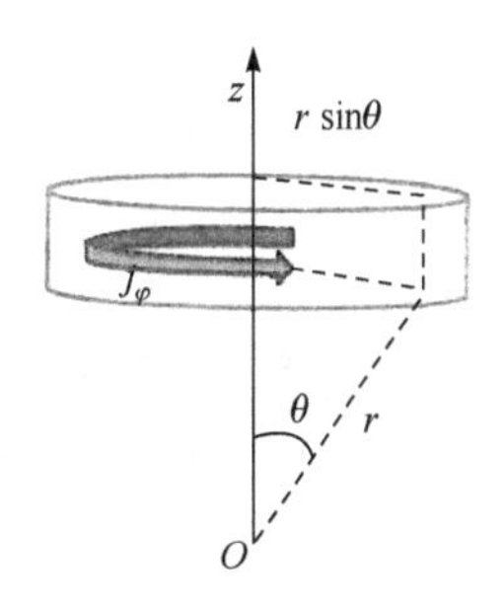

图 2.3.4 氢原子中电流密度与磁矩

在上述计算中，z 轴的选取是人为的，并无特定意义. 如果沿某一方向给原子施加磁场，此方向即可定义为 z 方向，式(2.3.56)给出的磁矩也是原子与此磁场作用时表现出的磁矩.

2.3.4 碱金属原子价电子能级

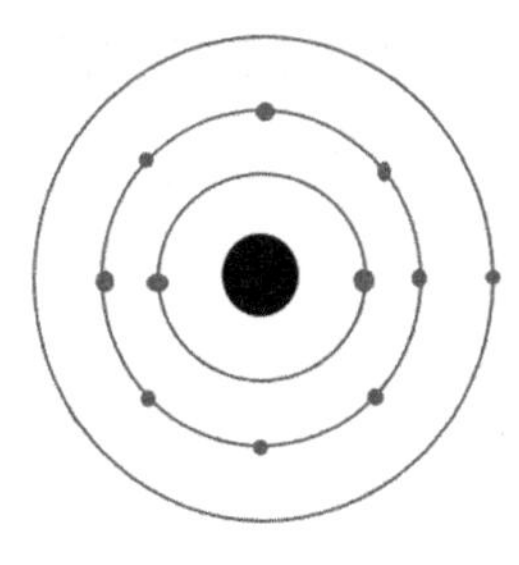
图 2.3.5 钠原子的电子分布示意图

碱金属是单价原子，图 2.3.5 给出了钠原子的电子分布示意图. 碱金属原子的价电子(最外层电子)所受原子实(原子核及内层电子)的作用可表示为

$$V(r)=-\frac{e^2}{r}-\lambda\frac{e^2a_0}{r^2}, \tag{2.3.57}$$

其中，$\lambda\in(0,1]$ 是与原子种类相关的常数，a_0 是玻尔半径. 现在来求碱金属原子价电子的能级. 式(2.3.57)表明，

价电子处于中心力场之中，故其波函数可表示为$\psi_{lm}(r,\theta,\varphi)=R_l(r)\mathrm{Y}_{lm}(\theta,\varphi)$，$R_l(r)$满足径向方程. 将式(2.3.57)代入径向方程 (2.3.26)，并考虑到$a_0=\hbar^2/(\mu e^2)$，得到

$$\frac{\mathrm{d}^2}{\mathrm{d}r^2}R_l(r)+\frac{2}{r}\frac{\mathrm{d}}{\mathrm{d}r}R_l(r)+\left\{\frac{2\mu}{\hbar^2}\left[E+\frac{e^2}{r}\right]-\frac{l(l+1)-2\lambda}{r^2}\right\}R_l(r)=0\,. \tag{2.3.58}$$

其中，E是价电子的能量本征值. 令

$$l(l+1)-2\lambda=l'(l'+1)\,, \tag{2.3.59}$$

有

$$l'=-\frac{1}{2}+\left(l+\frac{1}{2}\right)\left[1-\frac{8\lambda}{(2l+1)^2}\right]^{\frac{1}{2}}=l+\Delta_l,\quad l=0,1,2,\cdots. \tag{2.3.60}$$

若$\lambda\ll1$，则$\Delta_\lambda\approx-\lambda/(l+0.5)$. 将式(2.3.59)代入方程(2.3.58)，得到

$$\frac{\mathrm{d}^2}{\mathrm{d}r^2}R_l(r)+\frac{2}{r}\frac{\mathrm{d}}{\mathrm{d}r}R_l(r)+\left\{\frac{2\mu}{\hbar^2}\left[E+\frac{e^2}{r}\right]-\frac{l'(l'+1)}{r^2}\right\}R_l(r)=0\,. \tag{2.3.61}$$

这与氢原子的径向方程(2.3.40)在形式上完全相同，所以，价电子的能量E在形式上应该与氢原子的能级公式(2.3.44)完全相同. 故有

$$E=E_{nl}=-\frac{\mu e^4}{2\hbar^2}\frac{1}{n^2}=-\frac{e^2}{2a_0}\frac{1}{n^2}, \tag{2.3.62}$$

其中，$n=n_r+l'+1, n_r=0,1,2,\cdots$. 由式(2.3.60)可知，此时$n$不再像氢原子那样取正整数，而是一个同$\lambda$相关的任意实数. 所以，碱金属原子价电子的能级公式虽然在形式上与氢原子的相同，但本质上有很大的差别. 需要注意的是，同氢原子一样，能级同磁量子数m无关.

可以证明，碱金属原子价电子的能级简并度为$g=2l+1$. 相比于氢原子的$g=n^2$来说，能级简并度大为降低. 这是因为氢原子的电子只受到原子核的作用，相比之下，碱金属原子的价电子还要受到内层电子的作用，所处势场的空间对称性大为降低，导致能级简并度大为下降.

2.4 电磁场中带电粒子的运动

2.4.1 电磁场中荷电粒子的哈密顿量

质量为μ、荷电为q、动量为$\boldsymbol{p}$的粒子在电磁场中运动. 按经典物理，国际单位下，粒子的哈密顿量为

$$H=\frac{1}{2\mu}|\boldsymbol{p}-q\boldsymbol{A}|^2+q\phi\ ,\tag{2.4.1}$$

式中，$\boldsymbol{A}$ 为矢势，ϕ 为标势，同电场 $\boldsymbol{\Sigma}$ 和磁场 $\boldsymbol{B}$ 的关系为

$$\boldsymbol{B}=\nabla\times\boldsymbol{A}\ ,\qquad \boldsymbol{\Sigma}=-\frac{\partial\boldsymbol{A}}{\partial t}-\nabla\phi\ .\tag{2.4.2}$$

若带电粒子的矢径为 $\boldsymbol{r}$，受到均匀静电场 $\boldsymbol{\Sigma}$ 的作用，则

$$\phi=-\boldsymbol{r}\cdot\boldsymbol{\Sigma}\ .\tag{2.4.3}$$

将式(2.4.1)算符化，粒子的哈密顿算符为

$$\hat{H}=\frac{1}{2\mu}|\hat{\boldsymbol{p}}-q\boldsymbol{A}|^2+q\phi+V\ ,\tag{2.4.4}$$

式中，V 是势函数，反映粒子还受到了保守力的作用，如引力场、电荷的库仑场、弹性力场等保守力场. 注意 $\boldsymbol{A}$、ϕ 和 V 都是坐标的函数，在默认为坐标表象时不加算符的符号. 通常，$[\hat{\boldsymbol{p}},\boldsymbol{A}]=-\mathrm{i}\hbar\nabla\cdot\boldsymbol{A}$. 若 $\nabla\cdot\boldsymbol{A}=0$，则 $\hat{\boldsymbol{p}}$ 与 $\boldsymbol{A}$ 对易，此时有

$$\hat{H}=\frac{\hat{\boldsymbol{p}}^2}{2\mu}-\frac{q}{\mu}\boldsymbol{A}\cdot\hat{\boldsymbol{p}}+\frac{q^2\boldsymbol{A}^2}{2\mu}+q\phi+V\ .\tag{2.4.5}$$

2.4.2 简单塞曼效应

钠是典型的碱金属，共有 11 个电子. 电子的波函数是 $\psi_{nlm}(r,\theta,\varphi)$，电子的量子态由一组量子数 nlm 决定. 电子是费米子，按照泡利不相容原理，一个量子态只能由一个电子占据. 考虑到电子有两个自旋态 $s_z=\pm1/2$ (详见第 7 章)，故可有两个电子占据 $n=1$ 的态，此时 $l=0$，$m=0$；有八个电子占据 $n=2$ 的态，此时 $l=0$，$m=0$ 以及 $l=1$，$m=-1,0,1$；剩余的一个电子即价电子占据 $n=3$ 的态，图 2.3.5 给出了钠原子中电子状态的示意图.

由式(2.3.62)可知，价电子的能级同磁量子数 m 无关，在不考虑自旋的情况下，能级仅同量子数 nl 有关. 对钠原子的价电子来说，3s 态为基态($n=3,\ l=0$)，3p 为第一激发态($n=3,\ l=1$). 实验观测到，钠原子能发射出一条波长 $\lambda\approx589.3\,\mathrm{nm}$ 的黄色谱线，俗称钠黄光，就是由价电子的第一激发态 3p 向基态 3s 跃迁产生的，如图 2.4.1(a)所示. 如果给钠原子施加较强的磁场，则这条谱线能分裂成三条，如图 2.4.1(b)所示. 这种光谱线在外磁场中发生分裂的现象称为塞曼效应.

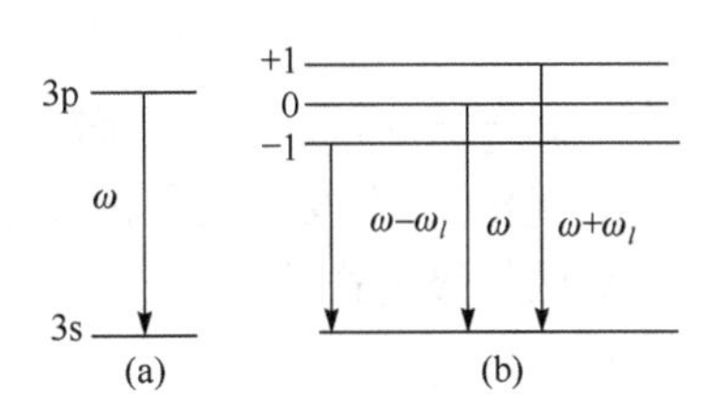

图 2.4.1 钠原子价电子 3p 向 3s 的跃迁
(a) 无磁场；(b) 有磁场

磁场足够强时，电子自旋引起的现象很弱，往往观测不到，此时谱线的分裂较为简单，称为简单塞曼效应或正常塞曼效应．考虑了电子自旋因素后，称为复杂塞曼效应或反常塞曼效应，详见第 7 章．

设磁场 $\boldsymbol{B}$ 沿 z 轴方向施加，则有 $\boldsymbol{B}=B\boldsymbol{e}_z$．取 $\boldsymbol{A}$ 为 $A_x=-yB/2,\ A_y=xB/2,\ A_z=0$，可以检验 $\boldsymbol{B}=\nabla\times\boldsymbol{A}$ 以及 $\nabla\cdot\boldsymbol{A}=0$．将 $\boldsymbol{A}$ 代入式(2.4.4)并注意 $\phi=0$，有

$$\hat{H}=\frac{1}{2\mu}\left[\left(\hat{p}_x-\frac{eB}{2}y\right)^2+\left(\hat{p}_y+\frac{eB}{2}x\right)^2+\hat{p}_z^2\right]+V\ . \tag{2.4.6}$$

利用 $\hat{l}_z=x\hat{p}_y-y\hat{p}_x$ 并令 $\rho^2=x^2+y^2$，有

$$\hat{H}=\frac{\hat{\boldsymbol{p}}\cdot\hat{\boldsymbol{p}}}{2\mu}+V+\omega_l\hat{l}_z+\frac{\mu}{2}\omega_l^2\rho^2\ , \tag{2.4.7}$$

式中，$\omega_l=eB/(2\mu)$ 称为拉莫尔频率．实验中用到的磁场 B 通常小于 10T，在原子尺度 $a\sim10^{-10}$ m 范围内，有 $\omega_l^2a^2\ll\omega_l\hbar$，故可将上式右边最后一项略去．在球坐标下，得到价电子的哈密顿算符为

$$\hat{H}=-\frac{\hbar^2}{2\mu}\frac{1}{r}\frac{\partial^2}{\partial r^2}r+\frac{\hat{l}^2}{2\mu r^2}+V(r)+\omega_l\hat{l}_z\ . \tag{2.4.8}$$

式中，$\omega_l\hat{l}_z$ 为磁场导致的作用量，$V(r)$ 为碱金属原子的原子实形成的屏蔽库仑势，由式(2.3.57)给出．此时依然是中心力场，故波函数可表示为 $\psi_{nlm}(r,\theta,\varphi)=R_{nl}(r)\mathrm{Y}_{lm}(\theta,\varphi)$，代入能量本征方程 $\hat{H}\psi_{nlm}=E\psi_{nlm}$ 中，并注意到

$$\hat{l}^2\psi_{nlm}(r,\theta,\varphi)=\hat{l}^2R_{nl}(r)\mathrm{Y}_{lm}(\theta,\varphi)=R_{nl}(r)\hat{l}^2\mathrm{Y}_{lm}(\theta,\varphi)=l(l+1)\hbar^2R_{nl}(r)\mathrm{Y}_{lm}(\theta,\varphi)\ ,$$

$$\hat{l}_z\psi_{nlm}(r,\theta,\varphi)=\hat{l}_zR_{nl}(r)\mathrm{Y}_{lm}(\theta,\varphi)=R_{nl}(r)\hat{l}_z\mathrm{Y}_{lm}(\theta,\varphi)=m\hbar R_{nl}(r)\mathrm{Y}_{lm}(\theta,\varphi)\ ,$$

从而得到径向方程为

$$\frac{\mathrm{d}^2}{\mathrm{d}r^2}R_l(r)+\frac{2}{r}\frac{\mathrm{d}}{\mathrm{d}r}R_l(r)+\left\{\frac{2\mu}{\hbar^2}\left[E_0+\frac{e^2}{r}\right]-\frac{l(l+1)-2\lambda}{r^2}\right\}R_l(r)=0\ . \tag{2.4.9}$$

其中，$E_0=E-m\omega_l\hbar$．这与碱金属价电子的径向方程(2.3.58)在形式上完全相同，故 E_0 在形式上应该与碱金属价电子的能级公式(2.3.62)完全相同，从而获得施加磁场后的能级公式为

$$E=E_{n_rlm}=-\frac{e^2}{2a_0}\frac{1}{n^2}+m\omega_l\hbar, \tag{2.4.10}$$

式中，$n=n_r+l'+1,\ n_r=0,1,2,\cdots,\ m=l,l-1,\cdots,0,-l+1,-l$，其中 l' 满足式(2.3.60)．同氢原子和碱金属价电子的能级不同，此时的能级同磁量子数 m 有关，导致无磁

场时 l 对应的一个能级在加入磁场后分裂成 $2l+1$ 个能级. 由于无磁场时的能级简并度是 $2l+1$，而 m 恰有 $2l+1$ 个取值，故加入磁场后导致能级简并被完全解除，不再简并. 这是因为沿某一方向施加的磁场彻底破坏了系统的中心对称性，使得价电子的能级简并被彻底解除.

对钠黄光来说，下能级是基态 3s，$l=0$，$m=0$，能级不分裂；上能级是 3p，$l=1$，$m=1,0,-1$，能级将分裂成三条，如图 2.4.1 所示. 从而，原本波长 $\lambda \approx 589.3$ nm 的一条谱线，将分裂成三条，每条的圆频率相差 $\omega_l = eB/(2\mu)$，与实验测量结果高度吻合.

2.4.3　朗道能级

考虑质量为 μ_e、荷电为 $q=-e$ 的电子在磁场 $\boldsymbol{B}=B\boldsymbol{e}_z$ $(-\infty<z<\infty)$ 中运动. 取 $\boldsymbol{A}$ 为 $A_x=-yB, A_y=A_z=0$，可以检验 $\boldsymbol{B}=\nabla\times\boldsymbol{A}$ 以及 $\nabla\cdot\boldsymbol{A}=0$. 将 $\boldsymbol{A}$ 及 $\phi=0$ 和 $V=0$ 代入式(2.4.4)，并考虑到电子在垂直于 z 轴的任何 (x,y) 平面的运动状态相同从而略去算符 $\hat{p}_z$，有

$$\hat{H}=\frac{1}{2\mu_e}[(\hat{p}_x-eBy)^2+\hat{p}_y^2]. \tag{2.4.11}$$

注意 $\hat{p}_y=-i\hbar\partial/\partial y$，得到能量本征方程

$$\frac{1}{2\mu_e}\left(-\hbar^2\frac{\partial^2}{\partial y^2}+e^2B^2y^2-2eBy\hat{p}_x+\hat{p}_x^2\right)\psi=E\psi. \tag{2.4.12}$$

考虑到 $\hat{p}_x e^{ip_x x/\hbar}=p_x e^{ip_x x/\hbar}$，可将 $\psi(x,y)$ 分离变量为

$$\psi(x,y)=e^{ip_x x/\hbar}\varphi(y),\quad -\infty<p_x<\infty. \tag{2.4.13}$$

代入方程(2.4.12)，令 $\omega_c=eB/\mu_e$ 为电子回旋频率，$z=y-y_0$，$y_0=p_x/(eB)$，整理后得到

$$\left[-\frac{\hbar^2}{2\mu_e}\frac{d^2}{dz^2}+\frac{1}{2}\mu_e\omega_c^2z^2\right]\varphi(z)=E\varphi(z). \tag{2.4.14}$$

这是一个共振频率为 ω_c 的线性谐振子方程，故本征值为

$$E_n=\left(n+\frac{1}{2}\right)\hbar\omega_c=(N+1)\hbar\omega_l,\quad N=2n=0,2,4,\cdots. \tag{2.4.15}$$

式中，$\omega_l=eB/(2\mu_e)$ 为拉莫尔频率. 本征态为

$$\psi_{np_x}(x,y)=A_n e^{ip_x x/\hbar}e^{-a(y-y_0)^2}H_n[a(y-y_0)], \tag{2.4.16}$$

式中，$a=\sqrt{\mu_e\omega_c/h}$. 由于 p_x 可以连续取值，每给定一个 E_n，对应无穷多个 $\psi_{np_x}(x,y)$，所以能级是无穷简并或连续简并的，这样的能级称为朗道能级.

习　题　2

2.1　质量为 μ 的粒子，处于一维不对称势 $V(x)$ 中，

$$V(x)=\begin{cases}V_1, & x<0\\ 0, & 0<x<a,\\ V_2, & x>a\end{cases}$$

其中，$V_2<V_1$. 求束缚态能级($E<V_2$).

2.2　质量为 μ 的粒子在三维势场 $V(x,y,z)$ 中运动

$$V(x,y,z)=\begin{cases}0, & 0<x<a,0<y<b,0<z<c\\ \infty, & \text{其余区域}\end{cases},$$

求粒子的能量本征态和本征值.

2.3　一维谐振子的波函数为 $\psi_n(x)=N_n\mathrm{e}^{-\frac{\alpha^2}{2}x^2}\mathrm{H}_n(\xi),\xi=\alpha x$，$\alpha=\sqrt{\mu\omega/\hbar}$. 利用厄米多项式的递推关系 $\mathrm{H}_{n+1}(\xi)-2\xi\mathrm{H}_n(\xi)+2n\mathrm{H}_{n-1}(\xi)=0$ 和 $\mathrm{H}'_n(\xi)=2n\mathrm{H}_{n-1}(\xi)$，证明

$$\hat{x}\psi_n(x)=\frac{1}{\alpha}\left[\sqrt{\frac{n}{2}}\psi_{n-1}(x)+\sqrt{\frac{n+1}{2}}\psi_{n+1}(x)\right],$$

$$\hat{p}_x\psi_n(x)=-\mathrm{i}\hbar\alpha\left[\sqrt{\frac{n}{2}}\psi_{n-1}(x)-\sqrt{\frac{n+1}{2}}\psi_{n+1}(x)\right].$$

2.4　求坐标 x、动量 $\hat{p}_x$、势能 $V=\frac{1}{2}\mu\omega^2x^2$ 和动能 $T=-\frac{\hbar^2}{2\mu}\frac{\mathrm{d}^2}{\mathrm{d}x^2}$ 在一维谐振子能量本征态 $\psi_n(x)=N_n\mathrm{e}^{-\frac{\alpha^2}{2}x^2}\mathrm{H}_n(\alpha x)$ 下的平均值 $\overline{x}$、$\overline{p}_x$、$\overline{V}$ 和 $\overline{T}$.

2.5　质量为 μ、带电为 q 的一维谐振子处于电场 $\varSigma$ 中，势函数为

$$V(x)=\frac{1}{2}\mu\omega^2x^2-q\varSigma x$$

求粒子的能量本征态和本征值.

2.6　质量为 μ、能量 $E>0$ 的粒子从 $-\infty$ 向右运动，在 $x=0$ 处遇到势垒 $V(x)$，求反射系数.

$$V(x)=\begin{cases}-V_0, & x<0\\ 0, & x>0\end{cases}.$$

2.7 质量为 μ 、能量为 E 的粒子从左边向势垒

$$V(x)=\begin{cases}0, & x<0\\ V_1, & 0\leqslant x\leqslant a\\ V_2, & x>a\end{cases}$$

运动，求透射系数.

2.8 质量为 μ 的粒子在中心势场

$$V(r)=\begin{cases}0, & a<r<b\\ \infty, & \text{其他}\end{cases}$$

中运动，求粒子的基态波函数和能级公式. 在 $a=0$ 的情况下，这样的势阱称为无限深圆势阱，将所得结果与一维无限深方势阱作对比.

第3章 算　　符

3.1 狄拉克符号

在量子力学中常采用一种符号来表示量子态，称为狄拉克(Dirac)符号. 如1.2.1节所述，波函数ψ需要在一定的表象下进行表达，例如，在坐标表象中$\psi=\psi(\boldsymbol{r},t)$，在动量表象中$\psi=\widehat{\psi}(\boldsymbol{p},t)$. 狄拉克符号是与表象无关的一种表述方式，对应的表达形式和运算过程十分简捷.

3.1.1 右矢与左矢

狄拉克符号用$|\rangle$或$\langle|$表示.

$|\psi\rangle$代表ψ，称为右矢；$\langle\psi|$代表$\psi^\dagger$，称为左矢；量子态的这种表示，是一种抽象的表达，未涉及任何具体表象. 之所以称为“矢”，是将其广义地理解为一种矢量. 因此，常常称$|\psi\rangle$或$\langle\psi|$为态矢.

右矢与左矢是一种共轭转置关系，反之亦然. 即

$$|\psi\rangle^\dagger=\langle\psi|. \tag{3.1.1}$$

注意在连续表象下，量子态以函数的形式出现，共轭转置简化为共轭操作.

对复常数a，有

$$|\psi\rangle=|a\varphi\rangle=a|\varphi\rangle,\qquad \langle\psi|=\langle a\varphi|=a^*\langle\varphi|. \tag{3.1.2}$$

右矢$|\psi\rangle$和左矢$\langle\psi|$构成两个空间，分别称为右矢空间和左矢空间.

3.1.2 内积

函数ψ和φ的内积记为(ψ,φ)，在坐标表象中是通过定积分来定义

$$(\psi,\varphi)\equiv\int_{-\infty}^{\infty}\psi^*(\boldsymbol{r})\varphi(\boldsymbol{r})\mathrm{d}\tau, \tag{3.1.3}$$

式中，$\mathrm{d}\tau=\mathrm{d}x\mathrm{d}y\mathrm{d}z$是微分体积元. 内积的结果是个数，一般是复数.

采用狄拉克符号，ψ和φ的内积被表示为$\langle\psi|\varphi\rangle$. 这种表示与表象无关，在具体计算时需要借助某一表象来完成. 例如，在连续表象如坐标表象下，有

$$\langle\psi|\varphi\rangle=\int_{-\infty}^{\infty}\psi^*(\boldsymbol{r})\varphi(\boldsymbol{r})\mathrm{d}\tau\,. \tag{3.1.4}$$

基于式(3.1.1)，有

$$\langle\psi|\varphi\rangle^\dagger=\langle\varphi|\psi\rangle\ . \tag{3.1.5}$$

同样，在连续表象下，共轭转置简化为共轭操作.

根据波函数正交和归一的定义，有$\langle\psi|\varphi\rangle=0$代表$\psi$和$\varphi$是正交的，$\langle\psi|\psi\rangle=1$代表$\psi$是归一化的.

式(1.2.15)给出了坐标表象下算符$\hat{A}$在任意归一化量子态ψ下的平均值$\overline{A}$，若用狄拉克符号，则表示为

$$\overline{A}=\langle\psi|\hat{A}|\psi\rangle\,, \tag{3.1.6}$$

其中，态矢$|\psi\rangle$是同表象无关的量子态. 具体到坐标表象，需要将式(3.1.6)显化为式(1.2.15)来进行计算.

3.1.3 本征方程与基矢

对任意给定的算符$\hat{F}$，若存在态矢$|\psi\rangle$和常数λ，满足

$$\hat{F}|\psi\rangle=\lambda|\psi\rangle\,, \tag{3.1.7}$$

数学上称此方程为本征方程，$|\psi\rangle$为本征态，λ为本征值.

设系统的哈密顿算符为$\hat{H}$，若$\partial\hat{H}/\partial t=0$，则$\hat{H}$满足的方程(1.3.13)即$\hat{H}|\psi\rangle=E|\psi\rangle$就是一个典型的本征方程，即能量本征方程. 在前两章中，通过解能量本征方程，可以获得一组能量本征态$|\psi_k\rangle$，满足$\hat{H}|\psi_k\rangle=E_k|\psi_k\rangle$. 采用狄拉克符号，$|\psi_k\rangle$可用量子数$k$简捷表达为$|k\rangle$，即$|k\rangle=|\psi_k\rangle$，通常称$|k\rangle$为基矢. 故有

$$\hat{H}|k\rangle=E_k|k\rangle\,. \tag{3.1.8}$$

注意这里的量子数k标记系统所有量子数. 一维情况下，k就代表一个量子数，诸如式 (1.3.26)和式(2.1.33)等给出的$|k\rangle=|n\rangle=\psi_n(x)$，正交归一性可用基矢表示为

$$\langle n'|n\rangle=\delta_{n'n}=\begin{cases}1, & n'=n\\ 0, & n'\neq n\end{cases}. \tag{3.1.9}$$

三维情况下，k一般代表三个量子数. 以中心力场为例，能量本征方程$\hat{H}\psi_{nlm}(r,\theta,\varphi)=E_{nlm}\psi_{nlm}(r,\theta,\varphi)$形式上依然可用式(3.1.8)表示，但$|k\rangle$代表的是三维基矢$|nlm\rangle=\psi_{nlm}(r,\theta,\varphi)$，诸如式(2.3.37)和式(2.3.47)等给出的$\psi_{nlm}(r,\theta,\varphi)$的正交归一性可用基矢表示为

$$\langle n'l'm'|nlm\rangle=\delta_{n'n}\delta_{l'l}\delta_{m'm}\,. \tag{3.1.10}$$

第 2 章的讨论表明，角动量平方算符 $\hat{l}^2$ 和角动量 z 分量算符 $\hat{l}_z$ 拥有共同本征函数，即球谐函数 $Y_{lm}(\theta,\varphi)$，用狄拉克可将其表示为 $|ml\rangle = Y_{lm}(\theta,\varphi)$. 式(2.3.25)给出的 $\hat{l}^2$ 和 $\hat{l}_z$ 的本征方程可表示为

$$\begin{aligned} &\hat{l}^2 \,|\, lm\rangle = l(l+1)\hbar^2 \,|\, lm\rangle, \quad l = 0,1,2,3,\cdots \\ &\hat{l}_z \,|\, lm\rangle = m\hbar \,|\, lm\rangle, \quad m = 0,\pm1,\pm2,\cdots,\pm l \end{aligned}. \tag{3.1.11}$$

式(3.1.8)中的基矢 $|k\rangle$ 是能量本征态，代表体系的一个量子态. 根据态叠加原理，

$$|\psi\rangle = \sum_{k=1}^{\infty} c_k \,|\, k\rangle \tag{3.1.12}$$

也是体系的量子态，其中 c_k 是叠加系数. 从矢量的角度去理解，基矢 $|k\rangle$ 可看作单位矢量，式(3.1.12)代表 $|\psi\rangle$ 沿各个基矢 $|k\rangle$ 方向上的矢量和，c_k 代表 $|k\rangle$ 方向的投影值. 式(3.1.12)也可理解为将任意态矢 $|\psi\rangle$ 用基矢 $|k\rangle$ 来展开，c_k 代表展开系数.

由式(3.1.12)，$|\psi\rangle = \sum\limits_{k'=1}^{\infty} c_{k'} \,|\, k'\rangle$，在其两边左乘 $\langle k|$，并利用式(3.1.9)，有 $\langle k \,|\, \psi\rangle = \langle k \,|\, \sum\limits_{k'=1}^{\infty} c_{k'} \,|\, k'\rangle = \sum\limits_{k'=1}^{\infty} c_{k'} \langle k \,|\, k'\rangle = \sum\limits_{k'=1}^{\infty} c_{k'} \delta_{kk'} = c_k$，即展开系数 c_k 可通过下式确定：

$$c_k = \langle k \,|\, \psi\rangle. \tag{3.1.13}$$

若 $\langle \psi \,|\, \psi\rangle = 1$，基于式(3.1.9)，有 $1 = \langle \psi \,|\, \psi\rangle = \left(\sum\limits_{k'=1}^{\infty} \langle k' \,|\, c_{k'}^*\right)\left(\sum\limits_{k=1}^{\infty} c_k \,|\, k\rangle\right) = \sum\limits_{k',k=1}^{\infty} c_{k'}^* c_k \langle k' \,|\, k\rangle = \sum\limits_{k',k=1}^{\infty} c_{k'}^* c_k \delta_{k'k} = \sum\limits_{k=1}^{\infty} |\, c_k \,|^2$，故有

$$\sum_{k=1}^{\infty} |\, c_k \,|^2 = 1. \tag{3.1.14}$$

3.1.4 左、右矢空间的算符运算

式(1.2.7)给出了坐标表象下转置算符的定义，下面用狄拉克符号来处理. 设 $\hat{A}$ 和 $\tilde{A}$ 是两个算符，$\forall |\psi\rangle$ 和 $|\varphi\rangle$，若下式成立：

$$\langle \psi \,|\, \tilde{A} \,|\, \varphi\rangle = \langle \varphi^* \,|\, \hat{A} \,|\, \psi^*\rangle, \tag{3.1.15}$$

则称 $\tilde{A}$ 是 $\hat{A}$ 的转置算符.

对任给的态矢 $|\psi\rangle$，若有算符 $\hat{A}$ 作用到 $|\psi\rangle$ 上得到另一态矢 $|\varphi\rangle$，在右矢空间中，习惯上将算符 $\hat{A}$ 放在 $|\psi\rangle$ 的左边来表示这种运算

$$|\varphi\rangle=\hat{A}|\psi\rangle\equiv|\hat{A}\psi\rangle. \tag{3.1.16}$$

这种形式可称为算符向右作用.

设 $\hat{A}$ 的共轭转置算符即其伴算符为 $\hat{A}^{\dagger}=\tilde{\hat{A}}^{*}$，在式(3.1.16)两端进行转置共轭操作，基于式(3.1.1)，有

$$\langle\varphi|=\langle\hat{A}\psi|=\langle\psi|\hat{A}^{\dagger}. \tag{3.1.17}$$

所以，右矢空间中 $\hat{A}$ 对 $|\psi\rangle$ 作用得到 $|\varphi\rangle$ 表示为 $|\varphi\rangle=\hat{A}|\psi\rangle$，到左矢空间中就变换为 $\langle\varphi|=\langle\psi|\hat{A}^{\dagger}$，算符放到态矢的右边，这种形式可称为算符向左作用. 以上结果表明，若算符 $\hat{A}$ 向右作用到右矢 $|\psi\rangle$ 得到右矢 $|\varphi\rangle$，则算符 $\hat{A}$ 的伴算符 $\hat{A}^{\dagger}$ 向左作用到左矢 $\langle\psi|$ 上得到左矢 $\langle\varphi|$.

在量子力学中，力学量用厄米算符表示. 若 $\hat{A}=\hat{A}^{\dagger}$，则 $\hat{A}$ 为厄米算符，此时有

$$|\varphi\rangle=\hat{A}|\psi\rangle,\quad \langle\varphi|=\langle\psi|\hat{A}. \tag{3.1.18}$$

这说明，厄米算符在左、右矢空间的运算中具有形式不变性.

例 3.1.1 试证明，厄米算符 $\hat{A}$ 对任意态矢 $|\psi\rangle$ 和算符 $\hat{B}$ 满足：

$$\langle\hat{A}\psi|\hat{B}\psi\rangle=\langle\psi|\hat{A}\hat{B}\psi\rangle. \tag{3.1.19}$$

证 $\hat{A}$ 是厄米算符，故有 $\hat{A}=\hat{A}^{\dagger}$. 设 $|\varphi\rangle=|\hat{A}\psi\rangle$，由式(3.1.18)，有 $\langle\varphi|=\langle\psi|\hat{A}^{\dagger}=\langle\psi|\hat{A}$. 所以，$\langle\hat{A}\psi|\hat{B}\psi\rangle=\langle\psi|\hat{A}|\hat{B}\psi\rangle=\langle\psi|\hat{A}\hat{B}\psi\rangle$.

3.1.5 投影算符

左矢 $\langle\psi|$ 与右矢 $|\varphi\rangle$ 背面相对 $\langle\psi|\varphi\rangle$，代表内积，其结果一般是复数. 若将 $\langle\psi|$ 与 $|\varphi\rangle$ 迎面相对 $|\varphi\rangle\langle\psi|$，便构成了一种算符，记为 $\hat{P}=|\varphi\rangle\langle\psi|$. 这是因为，对 $\forall|\phi\rangle$，有 $\hat{P}|\phi\rangle=|\varphi\rangle\langle\psi|\phi\rangle=a|\varphi\rangle$，其中 $a=\langle\psi|\phi\rangle$ 是某一复数，可见 $|\phi\rangle$ 在 $\hat{P}$ 的作用下变成了 $a|\varphi\rangle$，故 $\hat{P}$ 是一种算符.

特别地，用基矢 $|k\rangle$ 构成的算符 $\hat{p}_k=|k\rangle\langle k|$，称为投影算符. 将 $\hat{p}_k$ 作用到式(3.1.12)给出的量子态 $|\psi\rangle=\sum\limits_{k=1}^{\infty}c_k|k\rangle$ 上，有 $\hat{p}_k|\psi\rangle=|k\rangle\langle k|\sum\limits_{k'=1}^{\infty}c_{k'}|k'\rangle=|k\rangle\sum\limits_{k'=1}^{\infty}c_{k'}\langle k|k'\rangle=|k\rangle\sum\limits_{k'=1}^{\infty}c_{k'}\delta_{k'k}=|k\rangle c_k$，即

$$\hat{p}_k|\psi\rangle=c_k|k\rangle. \tag{3.1.20}$$

这说明，$\hat{p}_k$ 作用到 $|\psi\rangle$ 上，其效果是将基矢 $|k\rangle$ 方向的投影值 c_k 提取出来，故称之为投影算符.

从矢量和张量的角度去理解，投影算符 $\hat{p}_k$ 是由右矢 $|k\rangle$ 和左矢 $\langle k|$ 构成的并矢，是一种二阶张量. 在熟知的三维直角坐标系中，如图 3.1.1 所示，基矢是单位矢量 $\boldsymbol{e}_x,\boldsymbol{e}_y$ 和 $\boldsymbol{e}_z$，任一矢量 $\boldsymbol{A}$ 可被表示为 $\boldsymbol{A}=a_x\boldsymbol{e}_x+a_y\boldsymbol{e}_y+a_z\boldsymbol{e}_z$. 令 k 代表 x,y 或 z，则并矢 $\vec{\boldsymbol{p}}_k=\boldsymbol{e}_k\boldsymbol{e}_k$ 是二阶张量，其作用与 $\hat{p}_k$ 类似. 如 $\vec{\boldsymbol{p}}_x\cdot\boldsymbol{A}=\boldsymbol{e}_x\boldsymbol{e}_x\cdot\boldsymbol{A}=\boldsymbol{e}_x\boldsymbol{e}_x\cdot(a_x\boldsymbol{e}_x+a_y\boldsymbol{e}_y+a_z\boldsymbol{e}_z)=a_x\boldsymbol{e}_x$，即 $\vec{\boldsymbol{p}}_x$ 点乘到 $\boldsymbol{A}$ 上，其效果是将基矢 $\boldsymbol{e}_x$ 方向的投影值 a_x 提取出来. 所以，$\vec{\boldsymbol{p}}_x$ 是三维直角坐标系中的投影算符，可视为 $\hat{p}_k$ 的一种特殊情况.

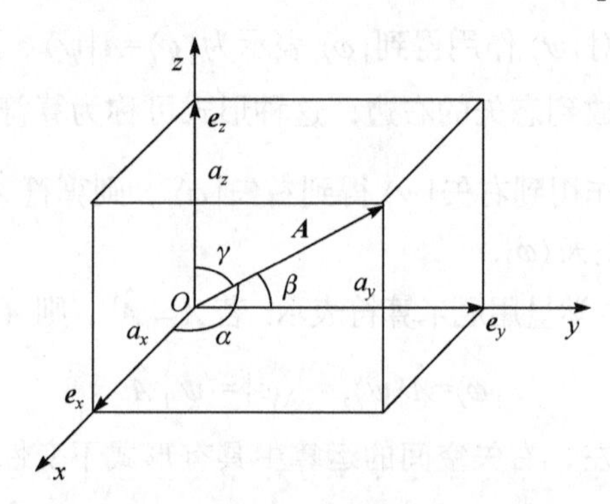

图 3.1.1　三维直角坐标系中的矢量

3.2 算符对易

3.2.1 算符的乘积与对易

$\forall\hat{A}$ 和 $\hat{B}$，对 $\forall|\psi\rangle$，若 $\hat{A}\hat{B}|\psi\rangle=\hat{B}\hat{A}|\psi\rangle$，即 $\hat{A}$ 和 $\hat{B}$ 满足乘法交换率，则称 $\hat{A}$ 和 $\hat{B}$ 是**对易**的；若 $\hat{A}\hat{B}|\psi\rangle\neq\hat{B}\hat{A}|\psi\rangle$，则称 $\hat{A}$ 和 $\hat{B}$ 是不对易的，简记为 $\hat{A}\hat{B}\neq\hat{B}\hat{A}$.

算符对易原本是一个数学概念. 在量子力学中，力学量用算符表示，算符是否对易会带来不同的物理效应. 所以，算符对易是量子力学中的一个重要问题. 为此，引入符号

$$[\hat{A},\hat{B}]=\hat{A}\hat{B}-\hat{B}\hat{A} \tag{3.2.1}$$

称为算符 $\hat{A}$ 和 $\hat{B}$ 的**对易式**. 若 $\hat{A}$ 和 $\hat{B}$ 对易，则 $[\hat{A},\hat{B}]=0$；反之，若 $\hat{A}$ 和 $\hat{B}$ 不对易，则 $[\hat{A},\hat{B}]\neq0$.

3.2.2 常见算符的对易关系

1. 坐标和动量

坐标和动量的对易关系是量子力学中最重要的对易关系之一. 在坐标表象下，以

x 和 $\hat{p}_x = -\mathrm{i}\hbar\partial/\partial x$ 为例，$\forall|\psi\rangle = \psi(\boldsymbol{r})$，有 $x\hat{p}_x\psi = -\mathrm{i}\hbar x\dfrac{\partial}{\partial x}\psi$，而 $\hat{p}_x x\psi = -\mathrm{i}\hbar\dfrac{\partial}{\partial x}(x\psi) = -\mathrm{i}\hbar\psi - \mathrm{i}\hbar x\dfrac{\partial}{\partial x}\psi$，所以，$x\hat{p}_x\psi - \hat{p}_x x\psi = \mathrm{i}\hbar\psi$. 这表明 x 和 $\hat{p}_x$ 是不对易的，可记为

$$[x, \hat{p}_x] = \mathrm{i}\hbar . \tag{3.2.2}$$

可以证明，y 和 $\hat{p}_y$，z 和 $\hat{p}_z$ 之间也是不对易的，但 x 和 $\hat{p}_y$ 与 $\hat{p}_z$ 是对易的. 概括起来，坐标和动量的对易关系可以表示为

$$[\alpha, \hat{p}_\beta] = \mathrm{i}\hbar\delta_{\alpha\beta}, \quad \alpha,\beta = x,y,z . \tag{3.2.3}$$

动量算符的三个分量之间彼此是对易的，即

$$[\hat{p}_\alpha, \hat{p}_\beta] = 0, \quad \alpha,\beta = x,y,z . \tag{3.2.4}$$

2. 角动量

式(1.2.23)给出了角动量算符 $\hat{\boldsymbol{l}} \equiv \hat{\boldsymbol{r}} \times \hat{\boldsymbol{p}}$ 在三维直角坐标系下三个分量 $\hat{l}_x$，$\hat{l}_y$ 和 $\hat{l}_z$ 的表达式. 首先来看坐标与角动量的对易关系. 以 $\hat{l}_x$ 和 y 的对易为例，$\forall|\psi\rangle = \psi(\boldsymbol{r})$，$[\hat{l}_x, y]\psi = -\mathrm{i}\hbar[(y\partial/\partial z - z\partial/\partial y)y - y(y\partial/\partial z - z\partial/\partial y)]\psi = \mathrm{i}\hbar z\psi$，故有 $[\hat{l}_x, y] = \mathrm{i}\hbar z$. 采用类似的方法，可以得到

$$\begin{aligned} &[\hat{l}_x, x] = 0, \quad &&[\hat{l}_x, y] = \mathrm{i}\hbar z, \quad &&[\hat{l}_x, z] = -\mathrm{i}\hbar y \\ &[\hat{l}_y, x] = -\mathrm{i}\hbar z, \quad &&[\hat{l}_y, y] = 0, \quad &&[\hat{l}_y, z] = \mathrm{i}\hbar x \\ &[\hat{l}_z, x] = \mathrm{i}\hbar y, \quad &&[\hat{l}_z, y] = -\mathrm{i}\hbar x, \quad &&[\hat{l}_z, z] = 0 \end{aligned} . \tag{3.2.5}$$

类似地，可以得到动量算符与角动量算符之间的对易关系为

$$\begin{aligned} &[\hat{l}_x, \hat{p}_x] = 0, \quad &&[\hat{l}_x, \hat{p}_y] = \mathrm{i}\hbar\hat{p}_z, \quad &&[\hat{l}_x, \hat{p}_z] = -\mathrm{i}\hbar\hat{p}_y \\ &[\hat{l}_y, \hat{p}_x] = -\mathrm{i}\hbar\hat{p}_z, \quad &&[\hat{l}_y, \hat{p}_y] = 0, \quad &&[\hat{l}_y, \hat{p}_z] = \mathrm{i}\hbar\hat{p}_x \\ &[\hat{l}_z, \hat{p}_x] = \mathrm{i}\hbar\hat{p}_y, \quad &&[\hat{l}_z, \hat{p}_y] = -\mathrm{i}\hbar\hat{p}_x, \quad &&[\hat{l}_z, \hat{p}_z] = 0 \end{aligned} . \tag{3.2.6}$$

角动量三个分量 $\hat{l}_x$，$\hat{l}_y$ 和 $\hat{l}_z$ 之间的对易关系为

$$\begin{aligned} &[\hat{l}_x, \hat{l}_x] = 0, \quad &&[\hat{l}_y, \hat{l}_y] = 0, \quad &&[\hat{l}_z, \hat{l}_z] = 0 \\ &[\hat{l}_x, \hat{l}_y] = \mathrm{i}\hbar\hat{l}_z, \quad &&[\hat{l}_y, \hat{l}_z] = \mathrm{i}\hbar\hat{l}_x, \quad &&[\hat{l}_z, \hat{l}_x] = \mathrm{i}\hbar\hat{l}_y \end{aligned} . \tag{3.2.7}$$

角动量平方算符 $\hat{l}^2 = \hat{l}_x^2 + \hat{l}_y^2 + \hat{l}_z^2$ 与 $\hat{l}_x$，$\hat{l}_y$ 和 $\hat{l}_z$ 之间都是对易的，即

$$[\hat{l}^2, \hat{l}_x] = 0, \quad [\hat{l}^2, \hat{l}_y] = 0, \quad [\hat{l}^2, \hat{l}_z] = 0 . \tag{3.2.8}$$

例 3.2.1 求$\hat{l}_x$和$\hat{l}_y$在$|lm\rangle$下的平均值.

解 首先求$\hat{l}_x$的平均值$\overline{l_x}=\langle lm|\hat{l}_x|lm\rangle$. 已知$|lm\rangle$是$\hat{l}_z$的本征态，满足$\hat{l}_z|lm\rangle=m\hbar|lm\rangle$，且$\langle lm|\hat{l}_z=\langle lm|m\hbar$. 根据对易关系式(3.2.7)，有$\mathrm{i}\hbar\hat{l}_x=\hat{l}_y\hat{l}_z-\hat{l}_z\hat{l}_y$. 故有

$$\mathrm{i}\hbar\overline{l_x}=\langle lm|\mathrm{i}\hbar\hat{l}_x|lm\rangle=\langle lm|\hat{l}_y\hat{l}_z-\hat{l}_z\hat{l}_y|lm\rangle=\langle lm|\hat{l}_y\hat{l}_z|lm\rangle-\langle lm|\hat{l}_z\hat{l}_y|lm\rangle$$
$$=\langle lm|\hat{l}_y m\hbar|lm\rangle-\langle lm|m\hbar\hat{l}_y|lm\rangle=m\hbar\langle lm|\hat{l}_y|lm\rangle-m\hbar\langle lm|\hat{l}_y|lm\rangle=0.$$

所以$\overline{l_x}=0$.

同理可得 $\overline{l_y}=0$.

例 3.2.2 求$\hat{l}_x^2$和$\hat{l}_y^2$在$|lm\rangle$下的平均值.

解 已知$\hat{l}^2|lm\rangle=l(l+1)\hbar^2|lm\rangle, \hat{l}_z|lm>=m\hbar|lm\rangle$. 由对易关系$\mathrm{i}\hbar\hat{l}_x=\hat{l}_y\hat{l}_z-\hat{l}_z\hat{l}_y$和$\mathrm{i}\hbar\hat{l}_y=\hat{l}_z\hat{l}_x-\hat{l}_x\hat{l}_z$，可得 $\mathrm{i}\hbar(\hat{l}_x^2-\hat{l}_y^2)=\hat{l}_y\hat{l}_x\hat{l}_z-\hat{l}_z\hat{l}_y\hat{l}_x$，故有

$$\mathrm{i}\hbar\overline{(l_x^2-l_y^2)}=\langle lm|\hat{l}_y\hat{l}_x\hat{l}_z-\hat{l}_z\hat{l}_y\hat{l}_x|lm\rangle=\langle lm|\hat{l}_y\hat{l}_x\hat{l}_z|lm\rangle-\langle lm|\hat{l}_z\hat{l}_y\hat{l}_x|lm\rangle$$
$$=\langle lm|\hat{l}_y\hat{l}_x m\hbar|lm\rangle-\langle lm|m\hbar\hat{l}_y\hat{l}_x|lm\rangle=m\hbar(\overline{\hat{l}_y\hat{l}_x}-\overline{\hat{l}_y\hat{l}_x})=0,$$

所以$\overline{l_x^2}=\overline{l_y^2}$. 又因为$\hat{l}^2=\hat{l}_x^2+\hat{l}_y^2+\hat{l}_z^2$，所以

$$\hat{l}_x^2+\hat{l}_y^2=\hat{l}^2-\hat{l}_z^2,$$
$$2\overline{l_x^2}=\langle lm|\hat{l}^2-\hat{l}_z^2|lm\rangle=\hbar^2[l(l+1)-m^2],$$
$$\overline{l_x^2}=\overline{l_y^2}=\hbar^2[l(l+1)-m^2]/2.$$

3.2.3 不确定度关系的严格证明

在 1.1.4 节中，以电子单缝衍射为例说明了坐标和动量的不确定度关系为$\Delta x\Delta p_x=h$，并未给出严格的证明. 同时，对是不是任意两个力学量之间都存在这种关系，也未作说明. 下面对此做严格证明.

力学量F的算符为$\hat{F}$，在某一量子态$|\psi\rangle$下的平均值为$\overline{F}$. 设$\Delta\hat{F}=\hat{F}-\overline{F}$，则$\overline{(\Delta\hat{F})^2}=\langle\psi|(\hat{F}-\overline{F})^2|\psi\rangle=\overline{F^2}-(\overline{F})^2$，其中$\overline{F^2}=\langle\psi|\hat{F}^2|\psi\rangle$. 定义

$$\Delta F=\sqrt{\overline{F^2}-(\overline{F})^2}=\sqrt{\overline{(\Delta\hat{F})^2}} \tag{3.2.9}$$

为力学量F在量子态$|\psi\rangle$下的**不确定度**.

【**定理 3.2.1**】 任意给定力学量A和B，对应的厄米算符为$\hat{A}$和$\hat{B}$，分别具有不确定度ΔA和ΔB，则有以下关系

$$\Delta A \Delta B \geqslant \frac{1}{2} |\overline{[\hat{A}, \hat{B}]}| \tag{3.2.10}$$

成立，其中$\overline{[\hat{A}, \hat{B}]}$代表对易式$[\hat{A}, \hat{B}]$在任一量子态下的平均值.

证　$\forall$ 量子态$|\psi\rangle$，$\forall$ 实数ξ，做内积

$$0 \leqslant I(\xi) = \langle \xi \hat{A} \psi + \mathrm{i} \hat{B} \psi | \xi \hat{A} \psi + \mathrm{i} \hat{B} \psi \rangle . \tag{3.2.11}$$

将$I(\xi)$展开，有

$$I(\xi) = \xi^2 \langle \hat{A}\psi | \hat{A}\psi \rangle + \mathrm{i}\xi \langle \hat{A}\psi | \hat{B}\psi \rangle - \mathrm{i}\xi \langle \hat{B}\psi | \hat{A}\psi \rangle + \langle \hat{B}\psi | \hat{B}\psi \rangle .$$

基于算符$\hat{A}$和$\hat{B}$的厄米性，利用式(3.1.19)，可得

$$I(\xi) = \xi^2 \langle \psi | \hat{A}^2 \psi \rangle + \mathrm{i}\xi \langle \psi | \hat{A}\hat{B}\psi \rangle - \mathrm{i}\xi \langle \psi | \hat{B}\hat{A}\psi \rangle + \langle \psi | \hat{B}^2 \psi \rangle .$$

引入厄米算符$\hat{C} = -\mathrm{i}[\hat{A}, \hat{B}]$，则有

$$I(\xi) = \xi^2 \langle \psi | \hat{A}^2 \psi \rangle - \xi \langle \psi | \hat{C}\psi \rangle + \langle \psi | \hat{B}^2 \psi \rangle = \xi^2 \overline{A^2} - \xi \overline{C} + \overline{B^2} .$$

将上式做代数变换，有

$$0 \leqslant I(\xi) = \overline{A^2} (\xi - \overline{C} / 2\overline{A^2})^2 + [\overline{B^2} - (\overline{C})^2 / 4\overline{A^2}] .$$

因为$\hat{A}$和$\hat{C}$都是厄米算符，根据定理 1.2.1 可知$\overline{A^2}$和$\overline{C}$都为实数. 由于ξ是任给的实数，故可取$\xi = \overline{C} / 2\overline{A^2}$，则有$\overline{B^2} - (\overline{C})^2 / 4\overline{A^2} \geqslant 0$，亦即

$$\sqrt{\overline{A^2} \cdot \overline{B^2}} \geqslant \frac{1}{2} \overline{C} = \frac{1}{2} |\overline{[\hat{A}, \hat{B}]}| . \tag{3.2.12}$$

令$\Delta\hat{A} = \hat{A} - \overline{A}$和$\Delta\hat{B} = \hat{B} - \overline{B}$，由于$\overline{A}$和$\overline{B}$都是实数，故可验证$\Delta\hat{A}$和$\Delta\hat{B}$都是厄米算符. 因为$\hat{A}$和$\hat{B}$是任给的厄米算符，故可在式(3.2.12)两端做替换$\hat{A} \to \Delta\hat{A}$和$\hat{B} \to \Delta\hat{B}$，有

$$\sqrt{\overline{(\Delta\hat{A})^2} \cdot \overline{(\Delta\hat{B})^2}} \geqslant \frac{1}{2} |\overline{[\Delta\hat{A}, \Delta\hat{B}]}| . \tag{3.2.13}$$

由式(3.2.9)，有$\Delta A = \sqrt{\overline{(\Delta\hat{A})^2}}$，$\Delta B = \sqrt{\overline{(\Delta\hat{B})^2}}$，同时注意到$[\Delta\hat{A}, \Delta\hat{B}] = [\hat{A}, \hat{B}]$，故式 (3.2.10)得证(证毕).

此定理表明，任意两个力学量A和B，若其算符$\hat{A}$和$\hat{B}$不对易，则在任意量子态下，二者的不确定度(涨落)不能同时为零. 以x和p_x为例，因为$[x, \hat{p}_x] = \mathrm{i}\hbar$，二者不对易，故有$\Delta x \Delta p_x \geqslant \hbar / 2$. 从测量的角度说，$x$和$p_x$不能同时被准确测量. 若$\hat{A}$和$\hat{B}$对易，例如$x$和$p_y$，$[x, \hat{p}_y] = 0$，则二者的不确定度之间不发生关联，

二者可以同时被测准.

3.2.4 共同本征函数

在量子力学中，算符是否对易具有深刻的物理含义. 由定理 3.2.1 可知，如果两个力学量的算符不对易，则二者不能同时被准确测量；如果对易，则可以同时测准. 下面将讨论，对易算符可以拥有共同本征函数.

【**定理 3.2.2**】 设$|k\rangle$是算符$\hat{A}$属于本征值a_k的本征态，即$\hat{A}\,|k\rangle = a_k\,|k\rangle$. 另有一算符$\hat{B}$，若$[\hat{A},\hat{B}]=0$，且$a_k$不简并，则$|k\rangle$也可以是$\hat{B}$的本征态，即$\hat{A}$和$\hat{B}$拥有共同本征态$|k\rangle$.

证 因为$[\hat{A},\hat{B}]=0$，所以$\hat{A}\hat{B}=\hat{B}\hat{A}$，故

$$\hat{A}\hat{B}\,|k\rangle = \hat{B}\hat{A}\,|k\rangle = \hat{B}(\hat{A}\,|k\rangle) = \hat{B}(a_k\,|k\rangle) = a_k\hat{B}\,|k\rangle ,$$

所以$\hat{B}\,|k\rangle$也是$\hat{A}$属于本征值a_k的本征态. 由于a_k不简并，故$\hat{B}\,|k\rangle$与$|k\rangle$应该是同一个量子态，但可以相差一个常数因子，设为b_k，即$\hat{B}\,|k\rangle = b_k\,|k\rangle$. 因此$|k\rangle$也是算符$\hat{B}$属于本征值$b_k$的本征态. 所以$\hat{A}$和$\hat{B}$拥有共同本征态$|k\rangle$(证毕).

对易算符拥有共同本征态的典型例子是$\hat{l}^2$和$\hat{l}_z$拥有共同本征态球谐函数$|lm\rangle$.

3.3 厄米算符的本征值与本征态

量子力学的基本假设之一是力学量用线性厄米算符表示. 本节讨论厄米算符的本征值与本征态所具有的特性.

3.3.1 本征值的实数性

对任意给定的厄米算符$\hat{F}$，定理 1.2.1 表明，$\hat{F}$在任意态矢$|\psi\rangle$的平均值

$$\overline{F} = \langle\psi\,|\,\hat{F}\,|\,\psi\rangle \tag{3.3.1}$$

为实数.

【**定理 3.3.1**】 厄米算符的本征值必为实数.

证 设$\hat{F}$为厄米算符，满足本征方程$\hat{F}\,|k\rangle = \lambda_k\,|k\rangle$，$k=1,2,3,\cdots$，其中$|k\rangle$为本征态，$\lambda_k$为本征值. 在方程两边左乘$\langle k|$，有等式

$$\langle k\,|\,\hat{F}\,|\,k\rangle = \langle k\,|\,\lambda_k\,|\,k\rangle , \tag{3.3.2}$$

基于式(3.1.6)，等式左边为 $\hat{F}$ 在态矢 $|k\rangle$ 下的平均值 $\bar{F}$，等式右边 $=\lambda_k\langle k|k\rangle$，故有 $\lambda_k=\bar{F}/\langle k|k\rangle$. 因为 $\hat{F}$ 为厄米算符，由定理 1.2.1 可知，$\bar{F}$ 为实数. 由式(3.1.5)可知，$\langle k|k\rangle$ 亦为实数，故知 λ_k 必为实数(证毕).

3.3.2　本征态的正交性

【定理 3.3.2】 厄米算符属于不同本征值的本征态必然正交.

证　设 $\hat{F}$ 为厄米算符，满足本征方程 $\hat{F}|k\rangle=\lambda_k|k\rangle$，$k=1,2,3,\cdots$，其中 $|k\rangle$ 为本征态，对应本征值 λ_k. 任给本征值 $\lambda_{k'}\neq\lambda_k$，$\lambda_{k'}$ 对应的本征态是 $|k'\rangle$. 在本征方程两边左乘 $\langle k'|$，有等式

$$\langle k'|\hat{F}|k\rangle=\langle k'|\lambda_k|k\rangle. \tag{3.3.3}$$

等式右边 $=\lambda_k\langle k'|k\rangle$. 基于算符向左作用，有 $\langle k'|\hat{F}|=\lambda_{k'}\langle k'|$，故等式左边 $=\langle k'|\hat{F}|k\rangle=\lambda_{k'}\langle k'|k\rangle$. 从而有 $\lambda_k\langle k'|k\rangle=\lambda_{k'}\langle k'|k\rangle$，所以 $(\lambda_{k'}-\lambda_k)\langle k'|k\rangle=0$. 由于 $\lambda_{k'}\neq\lambda_k$，所以 $\langle k'|k\rangle=0$，故厄米算符属于不同本征值的本征态必然正交(证毕).

3.3.3　本征态的完备性

设 $\hat{F}$ 为厄米算符，满足本征方程 $\hat{F}|k\rangle=\lambda_k|k\rangle$，$k=1,2,3,\cdots$，其中 $|k\rangle$ 为基矢，$\hat{p}_k=|k\rangle\langle k|$ 为投影算符. 记

$$\hat{P}=\sum_{k=1}^{\infty}\hat{p}_k=\sum_{k=1}^{\infty}|k\rangle\langle k| \tag{3.3.4}$$

为全空间投影算符，则对任一态矢 $|\psi\rangle$，有

$$\hat{P}|\psi\rangle=\sum_{k=1}^{\infty}|k\rangle\langle k|\psi\rangle. \tag{3.3.5}$$

若基矢 $|k\rangle$ 能使 $\hat{P}|\psi\rangle=|\psi\rangle$，则有

$$|\psi\rangle=\sum_{k=1}^{\infty}|k\rangle\langle k|\psi\rangle. \tag{3.3.6}$$

称这种基矢 $|k\rangle$ 具有**完备性**.

记内积 $\langle k|\psi\rangle$ 为

$$c_k=\langle k|\psi\rangle, \tag{3.3.7}$$

则式(3.3.6)变为

$$|\psi\rangle=\sum_{k=1}^{\infty}c_k|k\rangle. \tag{3.3.8}$$

虽然式(3.3.7)和式(3.3.8)分别与式(3.1.13)和式(3.1.12)在形式上一样，但含义不同. 式(3.1.12)源于态叠加原理，是量子力学的基本假设之一. 式(3.3.8)成立的条件是厄米算符 $\hat{F}$ 的基矢 $|k\rangle$ 必须具有完备性，这需要从数学上加以证明. 到目前为止，只有下面这个定理回答了哈密顿算符的问题.

【定理 3.3.3】 体系的哈密顿算符 $\hat{H}$ 为厄米算符，满足本征方程 $\hat{H}|k\rangle = E_k|k\rangle$. 对体系的任一归一化态 $|\phi\rangle$，若 $\bar{H}=\langle\phi|\hat{H}|\phi\rangle$ 有下界(即总是大于某一固定的数)，但无上界，则 $\hat{H}$ 的本征态 $|k\rangle$ 的集合构成体系的一个完备集，即体系的任何一个量子态 $|\psi\rangle$ 可用 $|k\rangle$ 来展开 $|\psi\rangle=\sum_{k=1}^{\infty}c_k|k\rangle$，其中 c_k 是展开系数.

该定理的证明需要较深的数学知识，此处从略. 一方面，体系的哈密顿算符 $\hat{H}$ 能否满足定理设定的条件，缺乏严格的论证；另一方面，该定理并未涉及其他力学量算符. 所以，在量子力学中，任一力学量对应的厄米算符 $\hat{F}$，其本征态 $|k\rangle$ 具有完备性，可理解为态叠加原理的一个必然结论，并非是从数学上证得的. 这个结果对于处理量子力学的实际问题有很重要的价值.

基矢 $|k\rangle$ 的完备性，通俗来讲，指的是用 $|k\rangle$ 将 $|\psi\rangle$ 展开时能确保 $|\psi\rangle$ 所含信息的“完全性”. 举例来说，三维空间 $(\boldsymbol{e}_x,\boldsymbol{e}_y,\boldsymbol{e}_z)$ 的力 $\boldsymbol{F}$，可展开为 $\boldsymbol{F}=F_x\boldsymbol{e}_x+F_y\boldsymbol{e}_y+F_z\boldsymbol{e}_z$，则这种展开就是完备的. 这个三维空间包含了三个二维子空间 $(\boldsymbol{e}_x,\boldsymbol{e}_y)$、$(\boldsymbol{e}_y,\boldsymbol{e}_z)$ 和 $(\boldsymbol{e}_z,\boldsymbol{e}_x)$，如果 $\boldsymbol{F}$ 在所有子空间的投影都不为零，把 $\boldsymbol{F}$ 在任何一个子空间中展开，都不能全面反映 $\boldsymbol{F}$ 的特性，都是不完备的.

例 3.3.1 厄米算符 $\hat{F}$ 的基矢 $|k\rangle$ 具有完备性，可将任一态矢 $|\psi\rangle$ 展开为 $|\psi\rangle=\sum_{k=1}^{\infty}c_k|k\rangle$. 利用 $|k\rangle$ 的正交归一性，证明 $c_k=\langle k|\psi\rangle$.

证 $\hat{F}$ 是厄米算符，其基矢 $|k\rangle$ 是正交归一的，满足 $\langle k|k'\rangle=\delta_{kk'}$. 在 $|\psi\rangle=\sum_{k'=1}^{\infty}c_{k'}|k'\rangle$ 两边左乘 $\langle k|$，有 $\langle k|\psi\rangle=\langle k|\sum_{k'=1}^{\infty}c_{k'}|k'\rangle$，则右边 $=\sum_{k'=1}^{\infty}c_{k'}\langle k|k'\rangle=\sum_{k'=1}^{\infty}c_{k'}\delta_{kk'}=c_k$，故有 $c_k=\langle k|\psi\rangle$.

3.3.4 本征态的封闭性

设 $\hat{I}$ 为单位算符，则对任给态矢 $|\psi\rangle$，有

$$\hat{I}|\psi\rangle=|\psi\rangle. \tag{3.3.9}$$

由于厄米算符 $\hat{F}$ 的基矢 $|k\rangle$ 具有完备性，即式(3.3.6)成立，可得

$$\sum_{k=1}^{\infty} |k\rangle\langle k| = \hat{I} . \tag{3.3.10}$$

这称为基矢$|k\rangle$或投影算符$\hat{p}_k = |k\rangle\langle k|$的封闭性，是基矢完备性的一种体现. 也可以表示为

$$\hat{P} = \sum_{k=1}^{\infty} \hat{p}_k = \hat{I} . \tag{3.3.11}$$

这说明，若基矢$|k\rangle$具有完备性，则全空间投影算符$\hat{P}$为单位算符$\hat{I}$. 由于单位算符作用到任何态矢上都等于这个态矢，故式(3.3.10)或式(3.3.11)具有很强的实用性.

例 3.3.2 设体系的能量本征方程为$\hat{H}|k\rangle = E_k|k\rangle$，$E_k$与$|k\rangle$分别为能量本征值和本征态. 证明哈密顿算符$\hat{H}$可以表示为

$$\hat{H} = \sum_k E_k |k\rangle\langle k| . \tag{3.3.12}$$

证 在$\hat{H}|k\rangle = E_k|k\rangle$两端右乘$\langle k|$，有$\hat{H}|k\rangle\langle k| = E_k|k\rangle\langle k|$，两边对$k$求和，有$\sum_{k=1}^{\infty}\hat{H}|k\rangle\langle k| = \sum_{k=1}^{\infty}E_k|k\rangle\langle k|$，因左边$=\hat{H}\sum_{k=1}^{\infty}|k\rangle\langle k| = \hat{H}$，故式(3.3.12)得证.

3.4 力学量完全集

在量子力学中，基矢$|k\rangle$的完备性体现在k为一组完备量子数. 一般而言，量子数k标记系统所有量子数. 例如，一维线性谐振子的能量本征态，由式(2.1.31)可知，$|k\rangle = |n\rangle = \psi_n(x) = N_n e^{-\alpha^2 x^2/2} H_n(\alpha x)$，$k$代表一个量子数，正交归一关系为$\langle n'|n\rangle = \delta_{n'n}$，此时能量本征值$E_n = \left(n + \frac{1}{2}\right)\hbar\omega$对$|n\rangle$是不简并的；对于三维空间中的角向部分，$\hat{l}^2$和$\hat{l}_z$的共同本征态是球谐函数$|k\rangle = |lm\rangle$，$k$代表两个量子数$l$和$m$，$\hat{l}_z$的本征值$m\hbar$对$|k\rangle = |lm\rangle$是$(2l+1)$重简并的，正交归一关系为$\langle m'l'|ml\rangle = \delta_{m'm}\delta_{l'l}$. 三维情况下，以氢原子的能量本征态为例，由式(2.3.46)可知$|k\rangle = |nlm\rangle = R_{nl}(r)\mathrm{Y}_{lm}(\theta,\varphi)$，$k$代表三个量子数$n$、$l$和$m$，能量本征值$E_n = -e^2/(2a_0 n^2)$对$|k\rangle = |nlm\rangle$是$n^2$重简并的，正交归一关系为$\langle n'l'm'|nlm\rangle = \delta_{n'n}\delta_{l'l}\delta_{m'm}$. 可见，不同维度下，用于反映正交性的量子数是不同的. 通常称能全面反映基矢$|k\rangle$正交性的量子数为**完备量子数**，是基矢完备性的具体体现.

上面通过举例说明，不同维度下，简并度和完备量子数的数量是不同的. 下面

对此做一般性讨论，回答什么情况下能级必然是简并的，以及如何找到完备量子数.

3.4.1 守恒量

波函数$|\psi\rangle$是时空的函数，讨论定态问题时往往忽略了时间. 为突显时间，通常将波函数表示为$|\psi(t)\rangle$，满足薛定谔方程

$$\mathrm{i}\hbar\frac{\partial}{\partial t}|\psi(t)\rangle=\hat{H}|\psi(t)\rangle . \tag{3.4.1}$$

任给力学量F，算符为$\hat{F}$，若$\hat{F}$是含时的，则有$\partial\hat{F}(t)/\partial t\neq 0$. $\hat{F}(t)$在量子态$|\psi(t)\rangle$下的平均值为

$$\overline{F}(t)=\langle\psi(t)|\hat{F}(t)|\psi(t)\rangle , \tag{3.4.2}$$

其时间导数为

$$\frac{\mathrm{d}\overline{F}(t)}{\mathrm{d}t}=\frac{\partial}{\partial t}(\langle\psi|)\hat{F}|\psi\rangle+\langle\psi|\frac{\partial}{\partial t}\hat{F}|\psi\rangle+\langle\psi|\hat{F}\left(\frac{\partial}{\partial t}|\psi\rangle\right).$$

将式(3.4.1)代入，有

$$\begin{aligned}\frac{\mathrm{d}\overline{F}(t)}{\mathrm{d}t}&=-\frac{1}{\mathrm{i}\hbar}\left(\langle\psi|\hat{H}\hat{F}|\psi\rangle+\langle\psi|\frac{\partial}{\partial t}\hat{F}|\psi\rangle+\langle\psi|\hat{F}\frac{1}{\mathrm{i}\hbar}\hat{H}|\psi\rangle\right)\\&=\frac{1}{\mathrm{i}\hbar}\langle\psi|[\hat{F},\hat{H}]|\psi\rangle+\langle\psi|\frac{\partial}{\partial t}\hat{F}|\psi\rangle,\end{aligned}$$

亦即

$$\frac{\mathrm{d}\overline{F}(t)}{\mathrm{d}t}=\frac{1}{\mathrm{i}\hbar}\overline{[\hat{F},\hat{H}]}+\overline{\frac{\partial}{\partial t}\hat{F}} . \tag{3.4.3}$$

可见，若$\partial\hat{F}/\partial t=0$和$[\hat{F},\hat{H}]=0$，即$\hat{F}$不显含时间且与哈密顿算符对易，则$\mathrm{d}\overline{F}(t)/\mathrm{d}t=0$，此时力学量$F$的平均值$\overline{F}$不随时间变化，称这样的力学量为守恒量.

3.4.2 能级简并与守恒量

能级是否简并，往往需要在求解能量本征方程之后才能确定. 借助下面这个定理，可在求解之前通过分析体系的守恒量来判断能级是否简并.

【定理 3.4.1】 设体系有两个彼此不对易的守恒量$\hat{F}$和$\hat{G}$，即$\partial\hat{F}/\partial t=0$和$[\hat{F},\hat{H}]=0$以及$\partial\hat{G}/\partial t=0$和$[\hat{G},\hat{H}]=0$，但$[\hat{F},\hat{G}]\neq 0$，则体系能级是简并的.

证 因为$[\hat{F},\hat{H}]=0$，所以$\hat{F}$和$\hat{H}$可拥有共同本征态$|\psi\rangle$，分别满足$\hat{F}|\psi\rangle=F|\psi\rangle$和$\hat{H}|\psi\rangle=E|\psi\rangle$. 又因为$[\hat{G},\hat{H}]=0$，所以$\hat{H}\hat{G}|\psi\rangle=\hat{G}\hat{H}|\psi\rangle=$

$\hat{G}E|\psi\rangle = E\hat{G}|\psi\rangle$，故$\hat{G}|\psi\rangle$也是$\hat{H}$对应本征值$E$的本征态. 一个$E$对应$|\psi\rangle$和$\hat{G}|\psi\rangle$两个态,故能级是简并的,除非这两个态仅相差一个常数,代表同一个态. 因为$[\hat{F},\hat{G}]\neq 0$，所以$\hat{F}\hat{G}|\psi\rangle \neq \hat{G}\hat{F}|\psi\rangle = \hat{G}F|\psi\rangle = F\hat{G}|\psi\rangle$，故$\hat{G}|\psi\rangle$不是$\hat{F}$的本征态，但$|\psi\rangle$是$\hat{F}$的本征态，所以$|\psi\rangle$和$\hat{G}|\psi\rangle$不是同一量子态. 能级必然是简并的(证毕).

以中心力场为例，$\partial\hat{l}_\alpha/\partial t = 0$且$[\hat{l}_\alpha,\hat{H}]=0,\ \alpha = x,y,z$，但$\hat{l}_x,\hat{l}_y,\hat{l}_z$相互之间不对易，即系统存在三个相互不对易的守恒量，所以系统的能级必定是简并的. 具体来说，三维各向同性谐振子的能级$E_N = (N+3/2)\hbar\omega$是$g_N = (N+1)(N+2)/2$重简并的，氢原子的能级$E_n = -e^2/(2a_0n^2)$是$g = n^2$重简并的. 定理 3.4.1 只能回答能级是否简并，不能回答简并度是多少.

从物理上讲，守恒量和简并度都与系统的对称性有关. 一般而言，对称性越高，守恒量就越多，简并度也就越高.

3.4.3 力学量完全集

在二维直角坐标系里，需要两个基矢$(\boldsymbol{e}_x,\boldsymbol{e}_y)$，三维时则需要三个基矢$(\boldsymbol{e}_x,\boldsymbol{e}_y,\boldsymbol{e}_z)$，可见所需基矢的数量与空间的维度有关. 与此类似，量子力学中基矢$|k\rangle$拥有完备量子数的数量通常与系统的维度或自由度有关，例如，一维、二维和三维下，分别需要 1、2、3 个完备量子数. 在三维空间运动的电子，如果考虑到自旋，则需要 4 个.

量子力学的核心任务是求解薛定谔方程获得体系的量子态$|\psi\rangle$，在定态下($\partial\hat{H}/\partial t = 0$)转化为求解能量本征方程$\hat{H}|k\rangle = E_k|k\rangle$. 一维情况下,能量本征方程是常微分方程,基于边界条件就能获得完备量子数(1 个),例如一维线性谐振子. 三维情况下，以 2.3 节讨论的中心力场为例，能量本征方程是偏微分方程，通过分离变量转化为三个常微分方程,再基于边界条件获得完备量子数(3 个). 下面介绍一种通过力学量完全集寻找共同本征态来求解能量本征方程并获得完备量子数的方法.

设有一组彼此对易的厄米算符($\hat{A}_1,\hat{A}_2,\cdots$)，拥有共同本征态$|k\rangle$，若$k$是一组完备的量子数，能够确定体系的每个可能状态，则称($\hat{A}_1,\hat{A}_2,\cdots$)构成体系的一组**力学量完全集**. 为求解能量本征方程$\hat{H}|k\rangle = E_k|k\rangle$，则完全集中通常有一个算符是哈密顿算符$\hat{H}$，就是说，须由($\hat{H},\hat{A}_1,\hat{A}_2,\cdots$)来构成完全集，这样才能利用求解共同本征态的方法来协助求解$\hat{H}|k\rangle = E_k|k\rangle$. 完全集中算符的个数与体系的自由度有关，通常是有几个自由度就取几个算符(包含$\hat{H}$在内).

例 3.4.1 在球坐标系下，利用力学量完全集获得中心力场的径向方程.

解 取力学量完全集为($\hat{H},\hat{l}^2,\hat{l}_z$)，球坐标下它们拥有共同本征态$\psi(r,\theta,\varphi)$，满足$\hat{H}\psi=E\psi$，$\hat{l}^2\psi=L\psi$，$\hat{l}_z\psi=l_z\psi$．设$\psi=R(r)f(\theta,\varphi)$，注意$\hat{l}^2$和$\hat{l}_z$只对变量$\theta,\varphi$作用，不对$r$作用. 对$\hat{l}^2\psi=L\psi$来说，左边=$\hat{l}^2R(r)f(\theta,\varphi)=R(r)\hat{l}^2f(\theta,\varphi)$，右边=$LR(r)f(\theta,\varphi)$，故有$\hat{l}^2f(\theta,\varphi)=Lf(\theta,\varphi)$．所以，$f(\theta,\varphi)$是$\hat{l}^2$的本征态，由式(3.1.11)，有$f(\theta,\varphi)=|ml\rangle=\mathrm{Y}_{lm}(\theta,\varphi)$，$L=l(l+1)\hbar^2$．同理可得$l_z=m\hbar$．方程(2.3.6)给出了球坐标下$\hat{H}\psi=E\psi$的具体形式，将$\psi=R(r)f(\theta,\varphi)=R(r)\mathrm{Y}_{lm}(\theta,\varphi)$代入，有

$$\begin{aligned}ER(r)\mathrm{Y}_{lm}(\theta,\varphi)=\hat{H}R(r)\mathrm{Y}_{lm}(\theta,\varphi)&=\left[-\frac{\hbar^2}{2\mu}\frac{1}{r^2}\frac{\partial}{\partial r}\left(r^2\frac{\partial}{\partial r}\right)+\frac{\hat{l}^2}{2\mu r^2}+V(r)\right]R(r)\mathrm{Y}_{lm}(\theta,\varphi)\\&=\mathrm{Y}_{lm}(\theta,\varphi)\left[-\frac{\hbar^2}{2\mu}\frac{1}{r^2}\frac{\partial}{\partial r}\left(r^2\frac{\partial}{\partial r}\right)+\frac{l(l+1)\hbar^2}{2\mu r^2}+V(r)\right]R(r).\end{aligned}$$

两边消去$\mathrm{Y}_{lm}(\theta,\varphi)$，即可得到径向方程(2.3.26).

选取力学量完全集的一般原则是，系统有多少自由度就选取多少个算符，以便能够获取到完备的量子数. 如果是为了求解能量本征方程$\hat{H}\psi=E\psi$，则完全集应包含哈密顿算符$\hat{H}$．至于其他算符的选取，并没有一定的定规，以能方便解决问题为准则. 本例中选取完全集为($\hat{H},\hat{l}^2,\hat{l}_z$)，是因为$\hat{l}^2$和$\hat{l}_z$不对变量$r$作用且拥有共同的本征函数$\mathrm{Y}_{lm}(\theta,\varphi)$，能给问题的解决带来极大的便利.

例 3.4.2 在直角坐标系下，利用力学量完全集的方法求解三维各向同性谐振子的能量本征方程.

解 三维各向同性谐振子是一个典型的中心力场问题，可像 2.3.2 节讨论的那样通过在球坐标下求解径向方程的方法加以解决. 利用力学量完全集的方法，也可在直角坐标系下加以处理.

在直角坐标系下，三维各向同性谐振子的势函数为$V(r)=\mu\omega^2r^2/2=\mu\omega^2(x^2+y^2+z^2)/2$，故哈密顿算符可写为$\hat{H}=-\frac{\hbar^2}{2\mu}\nabla^2+V(r)=\hat{H}_x+\hat{H}_y+\hat{H}_z$，其中$\hat{H}_\beta=-\frac{\hbar^2}{2\mu}\frac{\partial^2}{\partial\beta^2}+\frac{1}{2}\mu\omega^2\beta^2\ (\beta=x,y,z)$是$\beta$方向上一维线性谐振子的哈密顿算符，满足$\hat{H}_\beta\Phi_{n_\beta}(\beta)=E_{n_\beta}\Phi_{n_\beta}(\beta)$．由式(2.1.31)和式(2.1.30)，有$\psi_{n_\beta}(\beta)=N_{n_\beta}\mathrm{e}^{-\alpha^2\beta^2/2}H_{n_\beta}(\alpha\beta)$，$E_{n_\beta}=\left(n_\beta+\frac{1}{2}\right)\hbar\omega,n_\beta=0,1,2,\cdots$.

设三维各向同性谐振子的能量本征方程为

$$\hat{H}\Phi_{n_xn_yn_z}(x,y,z)=E\Phi_{n_xn_yn_z}(x,y,z).$$

取（$\hat{H}_x,\hat{H}_y,\hat{H}_z$）为力学量完全集，其共同本征态为 $\Phi_{n_x}(x)\Phi_{n_y}(y)\Phi_{n_z}(z)$．取 $\Phi_{n_xn_yn_z}(x,y,z)$ 的试探解为 $\Phi_{n_xn_yn_z}(x,y,z)=\Phi_{n_x}(x)\Phi_{n_y}(y)\Phi_{n_z}(z)$，则有

$$\begin{aligned}\hat{H}\Phi_{n_xn_yn_z}(x,y,z)&=(\hat{H}_x+\hat{H}_y+\hat{H}_z)\Phi_{n_x}(x)\Phi_{n_y}(y)\Phi_{n_z}(z),\\&=\Phi_{n_y}(y)\Phi_{n_z}(z)\hat{H}_x\Phi_{n_x}(x)+\Phi_{n_x}(x)\Phi_{n_z}(z)\hat{H}_y\Phi_{n_y}(y)\\&\quad+\Phi_{n_x}(x)\Phi_{n_y}(y)\hat{H}_z\Phi_{n_z}(z)\\&=\Phi_{n_y}(y)\Phi_{n_z}(z)E_{n_x}\Phi_{n_x}(x)+\Phi_{n_x}(x)\Phi_{n_z}(z)E_{n_y}\Phi_{n_y}(y)\\&\quad+\Phi_{n_x}(x)\Phi_{n_y}(y)E_{n_z}\Phi_{n_z}(z)\\&=(E_{n_x}+E_{n_y}+E_{n_z})\Phi_{n_y}(y)\Phi_{n_z}(z)\Phi_{n_x}(x)=E\ \Phi_{n_xn_yn_z}(x,y,z),\end{aligned}$$

从而得到

$$\begin{cases}\Phi_{n_xn_yn_z}(x,y,z)=\Phi_{n_x}(x)\Phi_{n_y}(y)\Phi_{n_z}(z)\\ E=E_{n_x}+E_{n_y}+E_{n_z}=(N+3/2)\hbar\omega\end{cases},\quad N=n_x+n_y+n_z=0,1,2,\cdots. \tag{3.4.4}$$

通过寻找力学量完全集来解决量子力学的问题，从数学上讲与用分离变量法求解偏微分方程并无本质差别. 一维情况下，力学量算符的本征方程通常是常微分方程，无需分离变量，一般也就无需寻找力学量完全集. 此时通过问题的边界条件给出一个量子数，就已经是完备量子数. 多维情况下，本征方程通常是偏微分方程，若借助于力学量完全集，则算符个数要与维度相同，确保获得完备量子数. 这里的维度，不仅指空间，也包括其他自由度，如自旋.

例 3.4.3 将质量为 μ、电荷为 q、固有频率为 ω_0 的三维各向同性谐振子置于均匀外磁场 $\boldsymbol{B}=B\boldsymbol{e}_z$ 中，求能级.

解 由式(2.4.7)，对置于 $\boldsymbol{B}=B\boldsymbol{e}_z$ 中的质量为 μ、电荷为 q 的粒子，若取矢势 $\boldsymbol{A}$ 为 $A_x=-yB/2, A_y=xB/2, A_z=0$ (满足 $\boldsymbol{B}=\nabla\times\boldsymbol{A}$ 以及 $\nabla\cdot\boldsymbol{A}=0$)，哈密顿算符为

$$\hat{H}=\frac{\hat{\boldsymbol{p}}\cdot\hat{\boldsymbol{p}}}{2\mu}+V+\omega_l\hat{l}_z+\frac{\mu}{2}\omega_l^2(x^2+y^2),$$

式中，$\omega_l=qB/(2\mu)$．将 $V=\mu\omega_0^2r^2/2$ 代入,在三维直角坐标下,有 $\hat{H}=\hat{H}_1+\hat{H}_2+\hat{H}_3$．其中，$\hat{H}_1=\frac{1}{2\mu}[\hat{p}_x^2+\hat{p}_y^2]+\frac{1}{2}\mu(\omega_0^2+\omega_l^2)(x^2+y^2)$ 是固有频率为 $\omega=\sqrt{\omega_0^2+\omega_l^2}$ 的二维各向同性谐振子，利用例 3.4.2 的方法，容易得到本征值为 $E_1=(n_1+1)\omega\hbar$, $n_1=0,1,2,\cdots$；$\hat{H}_2=\frac{1}{2\mu}\hat{p}_z^2+\frac{1}{2}\mu\omega_0^2z^2$，是固有频率为 ω_0 的一维谐振子，本征值为 $E_2=(n_2+1/2)\omega_0\hbar$，$n_2=0,1,2,\cdots$；$\hat{H}_3=\omega_l\hat{l}_z$，本征值为 $E_3=m\omega_l\hbar$，$m=0,\pm1,\pm2,\cdots$.

由于 $\hat{H}_1$、$\hat{H}_2$ 和 $\hat{H}_3$ 相互对易，用 $(\hat{H}_1, \hat{H}_2, \hat{H}_3)$ 构成力学量完全集，设 ψ 为其共同本征函数，则有 $\hat{H}_j\psi = E_j\psi, j = 1,2,3$ ，故得

$$\hat{H}\psi=(\hat{H}_1 + \hat{H}_2 + \hat{H}_3)\psi = (E_1 + E_2 + E_3)\psi = E\psi .$$

所以，ψ 也是 $\hat{H}$ 的本征态，本征值为

$$E = E_1 + E_2 + E_3 = (n_1 + 1)\omega\hbar + \left(n_2 + \frac{1}{2}\right)\hbar\omega_0 + m\hbar\omega_l,$$

$$n_1, n_2 = 0,1,2,\cdots,\ m = 0,\pm1,\pm2,\cdots.$$

3.5 连 续 谱

在第 1 章和第 2 章中讨论了束缚态下，力学量算符的本征值取离散值，称其为离散谱. 典型的例子有，哈密顿算符 $\hat{H}$ 的能量本征值，如一维无限深方势阱、三维各向同性谐振子、氢原子的电子能级等；算符 $\hat{l}_z$ 的本征值 $m\hbar$ ，见式(2.3.14)；算符 $\hat{l}^2$ 的本征值 $l(l+1)\hbar^2$ ，见式(2.3.25). 离散谱的特点是，本征态的内积一般为有限值，可以严格归一化. 这样，本征态的正交归一可以表示为 $\langle k' | k\rangle = \delta_{k'k}$ ，其中 k 为一组完备量子数.

但是，在非束缚态下，力学量算符的本征值可取连续值，称其为连续谱. 典型的例子是自由粒子的能量本征值，见式(1.3.29). 连续谱的特点是，本征态因内积发散而无法归一化，而正交性是严格满足的. 借助一种特殊函数—— $\delta(x)$ 函数，可将这种正交归一性表达出来.

3.5.1 $\delta(x)$ 函数

连续谱本征态的正交归一关系，其数学表述涉及 $\delta(x)$ 函数. 下面介绍其定义和基本特性.

广义实函数 $\delta(x)$ 的定义为

$$\delta(x) = \begin{cases} 0, & x \neq 0 \\ \infty, & x = 0 \end{cases}, \tag{3.5.1}$$

且 $\forall\ \varepsilon > 0$ ，有

$$\int_{-\varepsilon}^{\varepsilon} \delta(x)\mathrm{d}x = \int_{-\infty}^{\infty} \delta(x)\mathrm{d}x = 1 . \tag{3.5.2}$$

从物理上讲，$\delta(x)$ 函数代表在自变量 $x = x_0$ 时，因变量发生了一个突发事件. $\delta(x)$ 函数也称为狄拉克函数或脉冲函数.

$\delta(x)$ 函数具有以下性质：

(1) $\delta(x)$ 函数被视作偶函数，满足

$$\delta(x)=\delta(-x). \tag{3.5.3}$$

(2) $\forall$ 复数 a，有

$$\delta(ax)=\frac{1}{|a|}\delta(x). \tag{3.5.4}$$

(3) 若 $x\to 0$，x 是比 $1/\delta(x)$ 更高阶的无穷小，满足

$$x\delta(x)=0. \tag{3.5.5}$$

(4) $\forall$ 连续函数 $f(x)$，$\forall$ 数 x_0，有

$$\int_{-\infty}^{\infty} f(x)\delta(x-x_0)\mathrm{d}x=f(x_0). \tag{3.5.6}$$

特别地，令 $a=x_0$ 并 $\forall$ 数 b，当 $f(x)=\delta(x-b)$ 时，有

$$\int_{-\infty}^{\infty}\delta(x-a)\delta(x-b)\mathrm{d}x=\delta(a-b). \tag{3.5.7}$$

(5) $\delta(x)$ 函数的积分表达.

将傅里叶积分公式

$$f(x_0)=\frac{1}{2\pi}\int_{-\infty}^{\infty} f(x)\mathrm{d}x\int_{-\infty}^{\infty}\mathrm{e}^{\mathrm{i}k(x-x_0)}\mathrm{d}k \tag{3.5.8}$$

与式(3.5.6)对比，得到 $\delta(x)$ 函数的积分表达式为

$$\delta(x-x_0)=\frac{1}{2\pi}\int_{-\infty}^{\infty}\mathrm{e}^{\mathrm{i}k(x-x_0)}\mathrm{d}k. \tag{3.5.9}$$

由式(1.1.6)，一维情况下，$p=\hbar k$，上式变为

$$\delta(x-x_0)=\frac{1}{2\pi\hbar}\int_{-\infty}^{\infty}\mathrm{e}^{\mathrm{i}(x-x_0)p/\hbar}\mathrm{d}p. \tag{3.5.10a}$$

三维情况下，有

$$\delta(\boldsymbol{r}-\boldsymbol{r}_0)=\frac{1}{(2\pi\hbar)^{3/2}}\int_{-\infty}^{\infty}\mathrm{e}^{\mathrm{i}(\boldsymbol{r}-\boldsymbol{r}_0)\cdot\boldsymbol{p}/\hbar}\mathrm{d}\boldsymbol{p}. \tag{3.5.10b}$$

3.5.2 连续谱

自由粒子具有连续谱. 下面讨论另外两种典型的连续谱.

1. 动量本征态

一维情况下，动量算符 $\hat{p}_x$ 的本征方程为 $\hat{p}_x\psi_{p_x}(x)=p_x\psi_{p_x}(x)$，其中 $\psi_{p_x}(x)$ 为

本征态，p_x 为本征值. 将 $\hat{p}_x = -\mathrm{i}\hbar \mathrm{d}/\mathrm{d}x$ 代入，解得本征态为

$$\psi_{p_x}(x) = \frac{1}{\sqrt{2\pi\hbar}} \mathrm{e}^{\frac{\mathrm{i}}{\hbar} x p_x} . \tag{3.5.11}$$

对比式(1.1.11)或式(1.2.2)可知，加上时间因子，$\psi_{p_x}(x)$ 代表一维情况下的平面波. 在 $x \in (-\infty, \infty)$ 的范围内，本征值 p_x 可取任意值，故为连续谱. 在离散谱中，可用量子数 k 通过狄拉克符号 $|k\rangle$ 表示波函数. 与此类似，连续谱情况下可用本征值 p_x 通过狄拉克符号 $|p_x\rangle$ 表示 $\psi_{p_x}(x)$，即 $|p_x\rangle = \psi_{p_x}$. 式(3.5.11)是 $|p_x\rangle$ 在坐标表象中的具体表达式.

选取两个本征值 p_x' 和 p_x''，做内积 $\langle p_x'' | p_x' \rangle$，参照式(3.5.10a)，有

$$\langle p_x'' | p_x' \rangle = \delta(p_x' - p_x'') = \begin{cases} 0, & p_x' \neq p_x'' \\ \infty, & p_x' = p_x'' \end{cases} . \tag{3.5.12}$$

此式表明，当 $p_x' \neq p_x''$ 时，$|p_x'\rangle$ 和 $|p_x''\rangle$ 的正交性可以得到严格的满足；当 $p_x' = p_x'' = p_x$ 时，$\langle p_x'' | p_x' \rangle = \langle p_x | p_x \rangle \to \infty$，即内积发散，$|p_x\rangle$ 的归一性得不到满足.

由式(3.1.5)可知，离散谱下正交归一通过符号 $\delta_{kk'}$ 表达为 $\langle k | k' \rangle = \delta_{kk'}$. 连续谱下则由式(3.1.12)，通过 δ 函数来表达，但此时的归一性并不满足. 由于 $\langle p_x | p_x \rangle \to \infty$，故式(3.5.11)中的常数 $1/\sqrt{2\pi\hbar}$ 并非如离散谱那样是通过归一化来确定的，而是为推导 $\langle p_x'' | p_x' \rangle$ 时方便利用式(3.5.10a)而人为设定的.

2. 坐标本征态

对式(3.5.5)做变量变换 $x \to x - x_0$，可得 $(x - x_0)\delta(x - x_0) = 0$. 考虑到坐标表象中坐标 x 的算符 $\hat{x}$ 就是 x 自身，故有

$$\hat{x}\delta(x - x_0) = x_0 \delta(x - x_0), \quad x \in (-\infty, \infty) . \tag{3.5.13}$$

这说明，$\delta(x - x_0)$ 是算符 $\hat{x}$ 以 x_0 为本征值的本征态. 在 $x \in (-\infty, \infty)$ 的范围内，本征值 x_0 可取任意值，故为连续谱.

同样可用符号 $|x_0\rangle$ 表示 $\delta(x - x_0)$，即 $|x_0\rangle = \delta(x - x_0)$. 选取两个本征值 x_0' 和 x_0''，做内积 $\langle x_0'' | x_0' \rangle$，利用式(3.5.7)，并考虑到 δ 函数为实函数，可得

$$\langle x_0'' | x_0' \rangle = \delta(x_0' - x_0'') = \begin{cases} 0, & x_0' \neq x_0'' \\ \infty, & x_0' = x_0'' \end{cases} . \tag{3.5.14}$$

与动量本征态一样，正交性可以得到严格满足，而归一性得不到满足.

连续谱波函数归一性得不到满足是普遍存在于连续谱中的问题，无法通过引入 δ 函数来加以解决.

例 3.5.1 质量为 μ_{e}，电荷为 $q = -e$ 的电子在均匀电磁场中运动，电场 $\boldsymbol{\Sigma} = \Sigma \boldsymbol{e}_y$

磁场 $\boldsymbol{B}=B\boldsymbol{e}_z$，求电子在 (x,y) 平面的运动规律.

解 由式(2.4.4)，质量为 μ_e，电荷为 $q=-e$ 的电子在电磁场中的哈密顿算符为 $\hat{H}=|\boldsymbol{p}+e\boldsymbol{A}|^2/(2\mu_e)-e\phi+V$. 因为 $\boldsymbol{B}=B\boldsymbol{e}_z$，可取 $\boldsymbol{A}$ 为 $A_x=-yB, A_y=A_z=0$(满足 $\boldsymbol{B}=\nabla\times\boldsymbol{A}$ 以及 $\nabla\cdot\boldsymbol{A}=0$). $\boldsymbol{\Sigma}=\Sigma\boldsymbol{e}_y$，故 $\phi=-\boldsymbol{r}\cdot\boldsymbol{\Sigma}=-y\Sigma$，同时，$V=0$，故有

$$\hat{H}=\frac{1}{2\mu_e}[(\hat{p}_x-eBy)^2+\hat{p}_y^2]+e\Sigma y=\frac{1}{2\mu_e}\left(\hat{p}_x^2-2eBy\hat{p}_x+e^2B^2y^2-\hbar^2\frac{\partial^2}{\partial y^2}\right)+e\Sigma y.$$

因为 $[\hat{p}_x,\hat{H}]=0$，故可取 $(\hat{p}_x,\hat{H})$ 为力学量完全集，共同本征函数为 $\psi(x,y)$. 已知 $\hat{p}_x e^{ip_x x/\hbar}=p_x e^{ip_x x/\hbar}$，可将 $\psi(x,y)$ 分离变量为 $\psi(x,y)=e^{ip_x x/\hbar}\varphi(y), -\infty<p_x<\infty$.代入电子的能量本征方程 $\hat{H}\psi=E\psi$ 中，整理后，得到

$$\left[-\frac{\hbar^2}{2\mu_e}\frac{d^2}{dz^2}+\frac{1}{2}\mu_e\omega_c^2z^2\right]\varphi(z)=E_0\varphi(z),$$

是固有频率为 ω_c 的一维谐振子，其中，$z=y-y_0$，$\omega_c=\dfrac{eB}{\mu_e}$，$y_0=\dfrac{\mu_e}{eB^2}\left(\dfrac{Bp_x}{\mu_e}-\Sigma\right)$，

$E_0=E-\dfrac{p_x^2}{2\mu_e}+\dfrac{e^2B^2}{2\mu_e}y_0^2$，因此得到电子的本征值为

$$E_n=\left(n+\frac{1}{2}\right)\hbar\omega_c+\frac{p_x^2}{2\mu_e}-\frac{\mu_e}{2B^2}\left(\frac{Bp_x}{\mu_e}-\Sigma\right)^2,\quad n=0,1,2,\cdots,$$

本征态为

$$\psi_{np_x}(x,y)=e^{ip_x x/\hbar}\varphi_n(y)=A_n e^{ip_x x/\hbar}e^{-\alpha(y-y_0)^2}H_n[\alpha(y-y_0)],\quad \alpha=\sqrt{\mu_e\omega_c/h}.$$

这是一种连续、离散混合谱的能量本征态. 正交归一关系为

$$\langle np_x|n'p_x'\rangle=\delta_{nn'}\delta(p_x-p_x').$$

习 题 3

3.1 任给量子态 $|\psi\rangle$ 和 $|\varphi\rangle$，试证明下面的 Schwarz 不等式

$$|\langle\psi|\varphi\rangle|^2<\langle\psi|\psi\rangle\langle\varphi|\varphi\rangle.$$

在此基础上证明不确定度关系 $\Delta A\Delta B\geqslant\dfrac{1}{2}|\overline{[\hat{A},\hat{B}]}|$.

提示：从 $\langle\psi-\lambda\varphi|\psi-\lambda\varphi\rangle>0$ 出发，并令 $\lambda=\langle\varphi|\psi\rangle/\langle\varphi|\varphi\rangle$.

3.2　证明任一算符均可分解为 $\hat{F}=\hat{F}_{+}+\mathrm{i}\hat{F}_{-}$，其中 $\hat{F}_{+}=\frac{1}{2}\left(\hat{F}+\hat{F}^{+}\right)$，$\hat{F}_{-}=\frac{1}{2\mathrm{i}}\left(\hat{F}-\hat{F}^{+}\right)$ 均为厄米算符.

3.3　质量为 μ 的粒子，哈密顿算符为 $\hat{H}=\frac{\hat{\boldsymbol{p}}\cdot\hat{\boldsymbol{p}}}{2\mu}+V(\boldsymbol{r})$，证明 $\hat{\boldsymbol{p}}=-\mathrm{i}\frac{\mu}{\hbar}[\boldsymbol{r},\hat{H}]$. 在此基础上证明：(1) $\mu\frac{\mathrm{d}\overline{\boldsymbol{r}}}{\mathrm{d}t}=\overline{\boldsymbol{p}}$；(2)若粒子带电为 q，在电场 $\boldsymbol{\Sigma}$ 中运动，证明 $\mu\frac{\mathrm{d}^2\overline{\boldsymbol{r}}}{\mathrm{d}t^2}=q\overline{\boldsymbol{\Sigma}}$；(3)动量 $\boldsymbol{p}$ 在能量本征态 $|k\rangle$ 下的平均值 $\overline{\boldsymbol{p}}=\langle k|\hat{\boldsymbol{p}}|k\rangle=0$.

3.4　质量为 μ 的粒子，若 x^2 不显含时间，证明 $\mu\frac{\mathrm{d}\overline{x^2}}{\mathrm{d}t^2}=\overline{(x\hat{p}_x+\hat{p}_x x)}$.

3.5　设力学量 A 不显含 t，则 $\partial\hat{A}/\partial t=0$. 证明 A 在能量本征态 ψ_n 下的平均值 $\overline{A}=(\psi_n,\hat{A}\psi_n)$ 满足 $\mathrm{d}\overline{A}/\mathrm{d}t=0$.

3.6　质量为 μ、带电为 q 的粒子在 (x,y) 平面运动，在 y 方向施加电场 Σ，在 z 方向施加磁场 B，求粒子的能量本征态和本征值.

第 4 章　表象变换与矩阵力学

4.1　表象及其变换

4.1.1　表象

在量子力学中，把态和力学量的具体表示方式称为表象，波函数和算符可以在任意力学量(例如坐标、动量等)表象中表示出来. 实际上，量子力学中选择不同的表象类似于几何学中选择不同的坐标系. 以平面上的矢量 $\boldsymbol{A}$ 为例，如图 4.1.1 所示，建立一个平面直角坐标系，x 和 y 方向的单位矢量分别为 $\boldsymbol{e}_x$ 和 $\boldsymbol{e}_y$，也称为基矢，满足正交归一关系 $\boldsymbol{e}_x\cdot\boldsymbol{e}_y=0$，$\boldsymbol{e}_x\cdot\boldsymbol{e}_x=1$，$\boldsymbol{e}_y\cdot\boldsymbol{e}_y=1$.矢量 $\boldsymbol{A}$ 在这个 xOy 坐标系中可以展开为 $\boldsymbol{A}=a_x\boldsymbol{e}_x+a_y\boldsymbol{e}_y$.这样，矢量 $\boldsymbol{A}$ 在 xOy 坐标系中可用一个列向量 $\boldsymbol{a}=\begin{pmatrix}a_x\\a_y\end{pmatrix}$ 来表达. 列向量 $\boldsymbol{a}$ 就是矢量 $\boldsymbol{A}$ 通过 xOy 坐标系呈现出的形态. a_x 和 a_y 分别是矢量 $\boldsymbol{A}$ 在 x 和 y 轴上的投影值. $\boldsymbol{e}_x$ 和 $\boldsymbol{e}_y$ 的正交归一性保证了 a_x 和 a_y 可以分别通过内积 $(\boldsymbol{e}_x,\boldsymbol{A})$ 和 $(\boldsymbol{e}_y,\boldsymbol{A})$ 求出，如 $a_x=(\boldsymbol{e}_x,\boldsymbol{A})=\boldsymbol{e}_x\cdot\boldsymbol{A}=a_x\boldsymbol{e}_x\cdot\boldsymbol{e}_x+a_y\boldsymbol{e}_x\cdot\boldsymbol{e}_y=a_x$. 基矢 $\boldsymbol{e}_x$ 和 $\boldsymbol{e}_y$ 除具备正交归一性之外，还具备完备性，即 xOy 平面中的任何一个矢量，都可以用 $\boldsymbol{e}_x$ 和 $\boldsymbol{e}_y$ 来展开.

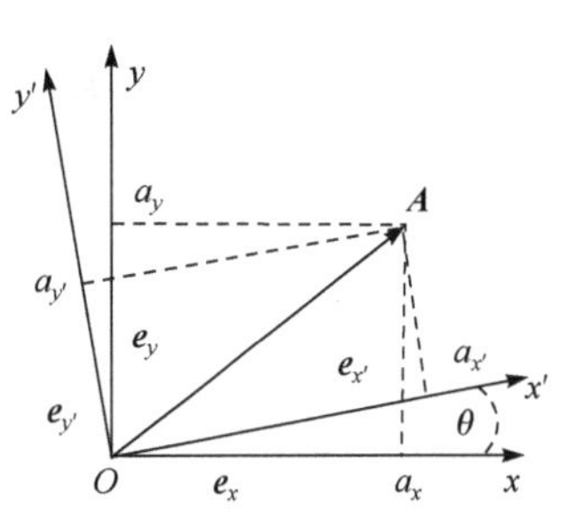

图 4.1.1　二维直角坐标系及其旋转变换

对矢量 $\boldsymbol{A}$ 来说，可以建立另一坐标系 $x'Oy'$ 来对其进行表象变换，基矢为 $\boldsymbol{e}_{x'}$ 和 $\boldsymbol{e}_{y'}$，如图 4.1.1 所示. 矢量 $\boldsymbol{A}$ 在 $x'Oy'$ 中可用另一个列向量 $\boldsymbol{a}'=\begin{pmatrix}a_{x'}\\a_{y'}\end{pmatrix}$ 来表达.

xOy 和 $x'Oy'$ 两个坐标系，代表两个表象. 同一矢量 $\boldsymbol{A}$，在不同表象中表达出的形态不同，在 xOy 中是列向量 $\boldsymbol{a}$，而在 $x'Oy'$ 中是列向量 $\boldsymbol{a}'$. 由于 $\boldsymbol{a}$ 和 $\boldsymbol{a}'$ 表达的是同一矢量 $\boldsymbol{A}$，这二者之间必然具有联系. 如图 4.1.1 所示，设 $x'Oy'$ 相对 xOy 来说旋转了一个角度 θ，不难得到 $\boldsymbol{a}'=\boldsymbol{R}(\theta)\boldsymbol{a}$，其中 $\boldsymbol{R}(\theta)=\begin{pmatrix}\cos\theta & -\sin\theta\\ \sin\theta & \cos\theta\end{pmatrix}$ 为从 xOy 到

$x'Oy'$ 的变换矩阵. 由于 $\boldsymbol{R}^{\dagger}\boldsymbol{R}=\boldsymbol{R}\boldsymbol{R}^{\dagger}=\boldsymbol{I}$，这样的矩阵称为幺正矩阵. 所以，对应的变换也称为幺正变换.

由于平面只有两个自由度，所需基矢的个数也是两个. 三维空间有三个自由度，相应地需要三个基矢. 更加抽象地，无穷多个具有正交性和完备性的基矢可以支撑一个无限维的空间，数学上称其为希尔伯特空间.

3.3 节的讨论表明，厄米算符 $\hat{F}$ 满足本征方程

$$\hat{F}\,|\,n\rangle=\lambda_n\,|\,n\rangle,\quad n=1,2,3,\cdots \tag{4.1.1}$$

其中，n 代表一组完备的量子数，本征态 $|\,n\rangle$ 是正交的，即

$$\langle n\,|\,k\rangle=\delta_{nk} \tag{4.1.2}$$

和完备的，即

$$\sum_{n=1}^{\infty}|\,n\rangle\langle n\,|=\hat{I}\,. \tag{4.1.3}$$

用 $|\,n\rangle$ 做基矢可以构成一个希尔伯特空间，任一量子态 $|\,\psi\rangle$ 可用基矢 $|\,n\rangle$ 来展开

$$|\,\psi\rangle=\sum_{n=1}^{\infty}a_n\,|\,n\rangle\,. \tag{4.1.4}$$

这样就构成了一个表象，通常称之为F表象，量子态 $|\,\psi\rangle$ 在其中可用列向量 $\boldsymbol{a}$ 表示为

$$\boldsymbol{a}=\begin{pmatrix}a_1\\a_2\\\vdots\\a_n\\\vdots\end{pmatrix}. \tag{4.1.5}$$

展开系数 $a_n=\langle n\,|\,\psi\rangle$ 代表 $|\,\psi\rangle$ 在 $|\,n\rangle$ 方向上的投影值.

同样的，另一厄米算符 $\hat{F}'$ 满足本征方程

$$\hat{F}'\,|\,\alpha\rangle=\lambda'_\alpha\,|\,\alpha\rangle,\quad \alpha=1,2,3,\cdots \tag{4.1.6}$$

其中，α 代表一组完备的量子数，本征态 $|\,\alpha\rangle$ 是正交的，即

$$\langle\alpha\,|\,\beta\rangle=\delta_{\alpha\beta} \tag{4.1.7}$$

和完备的，即

$$\sum_{\alpha=1}^{\infty}|\,\alpha\rangle\langle\alpha\,|=\hat{I}\,. \tag{4.1.8}$$

用 $|\,\alpha\rangle$ 做基矢也可以构成一个希尔伯特空间，量子态 $|\,\psi\rangle$ 也可用基矢 $|\,\alpha\rangle$ 来展开

$$|\psi\rangle = \sum_{\alpha=1}^{\infty} a'_{\alpha} |\alpha\rangle . \tag{4.1.9}$$

这样就构成了另一个表象，通常称之为 F′ 表象，量子态$|\psi\rangle$在其中可用列向量$\boldsymbol{a}'$表示为

$$\boldsymbol{a}' = \begin{pmatrix} a'_1 \\ a'_2 \\ \vdots \\ a'_{\alpha} \\ \vdots \end{pmatrix} . \tag{4.1.10}$$

展开系数a'_{α}代表$|\psi\rangle$在$|\alpha\rangle$方向上的投影值.

4.1.2　表象变换

同一量子态$|\psi\rangle$，既可在 F 表象中用$|n\rangle$来展开，表示为列向量$\boldsymbol{a}$，也可在 F′ 表象中用$|\alpha\rangle$来展开，表示为列向量$\boldsymbol{a}'$. 既然$\boldsymbol{a}$和$\boldsymbol{a}'$表示的是同一量子态$|\psi\rangle$，那么二者之间必定能够通过某种方式进行变换.

由式(4.1.4)和式(4.1.9)，有$\left|\sum_{\alpha=1}^{\infty} a'_{\alpha} |\alpha\rangle = \sum_{n=1}^{\infty} a_n |n\rangle\right.$，两边左乘 F′ 表象中的基矢$\langle\alpha|$，有

$$左边=\langle\alpha|\sum_{\alpha=1}^{\infty} a'_{\alpha}|\alpha\rangle = \langle\alpha|\sum_{\beta=1}^{\infty} a'_{\beta}|\beta\rangle = \sum_{\beta=1}^{\infty} a'_{\beta}\langle\alpha|\beta\rangle = \sum_{\beta=1}^{\infty} a'_{\beta}\delta_{\alpha\beta} = a'_{\alpha} ,$$

$$右边=\langle\alpha|\sum_{n=1}^{\infty} a_n|n\rangle = \sum_{n=1}^{\infty}\langle\alpha|n\rangle a_n = \sum_{n=1}^{\infty} s_{\alpha n}a_n ,$$

故有

$$a'_{\alpha} = \sum_{n=1}^{\infty} s_{\alpha n}a_n , \tag{4.1.11}$$

$$s_{\alpha n} = \langle\alpha|n\rangle . \tag{4.1.12}$$

将式(4.1.11)写成矩阵的形式，有

$$\begin{pmatrix} a'_1 \\ a'_2 \\ \vdots \\ a'_{\alpha} \\ \vdots \end{pmatrix} = \begin{pmatrix} s_{11} & s_{12} & \cdots & s_{1n} & \cdots \\ s_{21} & s_{22} & \cdots & s_{2n} & \cdots \\ \vdots & \vdots & & \vdots & \\ s_{\alpha 1} & s_{\alpha 2} & \cdots & s_{\alpha n} & \cdots \\ \vdots & \vdots & & \vdots & \end{pmatrix} \begin{pmatrix} a_1 \\ a_2 \\ \vdots \\ a_n \\ \vdots \end{pmatrix} . \tag{4.1.13}$$

或者

$$\boldsymbol{a}' = \boldsymbol{s}\boldsymbol{a} . \tag{4.1.14}$$

以上两式表明，同一量子态$|\psi\rangle$在F′表象中的表示$\boldsymbol{a}'$与它在F表象中的表示$\boldsymbol{a}$之间的关系可通过一个矩阵$\boldsymbol{s}$相联系，矩阵$\boldsymbol{s}$就是F表象到F′表象的变换矩阵.式(4.1.12)表明，变换矩阵的矩阵元$s_{\alpha n}$可通过两个表象的基矢$|\alpha\rangle$和$|n\rangle$之间作内积$\langle\alpha|n\rangle$得到. 可以证明

$$\boldsymbol{s}\boldsymbol{s}^{\dagger} = \boldsymbol{s}^{\dagger}\boldsymbol{s} = \boldsymbol{I} . \tag{4.1.15}$$

即变换矩阵$\boldsymbol{s}$是幺正矩阵，对应的变换是幺正变换.

4.2 离散表象下内积与算符的矩阵表示

厄米算符$\hat{F}$满足本征方程$\hat{F}|n\rangle = \lambda_n|n\rangle$, $n=1,2,3,\cdots$, n代表一组完备的量子数. 用本征态$|n\rangle$做基矢所构成的F表象，由于本征值λ_n是离散值，故这样的表象称为离散表象.

4.2.1 态矢的矩阵表示

离散表象下，如式(4.1.5)，量子态$|\psi\rangle$可用列向量来表示，其中的分量由展开系数$a_n = \langle n|\psi\rangle$来确定.

例 4.2.1 一维线性谐振子的能量本征方程为$\hat{H}|n\rangle = E_n|n\rangle$. 以本征态$|n\rangle$构成的表象称为一维线性谐振子能量表象.

(1) 求$n = n' = 4$时，一维线性谐振子的本征态$|4\rangle$的矩阵形式.

(2) 量子态$|\psi\rangle = c_1|1\rangle + c_3|3\rangle + c_6|6\rangle$，求$|\psi\rangle$的矩阵形式.

解 已知$|n\rangle$是正交归一的，即$\langle n|n'\rangle = \delta_{nn'}$.

(1) 一维线性谐振子能量表象下，$|n'\rangle$的分量为$a_n = \langle n|n'\rangle$，则$a_n = \delta_{nn'}$.对$|n'=4\rangle$，有

$$|4\rangle = \begin{pmatrix} 0 \\ 0 \\ 0 \\ 1 \\ 0 \\ \vdots \end{pmatrix} .$$

(2) 一维线性谐振子能量表象下，$|\psi\rangle$的分量为$a_n = \langle n|\psi\rangle$，则

$$a_n = \langle n|\psi\rangle = \langle n|c_1|1\rangle + \langle n|c_3|3\rangle + \langle n|c_6|6\rangle ,$$

故有 $a_1 = c_1, a_3 = c_3, a_6 = c_6, a_n = 0 (n \neq 1,3,6)$ ，即

$$|\psi\rangle = \begin{pmatrix} c_1 \\ 0 \\ c_3 \\ 0 \\ 0 \\ c_6 \\ 0 \\ \vdots \end{pmatrix}.$$

4.2.2　内积的矩阵表示

量子态 $|\psi\rangle$ 和 $|\varphi\rangle$ 的内积为 $\langle\varphi|\psi\rangle$. 坐标表象下，$\langle\varphi|\psi\rangle = \int_{-\infty}^{\infty} \varphi^*(\boldsymbol{r})\psi(\boldsymbol{r})\mathrm{d}\tau$. 在以 $|n\rangle$ 为基矢的 F 表象下，有 $|\psi\rangle = \sum_n a_n|n\rangle$ 和 $|\varphi\rangle = \sum_n b_n|n\rangle$ ，则 $\langle\varphi|\psi\rangle = \sum_n \langle\varphi|n\rangle \langle n|\psi\rangle = \sum_n b_n^* a_n$ ，其中 a_n 和 b_n 分别是 $|\psi\rangle$ 和 $|\varphi\rangle$ 在 F 表象中的表示. 可用矩阵形式表示为

$$|\psi\rangle = \boldsymbol{a} = \begin{pmatrix} a_1 \\ a_2 \\ \vdots \\ a_n \\ \vdots \end{pmatrix}, \quad |\varphi\rangle = \boldsymbol{b} = \begin{pmatrix} b_1 \\ b_2 \\ \vdots \\ b_n \\ \vdots \end{pmatrix}, \quad \langle\varphi|\psi\rangle = \boldsymbol{b}^\dagger \boldsymbol{a} = \begin{pmatrix} b_1^* & b_2^* & \cdots & b_n^* & \cdots \end{pmatrix} \begin{pmatrix} a_1 \\ a_2 \\ \vdots \\ a_n \\ \vdots \end{pmatrix} = \sum_n b_n^* a_n . \tag{4.2.1}$$

若 $|\psi\rangle$ 是归一化的，则有 $\langle\psi|\psi\rangle = 1$. 坐标表象下，有 $\langle\psi|\psi\rangle = \int_{-\infty}^{\infty} |\psi(\boldsymbol{r})|^2 \mathrm{d}\tau = 1$. 在 F 表象下，$|\psi\rangle$ 的归一化用矩阵形式表示为

$$\langle\psi|\psi\rangle = \boldsymbol{a}^\dagger \boldsymbol{a} = \begin{pmatrix} a_1^* & a_2^* & \cdots & a_n^* & \cdots \end{pmatrix} \begin{pmatrix} a_1 \\ a_2 \\ \vdots \\ a_n \\ \vdots \end{pmatrix} = \sum_n |a_n|^2 = 1 . \tag{4.2.2}$$

4.2.3 算符的矩阵表示

厄米算符 $\hat{A}$ 作用到量子态 $|\psi\rangle$ 上，得到另一量子态 $|\varphi\rangle$，即 $|\varphi\rangle=\hat{A}|\psi\rangle$. 在以 $|n\rangle$ 为基矢的 F 表象下，有 $\langle n|\varphi\rangle=\langle n|\hat{A}|\psi\rangle=\sum_k\langle n|\hat{A}|k\rangle\langle k|\psi\rangle$，设 $b_n=\langle n|\varphi\rangle$，$a_k=\langle k|\psi\rangle$，则有 $b_n=\sum_k A_{nk}a_k$，其中，

$$A_{nk}=\langle n|\hat{A}|k\rangle \tag{4.2.3}$$

为算符 $\hat{A}$ 在 F 表象下的矩阵元. 换句话说，算符 $\hat{A}$ 在 F 表象中表示为一个矩阵，即

$$(A_{nk})=\begin{pmatrix} A_{11} & A_{12} & \cdots & A_{1k} & \cdots \\ A_{21} & A_{22} & \cdots & A_{2k} & \cdots \\ \vdots & \vdots & & \vdots & \\ A_{n1} & A_{n2} & \cdots & A_{nk} & \cdots \\ \vdots & \vdots & & \vdots & \end{pmatrix}. \tag{4.2.4}$$

例 4.2.2 在一维线性谐振子能量表象下给出算符 $\hat{x}$、$\hat{p}_x$ 以及线性谐振子哈密顿算符 $\hat{H}$ 的矩阵形式.

解 对一维线性谐振子能量表象来说，由习题 2.4 的结果，其基矢 $|n\rangle$ 满足以下关系：

$$\hat{x}|n\rangle=(\sqrt{n/2}\,|n-1\rangle+\sqrt{(n+1)/2}\,|n+1\rangle)/\alpha\,, \tag{4.2.5}$$

$$\hat{p}_x|n\rangle=-\mathrm{i}\hbar\alpha(\sqrt{n/2}\,|n-1\rangle-\sqrt{(n+1)/2}\,|n+1\rangle)\,, \tag{4.2.6}$$

其中，$\alpha=\sqrt{\mu\omega/\hbar}$. 由式(4.2.3)，$x_{kn}=\langle k|\hat{x}|n\rangle$，从而得到算符 $\hat{x}$ 的矩阵元为

$$x_{kn}=(\sqrt{n/2}\delta_{k,n-1}+\sqrt{(n+1)/2}\delta_{k,n+1})/\alpha\,, \tag{4.2.7}$$

写成矩阵的形式，有

$$(x_{kn})=\frac{1}{\alpha}\begin{pmatrix} 0 & \sqrt{1/2} & 0 & 0 & \cdots \\ \sqrt{1/2} & 0 & \sqrt{2/2} & 0 & \cdots \\ 0 & \sqrt{2/2} & 0 & \sqrt{3/2} & \cdots \\ 0 & 0 & \sqrt{3/2} & 0 & \cdots \\ \vdots & \vdots & \vdots & \vdots & \end{pmatrix}. \tag{4.2.8}$$

类似可得算符 $\hat{p}_x$ 的矩阵元为

$$p_{xkn}=\mathrm{i}\hbar\alpha(\sqrt{(n+1)/2}\delta_{k,n+1}-\sqrt{n/2}\delta_{k,n-1})\,, \tag{4.2.9}$$

写成矩阵的形式为

$$(p_{xkn}) = \mathrm{i}\hbar\alpha \begin{pmatrix} 0 & -\sqrt{1/2} & 0 & 0 & \cdots \\ \sqrt{1/2} & 0 & -\sqrt{2/2} & 0 & \cdots \\ 0 & \sqrt{2/2} & 0 & -\sqrt{3/2} & \cdots \\ 0 & 0 & \sqrt{3/2} & 0 & \cdots \\ \vdots & \vdots & \vdots & \vdots & \end{pmatrix}. \tag{4.2.10}$$

对于算符 $\hat{H}$ ，基矢 $|n\rangle$ 是其本征态，满足能量本征方程 $\hat{H}|n\rangle = E_n|n\rangle$ ，$E_n = \left(n+\frac{1}{2}\right)\hbar\omega$ ，故 $\hat{H}$ 的矩阵元为 $H_{kn} = \langle k|\hat{H}|n\rangle = \langle k|E_n|n\rangle = E_n\langle k|n\rangle = E_n\delta_{kn} = \left(n+\frac{1}{2}\right)\hbar\omega\delta_{kn}$ ，即

$$H_{kn} = \left(n+\frac{1}{2}\right)\hbar\omega\delta_{kn}, \tag{4.2.11}$$

写成矩阵的形式为

$$(H_{kn}) = \hbar\omega \begin{pmatrix} \frac{1}{2} & 0 & 0 & 0 & \cdots \\ 0 & \frac{3}{2} & 0 & 0 & \cdots \\ 0 & 0 & \frac{5}{2} & 0 & \cdots \\ 0 & 0 & 0 & \frac{7}{2} & \cdots \\ \vdots & \vdots & \vdots & \vdots & \end{pmatrix}. \tag{4.2.12}$$

观察式(4.2.8)，式(4.2.10)和式(4.2.12)可知，矩阵 (x_{kn}) 和 (p_{xkn}) 是非对角的，但 (H_{kn}) 是对角的. 值得注意的是，(H_{kn}) 是在自身表象中的矩阵形式，但 (x_{kn}) 和 (p_{xkn}) 不是. 事实上，算符在自身表象中的矩阵都是对角的，对角线上的元素遍历了所有的本征值.

4.3　量子力学的矩阵形式

4.3.1　薛定谔方程的矩阵形式

在以 $|n\rangle$ 为基矢的 F 表象下，设哈密顿算符 $\hat{H}$ 的矩阵元为 $H_{nk} = \langle n|\hat{H}|k\rangle$. 从薛定谔方程 $\mathrm{i}\hbar\frac{\partial}{\partial t}|\psi(t)\rangle = \hat{H}|\psi(t)\rangle$ 出发，有

$$\mathrm{i}\hbar\frac{\partial}{\partial t}\langle n|\psi(t)\rangle=\langle n|\hat{H}|\psi(t)\rangle=\sum_k\langle n|\hat{H}|k\rangle\langle k|\psi(t)\rangle,$$

从而得到薛定谔方程在 F 表象下的形式为

$$\mathrm{i}\hbar\frac{\mathrm{d}}{\mathrm{d}t}\begin{pmatrix}a_1(t)\\a_2(t)\\\vdots\\a_n(t)\\\vdots\end{pmatrix}=\begin{pmatrix}H_{11}&H_{12}&\cdots&H_{1k}&\cdots\\H_{21}&H_{22}&\cdots&H_{2k}&\cdots\\\vdots&\vdots&&\vdots&\\H_{n1}&H_{n2}&\cdots&H_{nk}&\cdots\\\vdots&\vdots&&\vdots&\end{pmatrix}\begin{pmatrix}a_1(t)\\a_2(t)\\\vdots\\a_k(t)\\\vdots\end{pmatrix},\quad 或\quad \mathrm{i}\hbar\frac{\mathrm{d}}{\mathrm{d}t}a_n(t)=\sum_k H_{nk}a_k(t).\tag{4.3.1}$$

其中，$a_n(t)=\langle n|\psi(t)\rangle$.

例 4.3.1　给出一维线性谐振子能量表象下，线性谐振子的薛定谔方程 $\mathrm{i}\hbar\frac{\partial}{\partial t}|\psi(t)\rangle=\hat{H}|\psi(t)\rangle$ 的矩阵形式.

解　由式(4.3.1)和式(4.2.12)，可得薛定谔方程 $\mathrm{i}\hbar\frac{\partial}{\partial t}|\psi(t)\rangle=\hat{H}|\psi(t)\rangle$ 的矩阵形式为

$$\mathrm{i}\frac{\mathrm{d}}{\mathrm{d}t}\begin{pmatrix}a_1(t)\\a_2(t)\\a_3(t)\\\vdots\end{pmatrix}=\frac{\omega}{2}\begin{pmatrix}1&0&0&\cdots\\0&3&0&\cdots\\0&0&5&\cdots\\\vdots&\vdots&\vdots&\end{pmatrix}\begin{pmatrix}a_1(t)\\a_2(t)\\a_3(t)\\\vdots\end{pmatrix},\tag{4.3.2}$$

或者

$$\mathrm{i}\frac{\mathrm{d}}{\mathrm{d}t}a_n(t)=\left(n+\frac{1}{2}\right)\omega a_n(t),\tag{4.3.3}$$

其中，$a_n(t)=\langle n|\psi(t)\rangle$.

4.3.2　平均值的矩阵形式与计算

在以 $|n\rangle$ 为基矢的 F 表象下，量子态 $|\psi\rangle=\sum_n a_n|n\rangle$. 设有力学量 A，其算符为 $\hat{A}$，在 $|\psi\rangle$ 下的平均值为 $\overline{A}=\langle\psi|\hat{A}|\psi\rangle$，则有 $\overline{A}=\sum_{n,k}\langle\psi|n\rangle\langle n|\hat{A}|k\rangle\langle k|\psi\rangle=\sum_{n,k}a_n^*A_{nk}a_k$，即

$$\overline{A}=\begin{pmatrix}a_1^* & a_2^* & \cdots & a_n^* & \cdots\end{pmatrix}\begin{pmatrix}A_{11} & A_{12} & \cdots & A_{1k} & \cdots \\ A_{21} & A_{22} & \cdots & A_{2k} & \cdots \\ \vdots & \vdots & & \vdots & \\ A_{n1} & A_{n2} & \cdots & A_{nk} & \cdots \\ \vdots & \vdots & & \vdots & \end{pmatrix}\begin{pmatrix}a_1 \\ a_2 \\ \vdots \\ a_k \\ \vdots\end{pmatrix}=\sum_{n,k}a_n^* A_{nk}a_k \text{ ,} \tag{4.3.4}$$

其中，$a_n=\langle n|\psi\rangle$.

特别地，若 $\hat{A}=\hat{F}$ ，则 $A_{nk}=\lambda_n\delta_{nk}$ ，其中 λ_n 是 $\hat{A}$ 对应 $|n\rangle$ 的本征值，即 $\hat{A}|n\rangle=\lambda_n|n\rangle$ ，此时 (A_{nk}) 为对角矩阵. 代入上式，有

$$\overline{A}=\sum_n |a_n|^2\lambda_n . \tag{4.3.5}$$

若量子态 $|\psi\rangle=\sum_n a_n|n\rangle$ 是归一化的,则有 $\sum_n|a_n|^2=1$. 上式表明, $|a_n|^2$ 代表在 $|\psi\rangle$ 下测量 A 得到 λ_n 值的概率.

4.3.3　本征方程的矩阵形式与求解

设算符 $\hat{L}$ 满足本征方程 $\hat{L}|\psi\rangle=\widehat{L}|\psi\rangle$ ，在以 $|n\rangle$ 为基矢的 F 表象中，$|\psi\rangle=\sum_n a_n|n\rangle$ ，$\hat{L}$ 的矩阵元为 $L_{nm}=\langle n|\hat{L}|m\rangle$ ，则本征方程表示为

$$\begin{pmatrix}L_{11} & L_{12} & \cdots \\ L_{21} & L_{22} & \cdots \\ \vdots & \vdots & \end{pmatrix}\begin{pmatrix}a_1 \\ a_2 \\ \vdots\end{pmatrix}=\widehat{L}\begin{pmatrix}a_1 \\ a_2 \\ \vdots\end{pmatrix}. \tag{4.3.6}$$

移项后得到一个关于 a_n 的 n 元一次齐次方程组：

$$\begin{pmatrix}L_{11}-\widehat{L} & L_{12} & \cdots \\ L_{21} & L_{22}-\widehat{L} & \cdots \\ \vdots & \vdots & \end{pmatrix}\begin{pmatrix}a_1 \\ a_2 \\ \vdots\end{pmatrix}=0 . \tag{4.3.7}$$

此方程组有非零解的条件是系数矩阵构成的系数行列式须为 0，即

$$\begin{vmatrix}L_{11}-\widehat{L} & L_{12} & \cdots \\ L_{21} & L_{22}-\widehat{L} & \cdots \\ \vdots & \vdots & \end{vmatrix}=0 . \tag{4.3.8}$$

这样就得到一个关于本征值 $\widehat{L}$ 的一元 n 次方程，称为久期方程，解此方程可获得 n 个 $\widehat{L}$ 的值，以此来确定本征值. 将每个 $\widehat{L}$ 的值代入式(4.3.7)，分别求出(a_n)，以此来确定本征态.

例 4.3.2　$\hat{l}^2$ 和 $\hat{l}_z$ 的共同本征函数 $|lm\rangle$ 支撑一个无穷维的表象 $(\hat{l}^2,\hat{l}_z)$．在 $l=1$，$m=1,0,-1$ 的三维子空间 $(\hat{l}^2,\hat{l}_z)_{l=1}$ 内，三个基矢为 $|k\rangle=|1m\rangle$，即 $|1\rangle=|11\rangle$，$|2\rangle=|10\rangle$ 和 $|3\rangle=|1-1\rangle$，构成 $(\hat{l}^2,\hat{l}_z)_{l=1}$ 表象.

(1) 在 $(\hat{l}^2,\hat{l}_z)_{l=1}$ 表象中，求 $\hat{l}_z,\hat{l}_x,\hat{l}_y$ 和 $\hat{l}^2$ 的表示；

(2) 在 $(\hat{l}^2,\hat{l}_z)_{l=1}$ 表象中，求 $\hat{l}^2$ 和 $\hat{l}_z$ 的共同本征函数 $|\psi\rangle$；

(3) 在 $(\hat{l}^2,\hat{l}_z)_{l=1}$ 表象中，求 $\hat{l}^2$ 和 $\hat{l}_y$ 的共同本征函数 $|\varphi\rangle$；

(4) 求出从表象 $(\hat{l}^2,\hat{l}_z)_{l=1}$ 到表象 $(\hat{l}^2,\hat{l}_y)_{l=1}$ 的幺正变换矩阵 $\boldsymbol{s}$；

(5) 在 $(\hat{l}^2,\hat{l}_y)_{l=1}$ 表象中，求 $\hat{l}^2$ 和 $\hat{l}_z$ 的共同本征函数 $|\psi\rangle$；

(6) 在 $(\hat{l}^2,\hat{l}_y)_{l=1}$ 表象中，求 $\hat{l}^2$ 和 $\hat{l}_y$ 的共同本征函数 $|\varphi\rangle$.

解　(1) 设 $\hat{l}_z,\hat{l}_x,\hat{l}_y$ 和 $\hat{l}^2$ 在 $(\hat{l}^2,\hat{l}_z)_{l=1}$ 表象中的矩阵表示分别为 $\boldsymbol{L}_z=(L_{zjk})$，$\boldsymbol{L}_x=(L_{xjk})$，$\boldsymbol{L}_y=(L_{yjk})$ 和 $\boldsymbol{L}=(L_{jk})$，$j,k=1,2,3$.

由式(4.2.3)，有 $L_{jk}=\langle j|\hat{l}^2|k\rangle$．由式(3.1.11)，有 $\hat{l}^2|k\rangle=\hat{l}^2|1m\rangle=2\hbar^2|1m\rangle$，$m=1,0,-1$，则

$$L_{11}=\langle 1|\hat{l}^2|1\rangle=\langle 11|\hat{l}^2|11\rangle=2\hbar^2\langle 1|1\rangle\langle 1|1\rangle=2\hbar^2,$$

$$L_{12}=\langle 1|\hat{l}^2|2\rangle=\langle 11|\hat{l}^2|10\rangle=2\hbar^2\langle 1|1\rangle\langle 1|0\rangle=0,$$

$$L_{13}=\langle 1|\hat{l}^2|3\rangle=\langle 11|\hat{l}^2|1-1\rangle=2\hbar^2\langle 1|1\rangle\langle 1|-1\rangle=0.$$

同理可求出另外 6 个矩阵元，得到

$$\boldsymbol{L}=(L_{jk})=2\hbar^2\begin{pmatrix}1&0&0\\0&1&0\\0&0&1\end{pmatrix}. \tag{4.3.9}$$

由式(4.2.3)，有 $L_{zjk}=\langle j|\hat{l}_z|k\rangle$．由式(3.1.11)，有 $\hat{l}_z|k\rangle=\hat{l}_z|1m\rangle=m\hbar|1m\rangle$，$m=1,0,-1$，则

$$L_{z11}=\langle 1|\hat{l}_z|1\rangle=\langle 11|\hat{l}_z|11\rangle=\hbar\langle 11|11\rangle=\hbar,$$

$$L_{z12}=\langle 1|\hat{l}_z|2\rangle=\langle 11|\hat{l}_z|10\rangle=0,$$

$$L_{z13}=\langle 1|\hat{l}_z|3\rangle=\langle 11|\hat{l}_z|1-1\rangle=-\hbar\langle 11|1-1\rangle=0.$$

同理可求出另外 6 个矩阵元，得到

$$L_z = (L_{zjk}) = \hbar \begin{pmatrix} 1 & 0 & 0 \\ 0 & 0 & 0 \\ 0 & 0 & -1 \end{pmatrix}. \tag{4.3.10}$$

由式(3.2.7)，有对易关系 $\mathrm{i}\hbar\hat{l}_y = \hat{l}_z\hat{l}_x - \hat{l}_x\hat{l}_z$ 和 $\mathrm{i}\hbar\hat{l}_x = \hat{l}_y\hat{l}_z - \hat{l}_z\hat{l}_y$．由式(2.3.2)，有 $\hat{l}^2 = \hat{l}_x^2 + \hat{l}_y^2 + \hat{l}_z^2$．这些等式与表象无关，故有 $\mathrm{i}\hbar\boldsymbol{L}_y = \boldsymbol{L}_z\boldsymbol{L}_x - \boldsymbol{L}_x\boldsymbol{L}_z$ ，$\mathrm{i}\hbar\boldsymbol{L}_x = \boldsymbol{L}_y\boldsymbol{L}_z - \boldsymbol{L}_z\boldsymbol{L}_y$ 和 $\boldsymbol{L} = \boldsymbol{L}_x^2 + \boldsymbol{L}_y^2 + \boldsymbol{L}_z^2$．由 $\hat{l}_y$ 的厄米性，有 $\boldsymbol{L}_y^\dagger = \boldsymbol{L}_y$ ，即 $L_{ykj}^* = L_{yjk}$．利用以上关系，可求出 $\boldsymbol{L}_{x,y}$ 的 9 个矩阵元 $L_{x,y}$ ，得到

$$\boldsymbol{L}_x = \frac{\hbar}{\sqrt{2}} \begin{pmatrix} 0 & 1 & 0 \\ 1 & 0 & 1 \\ 0 & 1 & 0 \end{pmatrix}, \tag{4.3.11}$$

$$\boldsymbol{L}_y = \frac{\hbar}{\sqrt{2}} \begin{pmatrix} 0 & -\mathrm{i} & 0 \\ \mathrm{i} & 0 & -\mathrm{i} \\ 0 & \mathrm{i} & 0 \end{pmatrix}. \tag{4.3.12}$$

(2) $|\psi\rangle$ 为 $\hat{l}_z$ 的本征态，满足本征方程 $\hat{l}_z|\psi\rangle = \lambda_{l_z}\hbar|\psi\rangle$．将 $|\psi\rangle$ 用 $(\hat{l}^2, \hat{l}_z)_{l=1}$ 表象中的基矢 $|1\rangle = |11\rangle$ ，$|2\rangle = |10\rangle$ 和 $|3\rangle = |1-1\rangle$ 展开，有

$$|\psi\rangle = a_1|1\rangle + a_2|2\rangle + a_3|3\rangle = \sum_{k=1}^{3} a_k|k\rangle ,$$

其中，列向量

$$\boldsymbol{a} = (a_k) = \begin{pmatrix} a_1 \\ a_2 \\ a_3 \end{pmatrix}$$

是 $|\psi\rangle$ 在 $(\hat{l}^2, \hat{l}_z)_{l=1}$ 表象中的矩阵表示. 在 $(\hat{l}^2, \hat{l}_z)_{l=1}$ 表象中，本征方程 $\hat{l}_z|\psi = \lambda_{l_z}\hbar|\psi\rangle$ 为 $\boldsymbol{L}_z\boldsymbol{a} = \lambda_{l_z}\hbar\boldsymbol{a}$ ，即 $(\boldsymbol{L}_z - \lambda_{l_z}\hbar\boldsymbol{I})\boldsymbol{a} = 0$ ，其中 $\boldsymbol{I}$ 是单位矩阵. 将式(4.3.10)代入，有

$$\begin{pmatrix} 1-\lambda_{l_z} & 0 & 0 \\ 0 & -\lambda_{l_z} & 0 \\ 0 & 0 & -1-\lambda_{l_z} \end{pmatrix} \begin{pmatrix} a_1 \\ a_2 \\ a_3 \end{pmatrix} = 0. \tag{4.3.13}$$

此方程组有非零解的条件是系数行列式为零，即有如下的久期方程：

$$\begin{vmatrix} 1-\lambda_{l_z} & 0 & 0 \\ 0 & -\lambda_{l_z} & 0 \\ 0 & 0 & -1-\lambda_{l_z} \end{vmatrix} = 0 .$$

这是一个关于 λ_{l_z} 的一元三次方程，其解为 $\lambda_{l_z 1}=1$ ， $\lambda_{l_z 2}=0$ ， $\lambda_{l_z 3}=-1$.

将 $\lambda_{l_z 2}=0$ 代入式(4.3.13)，有

$$\begin{pmatrix} 1 & 0 & 0 \\ 0 & 0 & 0 \\ 0 & 0 & -1 \end{pmatrix}\begin{pmatrix} a_1 \\ a_2 \\ a_3 \end{pmatrix} = 0 ,$$

得到 $a_1=a_3=0$. 由 $|\psi\rangle$ 的归一性，即 $\langle\psi|\psi\rangle=1$ ，有 $|a_1|^2+|a_2|^2+|a_3|^2=1$. 得到 $|a_2|^2=1$ ，可取 $a_2=1$ ，因此得到了 $\lambda_{l_z 2}=0$ 对应的 (a_k) . 用类似的方法可以得到 $\lambda_{l_z 1}=1$ 和 $\lambda_{l_z 3}=-1$ 对应的 (a_k) ，结果为

$$\lambda_{l_z 1}=1, |\psi\rangle = \boldsymbol{a}_1 = \begin{pmatrix} 1 \\ 0 \\ 0 \end{pmatrix}; \quad \lambda_{l_z 2}=0, |\psi\rangle = \boldsymbol{a}_2 = \begin{pmatrix} 0 \\ 1 \\ 0 \end{pmatrix}; \quad \lambda_{l_z 3}=-1, |\psi\rangle = \boldsymbol{a}_3 = \begin{pmatrix} 0 \\ 0 \\ 1 \end{pmatrix}. \quad (4.3.14)$$

(3) $|\varphi\rangle$ 为 $\hat{l}_y$ 的本征态，满足本征方程 $\hat{l}_y|\varphi\rangle=\lambda_{l_y}\hbar|\varphi\rangle$. 将 $|\varphi\rangle$ 用 $(\hat{l}^2,\hat{l}_z)_{l=1}$ 表象中的基矢 $|1\rangle=|11\rangle$ ， $|2\rangle=|10\rangle$ 和 $|3\rangle=|1-1\rangle$ 展开，有

$$|\varphi\rangle = c_1|1\rangle + c_2|2\rangle + c_3|3\rangle = \sum_{k=1}^{3} c_k ,$$

其中，列向量

$$\boldsymbol{c} = (c_k) = \begin{pmatrix} c_1 \\ c_2 \\ c_3 \end{pmatrix}$$

是 $|\varphi\rangle$ 在 $(\hat{l}^2,\hat{l}_z)_{l=1}$ 表象中的表示. 在 $(\hat{l}^2,\hat{l}_z)_{l=1}$ 表象中，本征方程 $\hat{l}_y|\varphi\rangle=\lambda_{l_y}\hbar|\varphi\rangle$ 为 $\boldsymbol{L}_y\boldsymbol{c}=\lambda_{l_z}\hbar\boldsymbol{c}$ ，即 $(\boldsymbol{L}_y-\lambda_{l_z}\hbar\boldsymbol{I})\boldsymbol{c}=0$. 将式(4.3.12)代入，有

$$\begin{pmatrix} -\lambda_{l_y} & -\mathrm{i}/\sqrt{2} & 0 \\ \mathrm{i}/\sqrt{2} & -\lambda_{l_y} & -\mathrm{i}/\sqrt{2} \\ 0 & \mathrm{i}/\sqrt{2} & -\lambda_{l_y} \end{pmatrix}\begin{pmatrix} c_1 \\ c_2 \\ c_3 \end{pmatrix} = 0 . \quad (4.3.15)$$

此方程组有非零解的条件是系数行列式为零，即有如下的久期方程：

$$\begin{vmatrix} -\lambda_{l_y} & -\mathrm{i}/\sqrt{2} & 0 \\ \mathrm{i}/\sqrt{2} & -\lambda_{l_y} & -\mathrm{i}/\sqrt{2} \\ 0 & \mathrm{i}/\sqrt{2} & -\lambda_{l_y} \end{vmatrix} = 0 ,$$

这是一个关于 λ_{l_y} 的一元三次方程，其解为 $\lambda_{l_y 1}=1$，$\lambda_{l_y 2}=0$，$\lambda_{l_y 3}=-1$.

将 $\lambda_{l_y 2}=0$ 代入式(4.3.15)，有

$$\begin{pmatrix} 0 & -\mathrm{i}/\sqrt{2} & 0 \\ \mathrm{i}/\sqrt{2} & 0 & -\mathrm{i}/\sqrt{2} \\ 0 & \mathrm{i}/\sqrt{2} & 0 \end{pmatrix}\begin{pmatrix} c_1 \\ c_2 \\ c_3 \end{pmatrix} = 0 ,$$

得到 $c_2=0, c_1=c_3$. 由 $|\varphi\rangle$ 的归一性 $\langle\varphi|\varphi\rangle=1$ 有 $|c_1|^2+|c_2|^2+|c_3|^2=1$，由此得到 $c_2=0, c_1=c_3=1/\sqrt{2}$. 用类似的方法可以得到 $\lambda_{l_y 1}=1$ 和 $\lambda_{l_y 3}=-1$ 对应的 (c_k)，结果为

$$\lambda_{l_y 1}=1, |\varphi\rangle = \boldsymbol{c}_1 = \begin{pmatrix} \frac{1}{2} \\ \frac{\mathrm{i}}{\sqrt{2}} \\ -\frac{1}{2} \end{pmatrix}; \quad \lambda_{l_y 2}=0, |\varphi\rangle = \boldsymbol{c}_2 = \begin{pmatrix} \frac{1}{\sqrt{2}} \\ 0 \\ \frac{1}{\sqrt{2}} \end{pmatrix}; \quad \lambda_{l_y 3}=-1, |\varphi\rangle = \boldsymbol{c}_3 = \begin{pmatrix} \frac{1}{2} \\ -\frac{\mathrm{i}}{\sqrt{2}} \\ -\frac{1}{2} \end{pmatrix}. \tag{4.3.16}$$

(4) 设从表象 $(\hat{l}^2, \hat{l}_z)_{l=1}$ 变换到表象 $(\hat{l}^2, \hat{l}_y)_{l=1}$ 的变换矩阵为 $\boldsymbol{s}=(s_{kj})$. 由式 (4.1.12)，有 $s_{kj}=\langle k|j\rangle=\boldsymbol{c}_k^\dagger \boldsymbol{a}_j$, $k,j=1,2,3$. 利用式(4.3.14)和式(4.3.16)，得到

$$\boldsymbol{s}=\begin{pmatrix} 1/2 & -\mathrm{i}/\sqrt{2} & -1/2 \\ 1/\sqrt{2} & 0 & 1/\sqrt{2} \\ 1/2 & \mathrm{i}/\sqrt{2} & -1/2 \end{pmatrix}. \tag{4.3.17}$$

(5) 设 $|\psi\rangle$ 在表象 $(\hat{l}^2, \hat{l}_y)_{l=1}$ 中的矩阵表示为 $\boldsymbol{b}=(b_k)$，则有 $\boldsymbol{b}_j=\boldsymbol{s}\boldsymbol{a}_j, j=1,2,3$，利用式(4.3.17)和式(4.3.14)，得到

$$\lambda_{l_z 1}=1, |\psi\rangle=\boldsymbol{b}_1=\begin{pmatrix} 1/2 \\ 1/\sqrt{2} \\ 1/2 \end{pmatrix}; \quad \lambda_{l_z 2}=0, |\psi\rangle=\boldsymbol{b}_2=\begin{pmatrix} -\mathrm{i}/\sqrt{2} \\ 0 \\ \mathrm{i}/\sqrt{2} \end{pmatrix}; \quad \lambda_{l_z 3}=-1, |\psi\rangle=\boldsymbol{b}_3=\begin{pmatrix} -1/2 \\ 1/\sqrt{2} \\ -1/2 \end{pmatrix}. \tag{4.3.18}$$

(6) 设$|\varphi\rangle$在表象$(\hat{l}^2,\hat{l}_y)_{l=1}$中的矩阵表示为$\boldsymbol{d}=(d_k)$，则有$\boldsymbol{d}_j=\boldsymbol{s}\boldsymbol{c}_j, j=1,2,3$，利用式(4.3.17)和式(4.3.16)，得到

$$\lambda_{l_y1}=1, |\varphi\rangle=\boldsymbol{d}_1=\begin{pmatrix}1\\0\\0\end{pmatrix};\quad \lambda_{l_y2}=0, |\varphi\rangle=\boldsymbol{d}_2=\begin{pmatrix}0\\1\\0\end{pmatrix};\quad \lambda_{l_y3}=-1, |\varphi\rangle=\boldsymbol{d}_3=\begin{pmatrix}0\\0\\1\end{pmatrix}. \tag{4.3.19}$$

讨论

(1) 在坐标表象下，$\hat{l}^2$和$\hat{l}_z$的共同本征函数$|lm\rangle$，在$l=1$，$m=1,0,-1$时表示为$|11\rangle=-\tau\sin\theta e^{i\theta}$，$|10\rangle=\sigma\cos\theta$，$|1-1\rangle=\tau\sin\theta e^{-i\theta}$，其中$\tau=\sqrt{3\pi/8},\sigma=\sqrt{3\pi/4}$. 在$(\hat{l}^2,\hat{l}_z)_{l=1}$表象和$(\hat{l}^2,\hat{l}_y)_{l=1}$表象中，则分别由式(4.3.14)和式(4.3.18)以列向量的形式给出.

(2) 球谐函数$|lm\rangle$是$\hat{l}^2$和$\hat{l}_z$的共同本征函数. 利用式(4.3.9)和式(4.3.10)不难验证，列向量$\boldsymbol{a}$和$\boldsymbol{b}$是$\hat{l}^2$和$\hat{l}_z$的共同本征函数；利用式(4.3.9)和式(4.3.12)不难验证，$\boldsymbol{c}$和$\boldsymbol{d}$是$\hat{l}^2$和$\hat{l}_y$的共同本征函数.

(3) 不难验证，列向量$\boldsymbol{a}$、$\boldsymbol{b}$、$\boldsymbol{c}$和$\boldsymbol{d}$都是正交归一的. 例如，

$$\boldsymbol{b}_2^\dagger\boldsymbol{b}_2=(i/\sqrt{2},0,i/\sqrt{2})\begin{pmatrix}-i/\sqrt{2}\\0\\i/\sqrt{2}\end{pmatrix}=1,\quad \boldsymbol{b}_2^\dagger\boldsymbol{b}_3=(i/\sqrt{2},0,i/\sqrt{2})\begin{pmatrix}-1/2\\1/\sqrt{2}\\-1/2\end{pmatrix}=0.$$

(4) 在$(\hat{l}^2,\hat{l}_z)_{l=1}$表象中，由式(4.3.9)～式(4.3.12)可知，算符$\hat{l}^2$和$\hat{l}_z$在自身表象中对应的矩阵是对角的，而$\hat{l}_x$和$\hat{l}_y$对应的矩阵是非对角的.

(5) 以方程(4.3.13)为例，这是一个关于a_1、a_2和a_3的三元一次齐次方程组，只能给出两个独立的解，需要利用归一化条件来获得全部的三个解.

4.4　坐标与动量的表象变换

若$|n\rangle$是一组力学量的共同本征态，本征值为离散谱，基于$|n\rangle$的正交、归一和完备性，以其为基矢可以构成一个离散表象，称为F表象. 由式(4.1.4)，F表象下量子态$|\psi\rangle$可用$|n\rangle$展开为$|\psi\rangle=\sum_{n=1}^{\infty}a_n|n\rangle$，其中展开系数$a_n=\langle n|\psi\rangle$为$|\psi\rangle$在$|n\rangle$方向上的投影值. $|\psi\rangle$在F表象下，可用列向量$\boldsymbol{a}=(a_n)$表示.

由3.5.2节的讨论可知，坐标$\hat{x}$与动量$\hat{p}_x$的本征值为连续值，其本征态分别为$|x'\rangle$与$|p_x\rangle$. 由式(3.5.12)和式(3.5.14)，$|x'\rangle$与$|p_x\rangle$都是正交的. 同时，$|x'\rangle$与

$|p_x\rangle$ 也是完备的，据此可以构成坐标表象与动量表象，是典型的连续表象.

以坐标表象为例，量子态 $|\psi\rangle$ 可用 $|x'\rangle$ 展开为

$$|\psi\rangle=\int_{-\infty}^{\infty}c(x')|x'\rangle\mathrm{d}x'. \tag{4.4.1}$$

其中，$c(x')$ 为展开系数. 用 $\langle x|$ 左乘上式两边，有 $\langle x|\psi\rangle=\int_{-\infty}^{\infty}c(x')\langle x|x'\rangle\mathrm{d}x'$. 由式 (3.5.14)，$\langle x|x'\rangle=\delta(x-x')$，故有 $\langle x|\psi\rangle=\int_{-\infty}^{\infty}c(x')\delta(x-x')\mathrm{d}x'$. 再由式(3.5.6)，有

$$c(x)=\langle x|\psi\rangle. \tag{4.4.2}$$

为计算内积 $\langle x|\psi\rangle$，设 x'' 为自变量，则 $\langle x|$ 可表示为 $<x|=\delta^*(x''-x)$. 考虑到 $\delta(x)$ 函数被认为是实函数，因而 $\langle x|=\delta(x''-x)$，故有 $\langle x|\psi\rangle=\int_{-\infty}^{\infty}\delta(x''-x)\psi(x'')\mathrm{d}x''=\psi(x)$，从而得到

$$\psi(x)=\langle x|\psi\rangle=c(x). \tag{4.4.3}$$

$\psi(x)$ 就是习惯上以坐标 x 为自变量的函数，是 $|\psi\rangle$ 在坐标表象中的表示，含义是 $|\psi\rangle$ 在以 $|x\rangle$ 为基矢的坐标表象中的展开系数. 对比式(4.1.5)和式(4.4.3)可知，用狄拉克符号表示的同一个量子态 $|\psi\rangle$，在离散表象下被表示为列向量 $\boldsymbol{a}$，在连续表象下被表示为函数 $\psi(x)$.

将 $c(x')=\langle x'|\psi\rangle$ 代入式(4.4.1)，有 $|\psi\rangle=\int_{-\infty}^{\infty}\mathrm{d}x'|x'\rangle\langle x'|\psi\rangle$，可得

$$\int_{-\infty}^{\infty}\mathrm{d}x'|x'\rangle\langle x'|=1. \tag{4.4.4}$$

与式(4.1.3)类似，这代表了基矢 $|x'\rangle$ 的封闭性，是 $|x'\rangle$ 完备性的体现.

在动量表象中，同样有

$$\int_{-\infty}^{\infty}\mathrm{d}p_x|p_x\rangle\langle p_x|=1. \tag{4.4.5}$$

量子态 $|\psi\rangle$ 在动量表象中被表示为 $\psi(p_x)=\langle p_x|\psi\rangle$. 为了不与 $\psi(x)$ 相混淆，记为 $\widehat{\varphi}(p_x)=\langle p_x|\psi\rangle$.

利用式(4.4.4)，有

$$\widehat{\varphi}(p_x)=\langle p_x|\psi\rangle=\int\mathrm{d}x\langle p_x|x\rangle\langle x|\psi\rangle. \tag{4.4.6}$$

由式(3.5.11)，坐标表象下 $\langle x|p_x\rangle=\dfrac{1}{\sqrt{2\pi\hbar}}\exp\left(\mathrm{i}\dfrac{xp_x}{\hbar}\right)$，由式(4.4.3)，$\psi(x)=\langle x|\psi\rangle$，式(4.4.6)变为

$$\widehat{\psi}(p_x)=\frac{1}{\sqrt{2\pi\hbar}}\int \mathrm{d}x\exp\left(\mathrm{i}\frac{xp_x}{\hbar}\right)\psi(x)=\hat{F}\psi(x).\tag{4.4.7}$$

其中，积分算子

$$\hat{F}=\frac{1}{\sqrt{2\pi\hbar}}\int \mathrm{d}x\exp\left(\mathrm{i}\frac{xp_x}{\hbar}\right).\tag{4.4.8}$$

将坐标表象中的$\psi(x)$变换到动量表象中的$\widehat{\psi}(p_x)$，类似于离散表象的变换公式(4.1.11)和(4.1.12). 实际上，式(4.4.7)就是一维傅里叶变换公式.

例 4.4.1 宽度为a_0的一维无限深方势阱，坐标表象下的能量本征态为

$$|n\rangle=\begin{cases}\sqrt{\dfrac{2}{a_0}}\sin\left(\dfrac{n\pi}{a_0}x\right), & 0<x<a_0,\quad n=1,2,\cdots.\\ 0, & x<0,x>a_0.\end{cases}$$

求以$|n\rangle$为基矢构成的能量表象下动量算符$\hat{p}_x$及其本征态$|p_x\rangle$的矩阵元.

解 已知$|n\rangle$在坐标表象下的函数形式，则可借助$\hat{p}_x$和$|p_x\rangle$在坐标表象下的函数形式$\hat{p}_x=-\mathrm{i}\hbar\dfrac{\partial}{\partial x}$和$|p_x\rangle=\dfrac{1}{\sqrt{2\pi\hbar}}\exp\left(\mathrm{i}\dfrac{xp_x}{\hbar}\right)$来推导出$\hat{p}_x$和$|p_x\rangle$在能量表象下的矩阵元.

设$\hat{p}_x$在能量表象中的矩阵元为$p_{\alpha\beta}$，则有

$$p_{\alpha\beta}=\langle\alpha|\hat{p}_x|\beta\rangle=\int_0^{a_0}\sqrt{\frac{2}{a_0}}\sin\left(\frac{\alpha\pi}{a_0}x\right)\left(-\mathrm{i}\hbar\frac{\partial}{\partial x}\right)\sqrt{\frac{2}{a_0}}\sin\left(\frac{\beta\pi}{a_0}x\right)\mathrm{d}x=\begin{cases}f_{\alpha\beta}, & \alpha\neq\beta\\ 0, & \alpha=\beta\end{cases}$$

$$f_{\alpha\beta}=\mathrm{i}\frac{\hbar}{a_0}\beta\left(\frac{(-1)^{\alpha-\beta}-1}{\alpha-\beta}+\frac{(-1)^{\alpha+\beta}-1}{\alpha+\beta}\right),\quad \alpha,\beta=1,2,\cdots$$

将$|p_x\rangle$用$|n\rangle$展开，有$|p_x\rangle=\sum\limits_n b_n|n\rangle$，则

$$\begin{aligned}b_n=\langle n|p_x\rangle&=\int_0^{a_0}\sqrt{\frac{2}{a_0}}\sin\left(\frac{n\pi}{a_0}x\right)\frac{1}{\sqrt{2\pi\hbar}}\exp\left(\mathrm{i}\frac{xp_x}{\hbar}\right)\mathrm{d}x\\&=\sqrt{\frac{1}{2\hbar a_0^3}}n[(-1)^n\mathrm{e}^{\mathrm{i}ka_0}-1],\quad n=1,2,\cdots.\end{aligned}$$

例 4.4.2 已知一维坐标表象下，满足算符$\hat{p}$属于本征值算符p'的本征态为$\varphi(x)=\langle x|p'\rangle=A\mathrm{e}^{\mathrm{i}\frac{xp'}{\hbar}}$.

(1) 求从$\psi(x)=\langle x|\psi\rangle$向$\widehat{\psi}(p)=\langle p|\psi\rangle$进行变换的积分算子$\hat{G}$.

(2) 利用积分算子$\hat{G}$，将$\varphi(x)=\langle x|p'\rangle$变换为一维动量表象下，动量算符$\hat{p}$属

于本征值 p' 的本征态 $\widetilde{\varphi}(p)=\langle p'|p\rangle$.

解 (1) 由式(4.4.4)，有 $\widetilde{\psi}(p)=\langle p|\psi\rangle=\int \mathrm{d}x\langle p|x\rangle\langle x|\psi\rangle=\int \mathrm{d}x\langle p|x\rangle\psi(x)$，因为 $\langle x|p\rangle=A\exp(\mathrm{i}xp/\hbar)$，所以 $\langle p|x\rangle=A\exp(-\mathrm{i}xp/\hbar)$，其中 $A=1/\sqrt{2\pi\hbar}$，代入上式，得到

$$\widetilde{\psi}(p)=\langle p|\psi\rangle=\frac{1}{\sqrt{2\pi\hbar}}\int \mathrm{d}x\exp\left(-\mathrm{i}\frac{xp}{\hbar}\right)\psi(x)=\hat{G}\psi(x).$$

$$\hat{G}=\frac{1}{\sqrt{2\pi\hbar}}\int \mathrm{d}x\exp\left(-\mathrm{i}\frac{xp}{\hbar}\right).$$

(2) 因为 $\varphi(x)=\langle x|p'\rangle=\frac{1}{\sqrt{2\pi\hbar}}\exp\left(\mathrm{i}\frac{xp'}{\hbar}\right)$，所以

$$\begin{aligned}\langle p'|p\rangle=\widetilde{\varphi}(p)=\hat{G}\varphi(x)&=\frac{1}{\sqrt{2\pi\hbar}}\int \mathrm{d}x\exp\left(-\mathrm{i}\frac{xp}{\hbar}\right)\frac{1}{\sqrt{2\pi\hbar}}\exp\left(\mathrm{i}\frac{xp'}{\hbar}\right)\\&=\frac{1}{2\pi\hbar}\int \mathrm{d}x\exp\left(\mathrm{i}x\frac{p'-p'}{\hbar}\right)=\delta(p'-p).\end{aligned}$$

习 题 4

4.1 宽度为 a_0 的一维无限深方势阱，坐标表象下的能量本征态为

$$|n\rangle=\begin{cases}\sqrt{\dfrac{2}{a_0}}\sin\left(\dfrac{n\pi}{a_0}x\right), & 0<x<a_0, \qquad n=1,2,\cdots.\\ 0, & x<0,x>a_0\end{cases}$$

求以 $|n\rangle$ 为基矢构成的能量表象下坐标 x 及其本征态 $|x'\rangle=\delta(x-x')$ 的矩阵元.

4.2 体系的哈密顿算符为 $\hat{H}=\begin{pmatrix}\varepsilon_1 & 0\\ 0 & \varepsilon_2\end{pmatrix}$，$\varepsilon_1$ 和 ε_2 为实数，求能量本征值 E 和本征态 $\psi=\begin{pmatrix}\alpha\\ \beta\end{pmatrix}$.

4.3 $\hat{l}^2$ 和 $\hat{l}_z$ 的共同本征函数 $|lm\rangle$ 支撑一个无穷维的表象 $(\hat{l}^2,\hat{l}_z)$. 在 $l=1$，$m=1,0,-1$ 的三维子空间 $(\hat{l}^2,\hat{l}_z)_{l=1}$ 内，三个基矢为 $|k\rangle=|1m\rangle$，即 $|1\rangle=|11\rangle$、$|2\rangle=|10\rangle$ 和 $|3\rangle=|1-1\rangle$，构成 $(\hat{l}^2,\hat{l}_z)_{l=1}$ 表象.在 $(\hat{l}^2,\hat{l}_z)_{l=1}$ 表象中，求 $\hat{l}^2$ 和 $\hat{l}_x$ 的共同本征函数 $|\varphi\rangle$.

第 5 章　微扰论和变分法

对定态问题，需要求解定态薛定谔方程，除无限深势阱、各向同性谐振子、氢原子等少数例子外，往往难以获得严格解析解. 对跃迁问题和散射问题，需要求解含时薛定谔方程，同样难以获得严格解析解. 因此，发展出很多近似方法，如微扰论、变分法、绝热近似、准经典近似等. 借助这些方法，可以获得精度足以满足任务要求的近似解. 本章讲述定态微扰论、含时微扰论和变分法.

5.1　定态微扰论

定态下，设某一体系的哈密顿算符为 $\hat{H}_0$，对应的能量本征方程为

$$\hat{H}_0 |\psi_{n\mu}^{(0)}\rangle = E_n^{(0)} |\psi_{n\mu}^{(0)}\rangle, \quad \mu = 1,2,\cdots,g \tag{5.1.1}$$

有严格解析解，其中 g 为能级简并度，$n\mu$ 代表一组完备量子数，且

$$\langle\psi_{n'\mu'}^{(0)} | \psi_{n\mu}^{(0)}\rangle = \delta_{n'n}\delta_{\mu'\mu}. \tag{5.1.2}$$

例如，对氢原子，$|\psi_{n\mu}^{(0)}\rangle = \psi_{n\mu}(r,\theta,\varphi), \mu = lm$，$E_n^{(0)} = -\dfrac{\mu e^4}{2\hbar^2}\dfrac{1}{n^2}$，$g = n^2$.

若体系受到某一外界作用，对应的哈密顿算符为 $\hat{H}'$，此时体系的哈密顿算符变为 $\hat{H} = \hat{H}_0 + \hat{H}'$，对应的能量本征方程为

$$(\hat{H}_0 + \hat{H}')|\psi_k\rangle = E_k |\psi_k\rangle. \tag{5.1.3}$$

其中 k 标记系统所有量子数. 在 $\hat{H}$ 的本征解难以严格求解的情况下，希望建立一种方法来获得近似解.

若 $\hat{H}' \ll \hat{H}_0$ (其含义为 $\hat{H}'$ 代表的作用量远远小于 $\hat{H}_0$ 代表的作用量)，则可将 $\hat{H}'$ 视作对 $\hat{H}_0$ 的一种微小扰动，此时可建立一种方法，从 $|\psi_{n\mu}^{(0)}\rangle$ 和 $E_n^{(0)}$ 出发，获得 $|\psi_k\rangle$ 和 E_k 的近似解. 这种近似方法称为微扰论. 习惯上，下标 0 或上标(0)代表没有微扰时的物理量，将 $\hat{H}_0$ 称为未微扰哈密顿算符，将 $|\psi_{n\mu}^{(0)}\rangle$ 和 $E_n^{(0)}$ 分别称为未微扰本征态和本征值.

举例来说，考虑一个荷电为 q 的一维带电谐振子，未微扰哈密顿算符为

$\hat{H}_0 = -\frac{\hbar^2}{2\mu}\frac{d^2}{dx^2} + \frac{1}{2}\mu\omega^2 x^2$，其本征态$|\psi_{n\mu}^{(0)}\rangle$和本征值$E_n^{(0)}$的严格解析解见 2.1.2 节. 若此谐振子受到一个x方向电场Σ的作用，对应的哈密顿算符为$\hat{H}' = -q\Sigma x$，则此谐振子的哈密顿算符变为$\hat{H} = \hat{H}_0 + \hat{H}'$. 若$\Sigma$不足够强，以至于$\hat{H}' \ll \hat{H}_0$，则可将$\hat{H}'$视作对$\hat{H}_0$的一种微扰.

广义而言，定态下，若可将体系的哈密顿算符$\hat{H}$表达为$\hat{H} = \hat{H}_0 + \hat{H}'$，其中$\hat{H}_0$有严格的本征解且$\hat{H}' \ll \hat{H}_0$，则原则上这个体系的定态问题可用定态微扰论来近似求解.

若$\hat{H}' \ll \hat{H}_0$，说明$\hat{H}'$相比$\hat{H}_0$而言是一个小量，故可在$\hat{H}_0$本征解的基础上，将$\hat{H}'$的影响逐级加以考虑，以求出方程(5.1.3)的近似解. 级数越多，则近似解的精度越高. 按此思路，可将$|\psi_k\rangle$和E_k逐级展开为

$$|\psi_k\rangle = |\psi_k^{(0)}\rangle + |\psi_k^{(1)}\rangle + |\psi_k^{(2)}\rangle + \cdots \tag{5.1.4}$$

$$E_k = E_k^{(0)} + E_k^{(1)} + E_k^{(2)} + \cdots \tag{5.1.5}$$

将式(5.1.4)和式(5.1.5)代入方程(5.1.3)中，将$\hat{H}_0$的上标视作(0)，将$\hat{H}'$的上标视作(1)，比较各乘积项的上标之和，则相同值的项(精确到 2)可分别组成以下方程：

$$\text{上标之和}=0:\quad \hat{H}_0|\psi_k^{(0)}\rangle = E_k^{(0)}|\psi_k^{(0)}\rangle, \tag{5.1.6a}$$

$$\text{上标之和}=1:\quad (\hat{H}_0 - E_k^{(0)})|\psi_k^{(1)}\rangle = (E_k^{(1)} - \hat{H}')|\psi_k^{(0)}\rangle, \tag{5.1.6b}$$

$$\text{上标之和}=2:\quad (\hat{H}_0 - E_k^{(0)})|\psi_k^{(2)}\rangle = (E_k^{(1)} - \hat{H}')|\psi_k^{(1)}\rangle + E_k^{(2)}|\psi_k^{(0)}\rangle. \tag{5.1.6c}$$

5.1.1　非简并定态微扰论

考察方程(5.1.1)，若$g=1$，则能级不简并. 在此条件下建立的微扰论称为非简并定态微扰论. 此时，方程(5.1.6a)等价于方程(5.1.1). 所以，零级近似$|\psi_k^{(0)}\rangle$和$E_k^{(0)}$就是方程(5.1.1)的本征解.

1. 一级近似

将$|\psi_k^{(1)}\rangle$用$|\psi_n^{(0)}\rangle$展开为

$$|\psi_k^{(1)}\rangle = \sum_n a_n^{(1)}|\psi_n^{(0)}\rangle, \tag{5.1.7}$$

其中，$a_n^{(1)}$为展开系数，代入式(5.1.6b)，并用$\langle\psi_m^{(0)}|$左乘等式两边，得到

$$\langle\psi_m^{(0)}|(\hat{H}_0 - E_k^{(0)})\sum_n a_n^{(1)}|\psi_n^{(0)}\rangle = \langle\psi_m^{(0)}|(E_k^{(1)} - \hat{H}')|\psi_k^{(0)}\rangle,$$

利用$\langle\psi_m^{(0)}|\psi_n^{(0)}\rangle=\delta_{mn}$和$\langle\psi_m^{(0)}|\hat{H}_0=\langle\psi_m^{(0)}|E_m^{(0)}$，得到

$$(E_m^{(0)}-E_k^{(0)})a_m^{(1)}=E_k^{(1)}\delta_{mk}-H'_{mk}\ , \tag{5.1.8}$$

其中，$H'_{mk}=\langle\psi_m^{(0)}|\hat{H}'|\psi_k^{(0)}\rangle$是$\hat{H}'$在$\hat{H}_0$表象中的矩阵元. 当$m=k$时，可得能级的一级近似$E_k^{(1)}$为

$$E_k^{(1)}=H'_{kk}=\langle\psi_k^{(0)}|\hat{H}'|\psi_k^{(0)}\rangle=\bar{H}'_k. \tag{5.1.9}$$

此式表明，能级的一级近似$E_k^{(1)}$等于$\hat{H}'$在$\hat{H}_0$表象下的平均值$\bar{H}'_k$，亦即矩阵元H'_{mk}中的对角元素H'_{kk}.

当$m\neq k$时，由式(5.1.8)可得到

$$a_m^{(1)}=\frac{H'_{mk}}{E_k^{(0)}-E_m^{(0)}},\qquad m\neq k\ . \tag{5.1.10}$$

上式给出了式(5.1.7)中除$a_k^{(1)}$以外的所有展开系数. $a_k^{(1)}$可从$|\psi_k\rangle$的归一化出发加以计算.

$$1=\langle\psi_k|\psi_k\rangle=\langle\psi_k^{(0)}+\psi_k^{(1)}|\psi_k^{(0)}+\psi_k^{(1)}\rangle\approx\langle\psi_k^{(0)}|\psi_k^{(0)}\rangle+\langle\psi_k^{(0)}|\psi_k^{(1)}\rangle+\langle\psi_k^{(1)}|\psi_k^{(0)}\rangle.$$

这里略去了高阶小量$\langle\psi_k^{(1)}|\psi_k^{(1)}\rangle$.由于$\langle\psi_k^{(0)}|\psi_k^{(0)}\rangle=1$，从上式得到

$$\langle\psi_k^{(0)}|\psi_k^{(1)}\rangle+\langle\psi_k^{(1)}|\psi_k^{(0)}\rangle=0\ .$$

将式(5.1.7)代入，得到$a_k^{(1)}+a_k^{(1)*}=0$，所以$a_k^{(1)}=\mathrm{i}\gamma$为纯虚数，其中$\gamma$为任意实数. 为简单起见，可取$\gamma=0$，故有$a_k^{(1)}=0$.

综上，一级近似下系统的能级和波函数公式为

$$E_k=E_k^{(0)}+H'_{kk}\ , \tag{5.1.11}$$

$$|\psi_k\rangle=|\psi_k^{(0)}\rangle+\sum_{m\neq k}\frac{H'_{mk}}{E_k^{(0)}-E_m^{(0)}}|\psi_m^{(0)}\rangle. \tag{5.1.12}$$

2. 二级近似

将$|\psi_k^{(2)}\rangle$用$|\psi_n^{(0)}\rangle$展开为

$$|\psi_k^{(2)}\rangle=\sum_n a_n^{(2)}|\psi_n^{(0)}\rangle\ , \tag{5.1.13}$$

其中，$a_n^{(2)}$为展开系数，代入式(5.1.6c)，并用$\langle\psi_m^{(0)}|$左乘等式两边，得到

$$\langle\psi_m^{(0)}|(\hat{H}_0-E_k^{(0)})\sum_n a_n^{(2)}|\psi_n^{(0)}\rangle=\langle\psi_m^{(0)}|(E_k^{(1)}-\hat{H}')\sum_n a_n^{(1)}|\psi_n^{(0)}\rangle+\langle\psi_m^{(0)}|E_k^{(2)}|\psi_k^{(0)}\rangle\ .$$

利用$\langle\psi_m^{(0)}|\psi_n^{(0)}\rangle=\delta_{mn}$和$\langle\psi_m^{(0)}|\hat{H}_0=\langle\psi_m^{(0)}|E_m^{(0)}$，得到

$$(E_m^{(0)}-E_k^{(0)})a_m^{(2)}=E_k^{(1)}a_m^{(1)}-\sum_n a_n^{(1)}H'_{mn}+E_k^{(2)}\delta_{mk}\ . \tag{5.1.14}$$

当 $m=k$ 时，由式(5.1.14)和式(5.1.10)并注意 $a_k^{(1)}=0$，可得能级的二级近似 $E_k^{(2)}$ 为

$$E_k^{(2)}=\sum_{n\neq k}\frac{|H'_{nk}|^2}{E_k^{(0)}-E_n^{(0)}}\ , \tag{5.1.15}$$

当 $m\neq k$ 时，由式(5.1.14)可得到

$$a_m^{(2)}=\sum_{n\neq k}\frac{H'_{nk}H'_{mn}}{(E_k^{(0)}-E_m^{(0)})(E_k^{(0)}-E_n^{(0)})}-\frac{H'_{kk}H'_{mk}}{(E_k^{(0)}-E_m^{(0)})^2},\quad m\neq k\ . \tag{5.1.16}$$

上式给出了式(5.1.13)中除 $a_k^{(2)}$ 以外的所有展开系数. 为计算 $a_k^{(2)}$，可从 $\langle\psi_k|\psi_k\rangle=1$ 出发，并忽略三阶及以上高阶小量，得到

$$\langle\psi_k^{(0)}|\psi_k^{(2)}\rangle+\langle\psi_k^{(2)}|\psi_k^{(0)}\rangle+\langle\psi_k^{(1)}|\psi_k^{(1)}\rangle=0\ .$$

将式(5.1.7)和式(5.1.13)代入，得到

$$a_k^{(2)}+a_k^{(2)*}+\sum_{l,k}a_l^{(1)*}a_k^{(1)}\delta_{lk}=0\ .$$

若取 $a_k^{(2)}$ 为实数，可得

$$a_k^{(2)}=-\frac{1}{2}\sum_l|a_l^{(1)}|^2=-\frac{1}{2}\sum_{l\neq k}\frac{|H'_{lk}|^2}{(E_k^{(0)}-E_l^{(0)})^2}\ . \tag{5.1.17}$$

综上，二级近似下系统的能级和波函数公式为

$$E_k=E_k^{(0)}+H'_{kk}+\sum_{m\neq k}\frac{|H'_{mk}|^2}{E_k^{(0)}-E_m^{(0)}}\ , \tag{5.1.18}$$

$$\begin{aligned}|\psi_k\rangle=&|\psi_k^{(0)}\rangle+\sum_{m\neq k}\frac{H'_{mk}}{E_k^{(0)}-E_m^{(0)}}|\psi_k^{(0)}\rangle-\frac{1}{2}\sum_{l\neq k}\frac{|H'_{lk}|^2}{(E_k^{(0)}-E_l^{(0)})^2}|\psi_k^{(0)}\rangle\\&+\sum_{m\neq k}\left(\sum_{n\neq k}\frac{H'_{nk}H'_{mn}}{(E_k^{(0)}-E_m^{(0)})(E_k^{(0)}-E_n^{(0)})}-\frac{H'_{kk}H'_{mk}}{(E_k^{(0)}-E_m^{(0)})^2}\right)|\psi_m^{(0)}\rangle.\end{aligned} \tag{5.1.19}$$

以上结果表明，定态微扰论的核心就是计算微扰算符 $\hat{H}'$ 在未微扰算符 $\hat{H}_0$ 表象中的矩阵元 $H'_{mk}=\langle\psi_m^{(0)}|\hat{H}'|\psi_k^{(0)}\rangle$.

例 5.1.1　电介质极化率问题. 电介质中荷电为 q 的离子在平衡点附近的振动，一维简化模型下可用线性谐振子描述，哈密顿算符为 $\hat{H}_0=-\frac{\hbar^2}{2\mu}\frac{\mathrm{d}^2}{\mathrm{d}x^2}+\frac{1}{2}\mu\omega^2x^2$.若对介质沿 x 方向施加电场 $\varSigma$，电场与离子发生相互作用，对应的哈密

顿算符为 $\hat{H}' = -q\Sigma x$. 在电场不足够强以至于 $\hat{H}' \ll \hat{H}_0$ 的条件下,求离子的能量本征值和本征态, 并求出介质的电极化率.

解 施加电场后, 离子的哈密顿算符为 $\hat{H} = \hat{H}_0 + \hat{H}'$, 能量本征方程为

$$(\hat{H}_0 + \hat{H}')|\psi_k\rangle = E_k |\psi_k\rangle ,$$

在 $\hat{H}' \ll \hat{H}_0$ 的条件下, 将 $\hat{H}'$ 视作对 $\hat{H}_0$ 的微扰. 未微扰算符 $\hat{H}_0$ 的本征方程为

$$\hat{H}_0 |\psi_n^{(0)}\rangle = E_n^{(0)} |\psi_n^{(0)}\rangle .$$

由式(2.1.30), 有 $E_n^{(0)} = \left(n + \frac{1}{2}\right)\hbar\omega$. 由式(2.1.31), 坐标表象下 $|\psi_n^{(0)}\rangle = N_n \mathrm{e}^{-\frac{\alpha^2}{2}x^2}$. $H_n(\alpha x)$, $\alpha=\sqrt{\mu\omega/\hbar}$.

由式(4.2.5), 有

$$x|\psi_n^{(0)}\rangle = (\sqrt{n/2}\,|\psi_{n-1}^{(0)}\rangle + \sqrt{(n+1)/2}\,|\psi_{n+1}^{(0)}\rangle)/\alpha$$

由此可得到 $\hat{H}'$ 在 $\hat{H}_0$ 表象下的矩阵元为

$$H'_{nk} = \langle\psi_n^{(0)}|H'|\psi_k^{(0)}\rangle = -q\Sigma\langle\psi_n^{(0)}|x|\psi_k^{(0)}\rangle = \beta\left[\sqrt{\frac{k+1}{2}}\delta_{nk+1} + \sqrt{\frac{k}{2}}\delta_{nk-1}\right]$$

其中, $\beta = -q\Sigma\sqrt{\hbar/\mu\omega}$.不难验证, $H'_{kk} = 0$, 故 $E_k^{(1)} = H'_{kk} = 0$.将上式代入式 (5.1.15), 得到 $E_k^{(2)} = -q^2\Sigma^2/(2\mu\omega^2)$. 所以, 二级近似下系统的能级为

$$E_k = E_k^{(0)} + E_k^{(1)} + E_k^{(2)} = \left(k + \frac{1}{2}\right)\hbar\omega - \frac{q^2\Sigma^2}{2\mu\omega^2} . \tag{5.1.20}$$

将 H'_{nk} 代入式(5.1.12)中, 得到一级近似下系统的波函数为

$$|\psi_k\rangle = |\psi_k^{(0)}\rangle + \frac{q\Sigma}{\omega\sqrt{\hbar\mu\omega}}\left(\sqrt{\frac{k+1}{2}}\,|\psi_{k+1}^{(0)}\rangle - \sqrt{\frac{k}{2}}\,|\psi_{k-1}^{(0)}\rangle\right). \tag{5.1.21}$$

讨论

(1) 若电场 $\Sigma = 0$, 则 $E_k = E_k^{(0)}$, $|\psi_k\rangle = |\psi_k^{(0)}\rangle$;

(2) 加入电场后, 各能级整体下降一个常量 $q^2\Sigma^2/(2\mu\omega^2)$, 能级差不变;

(3) 加入电场后, $|\psi_k\rangle$ 中不仅包含 $|\psi_k^{(0)}\rangle$, 也包含 $|\psi_{k+1}^{(0)}\rangle$ 和 $|\psi_{k-1}^{(0)}\rangle$, 产生了能级间的混合效应.

不加电场时, 离子在其平衡点附近振动, 坐标平均值 $\bar{x} = \langle\psi_n^{(0)}|x|\psi_n^{(0)}\rangle = 0$. 施加电场后, 可利用式(5.1.21)计算出 $\bar{x} = \langle\psi_k|x|\psi_k\rangle = q\Sigma/(\mu\omega^2)$, 说明离子的平衡点沿电场方向偏移了 $q\Sigma/(\mu\omega^2)$, 由此诱导的电偶极矩为 $D = 2\bar{x}q = 2q^2\Sigma/(\mu\omega^2)$,

故可得到电极化率为$\kappa = D/\Sigma = 2q^2/(\mu\omega^2)$.

例 5.1.2　已知$\hat{H}=\begin{pmatrix}1 & \delta \\ \delta & 2\end{pmatrix}$，$\delta$为实数. 在$\delta \ll 1$时，一级近似下求$\hat{H}$的本征态$\alpha=\begin{pmatrix}a \\ b\end{pmatrix}$，二级近似下求$\hat{H}$的本征值$E$.

解　设$\hat{H}=\hat{H}_0+\hat{H}'$，$\hat{H}_0=\begin{pmatrix}1 & 0 \\ 0 & 2\end{pmatrix}$，$\hat{H}'=\delta\begin{pmatrix}0 & 1 \\ 1 & 0\end{pmatrix}$. 方程$\hat{H}_0\alpha^{(0)}=E^{(0)}\alpha^{(0)}$的本征解为

$$E_1^{(0)}=1,\quad E_2^{(0)}=2,\quad \alpha_1^{(0)}=\begin{pmatrix}1 \\ 0\end{pmatrix},\quad \alpha_2^{(0)}=\begin{pmatrix}0 \\ 1\end{pmatrix}.$$

$\hat{H}'$在$\hat{H}_0$表象中的矩阵元为

$$H'_{21}=\langle\alpha_2^{(0)}|\hat{H}'|\alpha_1^{(0)}\rangle=\begin{pmatrix}0 & 1\end{pmatrix}\delta\begin{pmatrix}0 & 1 \\ 1 & 0\end{pmatrix}\begin{pmatrix}1 \\ 0\end{pmatrix}=\delta=H'_{12},\quad H'_{11}=H'_{22}=0.$$

由式(5.1.12)可得本征态$\alpha=\begin{pmatrix}a \\ b\end{pmatrix}$的一级近似解为

$$|\alpha_1\rangle=|\alpha_1^{(0)}\rangle+\frac{H'_{21}}{E_1^{(0)}-E_2^{(0)}}|\alpha_2^{(0)}\rangle=\begin{pmatrix}1 \\ -\delta\end{pmatrix},\quad |\alpha_2\rangle=|\alpha_2^{(0)}\rangle+\frac{H'_{12}}{E_2^{(0)}-E_1^{(0)}}|\alpha_1^{(0)}\rangle=\begin{pmatrix}\delta \\ 1\end{pmatrix}$$

由式(5.1.18)可得本征值E的二级近似解为

$$E_1=1-\delta^2,\quad E_2=2+\delta^2.$$

5.1.2　简并定态微扰论

考察方程(5.1.1)，若$g>1$，则$E_n^{(0)}$对$|\psi_{n\mu}^{(0)}\rangle$存在简并. 如果讨论的是第$k$个能级，$k\in\{n\}$，则体系的未微扰能级$E_n^{(0)}=E_k^{(0)}$，对应的未微扰波函数$|\psi_k^{(0)}\rangle$可表达为

$$|\psi_k^{(0)}\rangle=\sum_{\mu=1}^{g}a_\mu|\psi_{k\mu}^{(0)}\rangle, \tag{5.1.22}$$

其中，a_μ为待定展开系数，代入式(5.1.6b)，并用$\langle\psi_{k\nu}^{(0)}|$左乘等式两边，得到

$$\langle\psi_{k\nu}^{(0)}|(\hat{H}_0-E_k^{(0)})|\psi_k^{(1)}\rangle=\langle\psi_{k\nu}^{(0)}|(E_k^{(1)}-\hat{H}')\sum_{\mu=1}^{g}a_\mu|\psi_{k\mu}^{(0)}\rangle.$$

由 $\langle\psi_{kv}^{(0)}|\hat{H}_0=\langle\psi_{kv}^{(0)}|E_k^{(0)}$ 和式(5.1.2)，左边=$\langle\psi_{kv}^{(0)}|(E_k^{(0)}-E_k^{(0)})|\psi_k^{(1)}\rangle=0$，故有

$$\sum_{\mu=1}^{g}(H'_{\nu\mu}-E_k^{(1)}\delta_{\nu\mu})a_\mu=0\ , \tag{5.1.23}$$

其中

$$H'_{\nu\mu}=\langle\psi_{kv}^{(0)}|\hat{H}'|\psi_{k\mu}^{(0)}\rangle\ , \tag{5.1.24}$$

式(5.1.23)是 a_μ 满足的齐次线性方程组，有非零解的条件是 a_μ 的系数行列式为零，即

$$\det|H'_{\nu\mu}-E_k^{(1)}\delta_{\nu\mu}|=0\ . \tag{5.1.25}$$

对于给定的问题，先计算出 $H'_{\nu\mu}$，代入久期方程(5.1.25)中计算出 $E_k^{(1)}$ 的 j 重根，记为 $E_{kj}^{(1)}$，从而得到一级近似下的能级公式为

$$E_{kj}=E_k^{(0)}+E_{kj}^{(1)}\ , \tag{5.1.26}$$

再代入式(5.1.23)中求出 a_μ. 由于 $E_k^{(1)}$ 有 j 重根，每个根对应一组 a_μ，记为 $a_{\mu j}$，由式(5.1.22)，对应的零级近似波函数需重新标记为

$$|\psi_{kj}^{(0)}\rangle=\sum_{\mu=1}^{f}a_{\mu j}|\psi_{k\mu}^{(0)}\rangle\ . \tag{5.1.27}$$

5.1.3 斯塔克效应

把原子置于电场中谱线发生分裂的现象称为斯塔克(Stark)效应. 以氢原子为例，不考虑自旋，能级 $E_n^{(0)}=-e^2/(2a_0n^2)$ 相对于波函数为 $|\psi_{n\mu}^{(0)}\rangle=|\psi_{nlm}^{(0)}\rangle$ 是 n^2 度简并的. 如图 5.1.1 所示，氢原子第一激发态($n=2$)向基态($n=1$)的跃迁产生莱曼(Lyman)线系的第一条谱线，波长为 $\lambda_0=121.5\text{ nm}$. 施加电场 Σ 后，谱线分裂为三条.

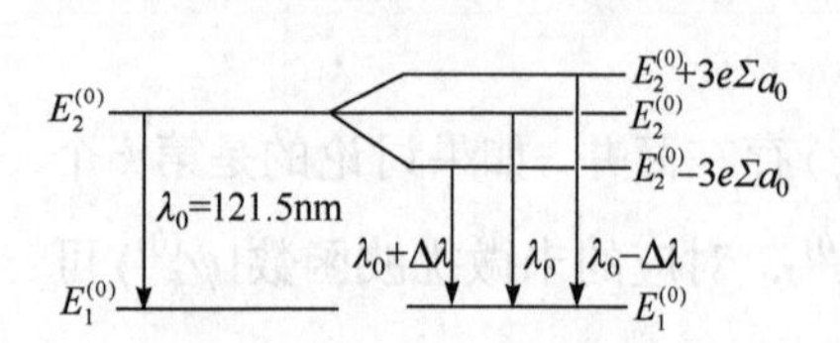

图 5.1.1　氢原子的斯塔克效应
左：无电场；右：有电场

当 $n=1$ 时，$E_1^{(0)}$ 对应 1 个波函数 $|\psi_{100}^{(0)}\rangle$；当 $n=2$ 时，$E_2^{(0)}$ 对应 4 个波函数，记为：$|1\rangle=|\psi_{200}^{(0)}\rangle$，$|2\rangle=|\psi_{210}^{(0)}\rangle$，$|3\rangle=|\psi_{211}^{(0)}\rangle$，$|4\rangle=|\psi_{21-1}^{(0)}\rangle$. 若沿 z 方向施加电场，对应的哈密顿算符为 $\hat{H}'=e\Sigma z=e\Sigma r\cos\theta$. 若 $\Sigma\leqslant10^9\text{ V/m}$, 则可将此 $\hat{H}'$ 视作对氢原子哈密顿算符 $\hat{H}_0$ 的微扰. 当 $n=1$ 时，能级不简并，$E_1^{(0)}$ 不会分裂；当 $n=2$ 时，

能级四重简并，$E_2^{(0)}$可能会分裂. 为此，需按式(5.1.24)在$k=n=2$，$\nu,\mu=1,2,3,4$的情况下计算出$\hat{H}'$在$\hat{H}_0$表象下的 16 个矩阵元$H'_{\nu\mu}$，如$H'_{23}=\langle 2|\hat{H}'|3\rangle=\langle\psi_{211}^{(0)}|e\Sigma r\cos\theta|\psi_{210}^{(0)}\rangle$. 利用氢原子的波函数，可给出所需 4 个波函数在球坐标下的函数形式，求积分，即可得到这 16 个矩阵元. 如

$$
\begin{aligned}
H'_{12}&=\langle 1|\hat{H}'|2\rangle=\int\psi_{200}^{(0)*}\hat{H}'\psi_{210}^{(0)}\mathrm{d}\tau\\
&=\frac{e\Sigma}{32\pi a_0^4}\int_0^{2\pi}\mathrm{d}\varphi\int_0^{\infty}r^4\left(2-\frac{r}{a_0}\right)\mathrm{e}^{-\frac{r}{a_0}}\mathrm{d}r\int_0^{\pi}\cos^2\theta\sin\theta\mathrm{d}\theta=-3e\Sigma a_0,
\end{aligned}
$$

$H'_{21}=H'_{12}=-3e\Sigma a_0$，其余 14 项均为 0. 将$H'_{\nu\mu}$代入式(5.1.25)中，有

$$
\begin{vmatrix}
-E_2^{(1)} & -3e\Sigma a_0 & 0 & 0\\
-3e\Sigma a_0 & -E_2^{(1)} & 0 & 0\\
0 & 0 & -E_2^{(1)} & 0\\
0 & 0 & 0 & -E_2^{(1)}
\end{vmatrix}=0,
$$

从中解出$E_2^{(0)}$的 4 个根$E_{2j}^{(0)}(j=1,2,3,4)$：$E_{21}^{(1)}=3e\Sigma a_0$，$E_{22}^{(1)}=-3e\Sigma a_0$，$E_{23}^{(1)}=E_{24}^{(1)}=0$.将其代入式(5.1.26)中，得到一级近似下，$E_2^{(0)}$分裂成三个能级：$E_{21}=E_2^{(0)}+3e\Sigma a_0$，$E_{22}=E_2^{(0)}-3e\Sigma a_0$，$E_{23}=E_{24}=E_2^{(0)}$，如图 5.1.1 所示.

将$E_{2j}^{(0)}$分别代入方程(5.1.23)中，求出$a_{\mu j}$，代入式(5.1.27)中，得到零级近似波函数为：$|\psi_{21}^{(0)}\rangle=(|\psi_{200}^{(0)}\rangle-|\psi_{210}^{(0)}\rangle)/\sqrt{2}$，$|\psi_{22}^{(0)}\rangle=(|\psi_{200}^{(0)}\rangle+|\psi_{210}^{(0)}\rangle)/\sqrt{2}$，$|\psi_{23}^{(0)}\rangle=|\psi_{211}^{(0)}\rangle$，$|\psi_{24}^{(0)}\rangle=|\psi_{21-1}^{(0)}\rangle$，其中$|\psi_{23}^{(0)}\rangle$和$|\psi_{24}^{(0)}\rangle$是能级二重简并的. 对氢原子来说，核外电子受到原子核球对称库仑场的作用，由于对称性高，因此导致电子的能级简并度高. 沿某一方向施加电场，破坏了这种对称性，使得简并得以部分消除. 施加电场后，电子的状态可以用 4 个零级波函数近似描述，氢原子就像拥有大小为$3e\Sigma a_0$的电偶极矩一样，在$|\psi_{21}^{(0)}\rangle$和$|\psi_{22}^{(0)}\rangle$中，取向分别与外电场同向和反向；在$|\psi_{23}^{(0)}\rangle$和$|\psi_{24}^{(0)}\rangle$中，取向与外电场垂直.

5.2　含时微扰论

若体系在$t\in(-\infty,0)$时处于定态，哈密顿算符为$\hat{H}_0$，对应的能量本征方程

$$
\hat{H}_0|\psi_n^{(0)}\rangle=E_n^{(0)}|\psi_n^{(0)}\rangle, \tag{5.2.1}
$$

有严格本征解，且$\langle\psi_{n'}^{(0)}|\psi_n^{(0)}\rangle=\delta_{n'n}$. 在$t=0$时刻体系受到某一作用，记为$\hat{H}'(t)$，

则$t \geqslant 0$后，体系的哈密顿算符为$\hat{H}(t)=\hat{H}_0+\hat{H}'(t)$，则体系的量子态$|\psi(t)\rangle$满足薛定谔方程

$$\mathrm{i}\hbar\frac{\partial}{\partial t}|\psi(t)\rangle=\left[\hat{H}_0+\hat{H}'(t)\right]|\psi(t)\rangle. \tag{5.2.2}$$

含时微扰论要处理的问题是，在$\hat{H}'(t)$已知的情况下，若$\hat{H}'(t)\ll\hat{H}_0$，可将$\hat{H}'(t)$视作对$\hat{H}_0$的一种微扰，则可从$\hat{H}_0$的严格本征解$E_n^{(0)}$和$|\psi_n^{(0)}\rangle$出发，求出$|\psi(t)\rangle$的近似解. 设$t=0$时体系处于某一定态$|\psi_k^{(0)}\rangle$，$k\in\{n\}$，对应能级为$E_k^{(0)}$，则方程(5.2.2)的初始条件为

$$|\psi(0)\rangle=|\psi_k^{(0)}\rangle. \tag{5.2.3}$$

将$|\psi(t)\rangle$在$\hat{H}_0$表象下展开

$$|\psi(t)\rangle=\sum_n c_{nk}(t)\mathrm{e}^{-\mathrm{i}E_n^{(0)}t/\hbar}|\psi_n^{(0)}\rangle, \tag{5.2.4}$$

其中，$c_{nk}(t)\mathrm{e}^{-\mathrm{i}E_n^{(0)}t/\hbar}$为展开系数，下标$k$对应初始条件(5.2.3). 将$|\psi(t)\rangle$代入方程 (5.2.2)中，利用方程(5.2.1)，得到

$$\mathrm{i}\hbar\sum_n\frac{\mathrm{d}c_{nk}(t)}{\mathrm{d}t}\mathrm{e}^{-\mathrm{i}E_n^{(0)}t/\hbar}|\psi_n^{(0)}\rangle=\hat{H}'(t)\sum_n c_{nk}(t)\mathrm{e}^{-\mathrm{i}E_n^{(0)}t/\hbar}|\psi_n^{(0)}\rangle.$$

用$\langle\psi_{k'}^{(0)}|$左乘上式两边，$k'\in\{n\}$，得到

$$\mathrm{i}\hbar\frac{\mathrm{d}}{\mathrm{d}t}c_{k'k}(t)=\sum_n\mathrm{e}^{\mathrm{i}\omega_{k'n}t}H'_{k'n}(t)C_{nk}(t), \tag{5.2.5}$$

其中，$\omega_{k'n}=(E_{k'}-E_n)/\hbar$，$H'_{k'n}(t)$是$\hat{H}'(t)$在$\hat{H}_0$表象中的矩阵元

$$H'_{k'n}(t)=\langle k'|\hat{H}'(t)|n\rangle. \tag{5.2.6}$$

方程(5.2.5)可以看作薛定谔方程(5.2.2)在$\hat{H}_0$表象中的形式.

在式(5.2.4)中令$t=0$，再将初始条件(5.2.3)代入，有$|\psi(0)\rangle=\sum_{n'}c_{n'k}(0)|\psi_{n'}^{(0)}\rangle=|\psi_k^{(0)}\rangle$，两边左乘$\langle\psi_n^{(0)}|$，有$\langle\psi_n^{(0)}|\sum_{n'}c_{n'k}(0)|\psi_{n'}^{(0)}\rangle=\langle\psi_n^{(0)}|\psi_k^{(0)}\rangle$，可得$c_{nk}(t)$的初始条件为

$$c_{nk}(0)=\delta_{nk}. \tag{5.2.7}$$

下面在此初始条件下采用近似方法求解方程(5.2.5).

零级近似下，认为$\hat{H}'(t)\to 0$，由方程(5.2.5)可得$\mathrm{d}c_{k'k}^{(0)}(t)/\mathrm{d}t=0$，有$c_{k'k}^{(0)}(t)=c_{k'k}^{(0)}(0)=\delta_{k'k}$，即

$$c_{k'k}^{(0)}(t)=\delta_{k'k}\,. \tag{5.2.8}$$

一级近似下，令方程(5.2.5)右端 $c_{nk}(t)\to c_{nk}^{(0)}(t)=\delta_{nk}$，由此给出一级近似 $c_{k'k}^{(1)}(t)$ 满足的方程 $\mathrm{i}\hbar\mathrm{d}c_{k'k}^{(1)}(t)/\mathrm{d}t=\sum_n \mathrm{e}^{\mathrm{i}\omega_{k'n}t}H'_{k'n}(t)\delta_{nk}=\mathrm{e}^{\mathrm{i}\omega_{k'k}t}H'_{k'k}(t)$，由此解出

$$C_{k'k}^{(1)}(t)=\frac{1}{\mathrm{i}\hbar}\int_0^t \mathrm{e}^{\mathrm{i}\omega_{k'k}t}H'_{k'k}(t)\mathrm{d}t\,. \tag{5.2.9}$$

其中，$\omega_{k'k}=(E_{k'}-E_k)/\hbar$，$H'_{k'k}(t)=\langle k'|\hat{H}'(t)|k\rangle$.

准确到一级近似，方程(5.2.5)的解为

$$c_{k'k}(t)=c_{k'k}^{(0)}(t)+c_{k'k}^{(1)}(t)=\delta_{k'k}+\frac{1}{\mathrm{i}\hbar}\int_0^t \mathrm{e}^{\mathrm{i}\omega_{k'k}t}H'_{k'k}(t)\mathrm{d}t\,. \tag{5.2.10}$$

以此类推可求得更高级近似解.

例 5.2.1　在 $t\in(-\infty,0)$ 时，一荷电为 q 的线性谐振子处于基态 $|0\rangle$. 当 $t=0$ 时，施加一电场 $\varSigma\mathrm{e}^{-t^2/\tau^2}$，$\tau$ 为时间常数，对应哈密顿算符为 $\hat{H}'(t)=-q\varSigma x\mathrm{e}^{-t^2/\tau^2}$. 分析 $t\geqslant 0$ 后谐振子处于第 n 个本征态 $|n\rangle$ 的概率 $P_n=|c_{n0}(t\to\infty)|^2$，$n\geqslant 1$. 讨论 $\tau\to 0$ (突发微扰)和 $\tau\to\infty$ (绝热微扰)的情况.

解　依题意，$k=0$，$k'=n\geqslant 1$，由式(5.2.10)，并注意 $c_{n0}^{(0)}(t)=\delta_{n0}=0$，有

$$c_{n0}(t)=\frac{1}{\mathrm{i}\hbar}\int_0^t \mathrm{e}^{\mathrm{i}\omega_{n0}t}H'_{n0}(t)\mathrm{d}t\,.$$

由式(5.2.6)，有 $H'_{n0}(t)=-q\varSigma\mathrm{e}^{-t^2/\tau^2}\langle n|x|0\rangle$；由能级公式 $E_n=(n+1/2)\hbar\omega$ 可得 $\omega_{n0}=n\hbar\omega$；由式(4.2.5)，有 $\langle n|x|0\rangle=\sqrt{\hbar/(2\mu\omega)}\delta_{n1}$. 故有

$$c_{n0}(t\to\infty)=\frac{-q\varSigma}{\mathrm{i}\hbar}\sqrt{\frac{\hbar}{2\mu\omega}}\delta_{n1}\int_0^\infty \mathrm{e}^{\mathrm{i}n\omega t}\mathrm{e}^{-t^2/\tau^2}\mathrm{d}t=\mathrm{i}q\varSigma\delta_{n1}\sqrt{\frac{\pi}{2\mu\hbar\omega}}\tau\mathrm{e}^{-\omega^2\tau^2/4}\,.$$

可见只有 $n=1$ 时 $c_{n0}\neq 0$，$n\geqslant 2$ 后 $c_{n0}=0$. 这说明施加电场后，谐振子只可能从基态 $|0\rangle$ 跃迁到第一激发态 $|1\rangle$，不能跃迁到更高激发态 $|n\geqslant 2\rangle$. 跃迁到 $|1\rangle$ 的概率为

$$P_1=\frac{q^2\varSigma^2\pi}{2\mu\hbar\omega}\tau^2\mathrm{e}^{-\omega^2\tau^2/2}\,.$$

对突发微扰($\tau\to 0$)，即微扰突然被加上，$\tau\to 0$ 导致 $P_1\to 0$，系统保持在基态. 对绝热微扰($\tau\to\infty$)，即微扰非常缓慢地加上，$\tau\to\infty$ 导致 $P_1\to 0$，系统也保持在原来状态.

5.3 变 分 法

本节介绍一种基于变分法在定态下估算体系基态能量的方法. 定态下体系的能量本征方程为

$$\hat{H}\,|n\rangle = E_n\,|n\rangle,\quad n=1,2,3,\cdots,\tag{5.3.1}$$

约定基态能量 $E_1 < E_n\,(n=2,3,4,\cdots)$.将任意量子态$|\psi\rangle$用$|n\rangle$展开，有

$$|\psi\rangle = \sum_n a_n\,|n\rangle.\tag{5.3.2}$$

对$|\psi\rangle$归一化，即$\langle\psi|\psi\rangle=1$，则有$\sum_n |a_n|^2=1$. 哈密顿算符$\hat{H}$在$|\psi\rangle$下的平均值为

$$\bar{H}=\langle\psi|\hat{H}|\psi\rangle=\sum_n |a_n|^2\,E_n.\tag{5.3.3}$$

因为$E_1 < E_{n\geqslant 2}$，故有

$$\bar{H}\geqslant E_1\sum_n |a_n|^2 = E_1\tag{5.3.4}$$

结合以上两式，有

$$E_1\leqslant \bar{H}=\langle\psi|\hat{H}|\psi\rangle.\tag{5.3.5}$$

这说明，用任意波函数$|\psi\rangle$在$\hat{H}$表象中计算出的$\bar{H}$总是大于体系的基态能量E_1. 基于此，可在$|\psi\rangle$中引入参变量λ，即$|\psi\rangle\rightarrow|\psi(\lambda)\rangle$，同时考虑$|\psi(\lambda)\rangle$不一定是归一化的，则有

$$\bar{H}(\lambda)=\frac{\langle\psi(\lambda)|\hat{H}|\psi(\lambda)\rangle}{\langle\psi(\lambda)|\psi(\lambda)\rangle}.\tag{5.3.6}$$

数学上，可将$\bar{H}$看成$|\psi\rangle$的泛函而对$|\psi(\lambda)\rangle$求变分，令$\delta\bar{H}(\lambda)=0$以使$\bar{H}(\lambda)$取最小值，从而估算出E_1的值. 所以，可任意选取一种$|\psi(\lambda)\rangle$，代入式(5.3.6)中计算出$\bar{H}(\lambda)$.为求$\bar{H}(\lambda)$取极值的条件，令

$$\frac{\mathrm{d}\bar{H}(\lambda)}{\mathrm{d}\lambda}=0.\tag{5.3.7}$$

据此获得变分参数λ所满足的方程，求得解$\lambda=\lambda^0$，再代入$\bar{H}(\lambda)$中，即可得到E_1的估算值$E_1^{估}$为

$$E_1^{估}=\bar{H}(\lambda^0).\tag{5.3.8}$$

例 5.3.1　已知氢原子的哈密顿算符为 $\hat{H}=-\frac{\hbar^2}{2\mu}\frac{1}{r}\frac{\partial^2}{\partial r^2}r+\frac{\hat{l}^2}{2\mu r^2}-\frac{e^2}{r}$. 能量公式为 $E_n=-\frac{e^2}{2a_0n^2},n=1,2,\cdots$，$a_0=\frac{\hbar^2}{\mu e^2}$ 为玻尔半径. 利用变分法，计算出 E_1 的估算值 $E_1^{估}$.

解　设 $\hat{H}=\hat{H}_r+\hat{H}_{\theta,\varphi}$，其中 $\hat{H}_r=-\frac{\hbar^2}{2\mu}\frac{1}{r}\frac{\partial^2}{\partial r^2}r-\frac{e^2}{r}$ 是径向算符，$\hat{H}_{\theta,\varphi}=\frac{\hat{l}^2}{2\mu r^2}$ 是角向算符. 若选取的 $|\psi(\lambda)\rangle$ 仅同径向变量 r 有关，即 $|\psi\rangle=|\psi(\lambda,r)\rangle$，则 $\hat{H}_{\theta,\varphi}|\psi(\lambda,r)\rangle=0$. 故在计算 $\langle\psi(\lambda,r)|\hat{H}|\psi(\lambda,r)\rangle$ 时仅需考虑 $\hat{H}_r$ 即可.

(1) 选取高斯型波函数 $|\psi(\lambda)\rangle=\mathrm{e}^{-\lambda r^2}$，代入式(5.3.6)中，求积分，得到 $\bar{H}(\lambda)=\frac{3\hbar^2}{2\mu}\lambda-2e^2\sqrt{\frac{2\lambda}{\pi}}=\bar{H}_1(\lambda)$. 令 $\frac{\mathrm{d}\bar{H}_1(\lambda)}{\mathrm{d}\lambda}=0$，得到 $\frac{3\hbar^2}{2\mu}-\sqrt{\frac{2}{\lambda\pi}}e^2=0$，从中解得 $\lambda=\lambda_1^0=\frac{8}{9\pi a_0^2}$，代入 $\bar{H}_1(\lambda)$ 中，得到 $E_1^{估1}=\bar{H}_1(\lambda_1^0)=-\frac{4}{3\pi}\frac{e^2}{2a_0}=\frac{4}{3\pi}E_1=0.849E_1$.

(2) 选取洛伦兹波函数 $|\psi(\lambda)\rangle=\mathrm{e}^{-\lambda r}$，代入式(5.3.6)中，求积分，得到 $\bar{H}(\lambda)=\frac{\hbar^2}{2\mu}\lambda^2-e^2\lambda=\bar{H}_2(\lambda)$. 令 $\frac{\mathrm{d}\bar{H}_2(\lambda)}{\mathrm{d}\lambda}=0$，得到 $\frac{\hbar^2}{\mu}\lambda-e^2=0$，从中解得 $\lambda=\lambda_2^0=\frac{1}{a_0}$，代入 $\bar{H}_2(\lambda)$ 中，得到 $E_1^{估2}=\bar{H}_2(\lambda_2^0)=E_1$.

可见，试探函数 $|\psi(\lambda)\rangle$ 选取不同，估算值的精度就不同. 由于氢原子的能级公式已被精确推出，因此近似方法对氢原子没有实际意义. 但对于氦原子等，没有能级精确公式，借助变分法，经过较为复杂的积分计算，可以有效地估算出基态能量.

习　题　5

5.1　粒子在宽度为 a 的一维无限深方势阱中运动，势函数为

$$V(x)=\begin{cases}\infty, & x<0,x>a\\ -V_0, & 0<x<a/2,\\ 0, & a/2<x<a\end{cases}$$

在 $V_0\ll 1$ 的条件下，计算在一级近似下粒子的基态能量.

5.2　粒子在宽度为 a 的一维无限深方势阱中运动，受到微扰作用：

$$\hat{H}'(x)=\begin{cases}2\lambda x/a, & 0<x<a/2\\ 2\lambda(1-x/a), & a/2<x<a\end{cases},$$

求粒子能量一级修正 $E_n^{(1)}$.

5.3　体系的哈密顿算符为 $\hat{H}=\hat{H}_0+\hat{H}'$，$\hat{H}_0=\begin{pmatrix}\varepsilon_1 & 0\\ 0 & \varepsilon_2\end{pmatrix}$，$\hat{H}'=\begin{pmatrix}a & b\\ b & a\end{pmatrix}$，其中 ε_1、ε_2、a 和 b 均为实数且 $a,b\ll 1$，求二级近似下的能量本征值 $E^{(2)}$，并与 4.2 题做比较.

5.4　体系的哈密顿算符为 $\hat{H}=\begin{pmatrix}\varepsilon_1 & a_1 & a_2\\ a_1^* & \varepsilon_2 & a_3\\ a_2^* & a_3^* & \varepsilon_3\end{pmatrix}$，其中 $\varepsilon_{1,2,3}$ 为实数且 $|a_{1,2,3}|\ll 1$，计算体系的一、二级能量修正值.

5.5　一维线性谐振子，$t<0$ 时处于基态 $|0\rangle$. $t=0$ 时受到一个微扰 $\hat{H}'=x\mathrm{e}^{-\beta t}$ 的作用，经过充分长时间后，该谐振子可能会跃迁到激发态 $|n\rangle$. 在一级近似下求此跃迁概率.

第6章 量 子 跃 迁

6.1 光吸收与受激辐射的半经典理论

在原子中，电子受原子核的作用，被束缚在原子内部，处于束缚态. 分子或离子中的电子，也处于类似的束缚态. 通常将原子、分子、离子等微观粒子简称为粒子.

6.1.1 光的吸收与辐射现象

粒子中束缚态电子的能级跃迁能够辐射或吸收电磁波. 可见光和红外辐射通常涉及外层电子，深紫外等高频电磁波通常会涉及内壳层电子. 如图 6.1.1 所示，这样的过程有三种.

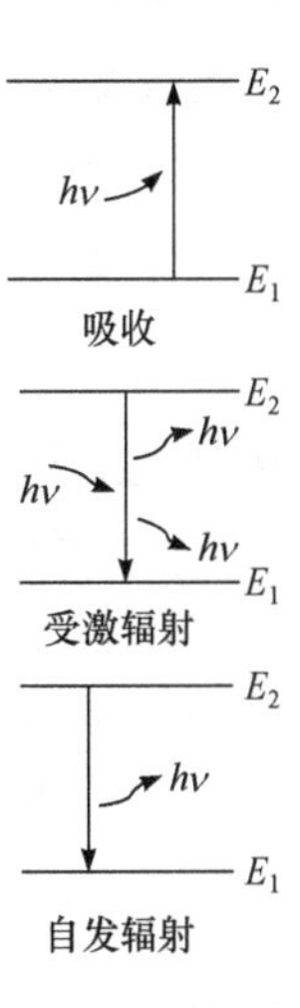

图 6.1.1 吸收与辐射

吸收：在外界光波照射下，粒子中的电子吸收光子的能量从低能级跃迁到高能级的过程.

受激辐射：在外界光波照射下，粒子中的电子受到光波激发，从高能级跃迁到低能级，并向外辐射光子的过程.

自发辐射：没有光波照射，粒子中的电子自发地从高能级跃迁到低能级，并向外辐射光子的过程.

吸收和受激辐射过程，源于外界光波的触发，促使粒子中的电子发生能级跃迁. 在吸收过程中，外界入射光子被粒子吸收，提高了电子的能级. 在受激辐射过程中，外界入射的光子激发了粒子中的电子从高能级跃迁到低能级，入射光子并没被吸收，电子还因为降低了能级而向外辐射出光子，整个过程实现了光子的倍增，为激光的产生提供了物理基础. 自发辐射过程是处于激发态的电子自发跃迁到低能态的过程，电子因为降低了能级向外辐射出光子.

6.1.2 量子跃迁的含时微扰论

下面用含时微扰论来处理吸收和受激辐射过程. 设 $t=0$ 时粒子中的电子处于定态 $|k\rangle$. $k\in\{n\},|n\rangle$ 满足定态薛定谔方程

$$\hat{H}_0\,|n\rangle = E_n\,|n\rangle\,. \tag{6.1.1}$$

$t=0$ 时有一束光波入射，与粒子系统发生相互作用，对应的哈密顿算符记为 $\hat{H}'(t)$，电子受其激发，从初态 $|k\rangle$ 跃迁到末态 $|k'\rangle, k'\in\{n\}$. 若 $\hat{H}'(t)\ll\hat{H}_0$，基于含时微扰论，$|k\rangle\to|k'\rangle$ 的跃迁振幅 $C_{kk'}(t)$ 在一级近似下可由式(5.2.10)给出(注意 $k'\neq k$)

$$C_{kk'}(t)=\frac{1}{\mathrm{i}\hbar}\int_0^t \mathrm{e}^{-\mathrm{i}\omega_{kk'}t}H'^{*}_{kk'}(t)\mathrm{d}t. \tag{6.1.2}$$

式中，$\omega_{kk'}=(E_k-E_{k'})/\hbar$. 对于吸收过程，有 $E_k<E_{k'}$，故 $\omega_{kk'}<0$；对于受激辐射过程，有 $E_k>E_{k'}$，故 $\omega_{kk'}>0$；$H'_{kk'}(t)$ 是 $\hat{H}'(t)$ 在 $\hat{H}_0$ 表象中的矩阵元 $H'_{kk'}(t)=\langle k|\hat{H}'(t)|k'\rangle$. 可见，只要能够计算出 $H'_{kk'}(t)$，就能得到 $C_{kk'}(t)$.

6.1.3 微扰算符

光作用于粒子，能激发其中的电子发生量子跃迁. 可将此光波场按经典电磁理论来处理，进而给出微扰算符 $\hat{H}'(t)$ 的形式，计算出矩阵元 $H'_{kk'}(t)$. 将光波用一个连续变化的经典电磁场束描述，将粒子作为一个量子力学体系来对待，习惯上称这样一种处理量子跃迁的理论模型为**半经典理论**.

光是一种电磁波，波矢为 $\boldsymbol{k}$ 的平面单色偏振光的电场强度 $\boldsymbol{\Sigma}$ 和磁场强度 $\boldsymbol{B}$ 为

$$\boldsymbol{\Sigma}=\boldsymbol{\Sigma}_0\cos(\omega t-\boldsymbol{k}\cdot\boldsymbol{r}),\quad \boldsymbol{B}=\boldsymbol{k}\times\boldsymbol{\Sigma}/|\boldsymbol{k}|.$$

其中，$\boldsymbol{\Sigma}_0$ 为电场振幅. 设电子速度为 $\boldsymbol{u}$，则磁场与电场之比为 $|e\boldsymbol{u}\times\boldsymbol{B}/c|/|e\boldsymbol{\Sigma}|\approx u/c$. 由于粒子中电子的速度 u 远远小于光速 c，即 $u/c\ll1$，故磁场的作用可以略去不计. 可见光的波长 λ 范围为 400～700nm，在原子尺度 a(范围为 0.1～1nm)内，$|\boldsymbol{k}\cdot\boldsymbol{r}|\propto a/\lambda\ll1$，故在电场的相位中可以略去 $\boldsymbol{k}\cdot\boldsymbol{r}$，从而可将电场表示为 $\boldsymbol{\Sigma}=\boldsymbol{\Sigma}_0\cos\omega t$. 由式(2.4.3)和式(2.4.4),电子在此电场 $\boldsymbol{\Sigma}$ 下的势能算符为

$$\hat{H}'(t)=-\boldsymbol{D}\cdot\boldsymbol{\Sigma}=\hat{W}(\mathrm{e}^{\mathrm{i}\omega t}+\mathrm{e}^{-\mathrm{i}\omega t}), \tag{6.1.3}$$

其中，$\boldsymbol{D}=-e\boldsymbol{r}$ 为电偶极矩，

$$\hat{W}=\frac{1}{2}er\Sigma_0\cos\theta, \tag{6.1.4}$$

式中，θ 是 $\boldsymbol{D}$ 和 $\boldsymbol{\Sigma}$ 的夹角. 由式(6.1.3)，有

$$H'_{kk'}(t)=W_{kk'}(\mathrm{e}^{\mathrm{i}\omega t}+\mathrm{e}^{-\mathrm{i}\omega t}), \tag{6.1.5}$$

其中

$$W_{kk'}=\frac{1}{2}e\Sigma_0 r_{kk'}\cos\theta, \tag{6.1.6}$$

式中，$r_{kk'}=\langle k|r|k'\rangle$ 为 $r=|\boldsymbol{r}|$ 在 $\hat{H}_0$ 表象中的矩阵元.

6.1.4 跃迁速率

将式(6.1.5)代入式(6.1.2)中，得到从$|k\rangle \to |k'\rangle$的跃迁振幅为

$$C_{kk'}(t)=\frac{W_{kk'}^*}{\hbar}\left[\frac{\mathrm{e}^{-\mathrm{i}(\omega_{kk'}-\omega)t}-1}{\omega_{kk'}-\omega}+\frac{\mathrm{e}^{-\mathrm{i}(\omega_{kk'}+\omega)t}-1}{\omega_{kk'}+\omega}\right]. \tag{6.1.7a}$$

图 6.1.2 给出了t时刻跃迁振幅的模$|C_{kk'}|$随频率的变化. 可以看出，只有当$\omega \to \pm\omega_{kk'}$时，$|C_{kk'}|$才有显著的值，其余处$|C_{kk'}|$非常小. 这说明，只有入射光的频率$\omega$非常接近粒子系统的某一对能级所决定的频率$|\omega_{kk'}|=|E_k-E_{k'}|/\hbar$时，吸收或受激辐射才可能显著发生. 对于受激辐射，$E_k>E_{k'}$，有$\omega_{kk'}>0$，故受激辐射过程主要由式(6.1.7a)中第一项决定，即

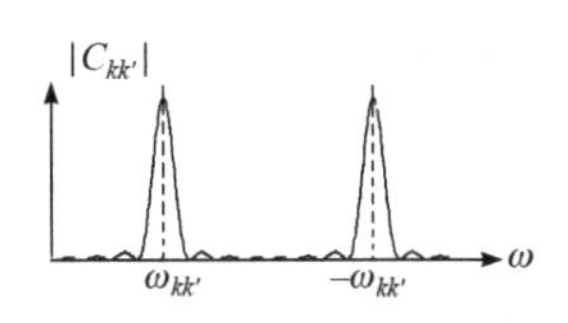

图 6.1.2 跃迁振幅

$$C_{kk'}(t)=-\frac{W_{kk'}^*}{\hbar}\frac{\mathrm{e}^{\mathrm{i}(\omega-|\omega_{kk'}|)t}-1}{\omega-|\omega_{kk'}|}; \tag{6.1.7b}$$

对于吸收，$E_k<E_{k'}$，有$\omega_{kk'}<0$，故吸收过程主要由式(6.1.7a)中第二项决定，即

$$C_{kk'}(t)=\frac{W_{kk'}^*}{\hbar}\frac{\mathrm{e}^{-\mathrm{i}(\omega-|\omega_{kk'}|)t}-1}{\omega-|\omega_{kk'}|}; \tag{6.1.7c}$$

这种仅当入射光的频率$\omega \to |\omega_{kk'}|$时吸收才可能显著发生的现象称为**共振吸收**. 这是物体对光波选择性吸收的物理根源.

基于式(6.1.7b)和式(6.1.7c)，对受激辐射或吸收过程，从初态$|k\rangle$到末态$|k'\rangle$的跃迁概率$P_{kk'}(t)=|C_{kk'}(t)|^2$可统一描述为

$$P_{kk'}(t)=\frac{|W_{kk'}|^2}{\hbar^2}\frac{\sin^2[(\omega-|\omega_{kk'}|)t/2]}{[(\omega-|\omega_{kk'}|)/2]^2}. \tag{6.1.8}$$

利用$\lim\limits_{t\to\infty}\dfrac{\sin^2(xt)}{\pi x^2 t}=\delta(x)$和$\delta(\alpha y)=\dfrac{\delta(y)}{|\alpha|}$，上式在$t\to\infty$即光波照射时间足够长时，有

$$P_{kk'}(t)=\frac{2\pi t}{\hbar^2}|W_{kk'}|^2\,\delta(\omega-|\omega_{kk'}|). \tag{6.1.9}$$

从$|k\rangle \to |k'\rangle$的跃迁速率$w_{kk'}$，即单位时间内的跃迁概率为$w_{kk'}=\mathrm{d}P_{kk'}(t)/\mathrm{d}t$. 利用式(6.1.9)并将式(6.1.6)代入，有

$$w_{kk'}=\frac{\pi e^2}{2\hbar^2}|r_{kk'}|^2\,\varSigma_0^2\cos^2\theta\,\delta(\omega-|\omega_{kk'}|). \tag{6.1.10}$$

如果入射光是自然光，则 $\boldsymbol{\Sigma}$ 的空间取向是随机的，故 $\boldsymbol{D}$ 和 $\boldsymbol{\Sigma}$ 的夹角 θ 也是随机的，可对 $\cos^2\theta$ 取空间平均值

$$\overline{\cos^2\theta}=\frac{1}{4\pi}\int \mathrm{d}\Omega\cos^2\theta=\frac{1}{4\pi}\int_0^{2\pi}\mathrm{d}\varphi\int_0^{\pi}\cos^2\theta\sin\theta\mathrm{d}\theta=\frac{1}{3},$$

代入式(6.1.10)，得到

$$w_{kk'}=\frac{\pi e^2}{6\hbar^2}|r_{kk'}|^2\,\Sigma_0^2\delta(\omega-|\omega_{kk'}|).\tag{6.1.11}$$

如果入射光不是单色光而是复色光，则 $\Sigma_0\to\Sigma_0(\omega)$，此时须对 $w_{kk'}$ 关于 ω 积分，即

$$w_{kk'}=\int_0^{\infty}\mathrm{d}\omega\frac{\pi e^2}{6\hbar^2}|r_{kk'}|^2\,\Sigma_0^2(\omega)\delta(\omega-|\omega_{kk'}|)=\frac{\pi e^2}{6\hbar^2}|r_{k'k}|^2\,\Sigma_0^2(|\omega_{k'k}|).\tag{6.1.12}$$

通常，实验上的可测量量是光波的能量密度 $\rho(\omega)$，与 $\Sigma_0^2(\omega)$ 的关系为

$$\rho(\omega)=\frac{1}{4\pi}\overline{\Sigma^2(\omega,t)}=\frac{\Sigma_0^2(\omega)}{4\pi}\frac{1}{T}\int_0^T\mathrm{d}t\cos^2(\omega t)=\frac{\Sigma_0^2(\omega)}{8\pi},$$

代入式(6.1.12)，得到

$$w_{kk'}=B_{kk'}\rho(|\omega_{kk'}|),\tag{6.1.13}$$

式中，$B_{kk'}$ 为跃迁系数

$$B_{kk'}=\frac{4\pi^2e^2}{3\hbar^2}|r_{kk'}|^2.\tag{6.1.14}$$

式(6.1.13)是半经典理论的结果，反映光波特性的物理量是能量密度 $\rho(\omega)$，由经典电磁学处理；反映粒子系统的物理量是跃迁系数 $B_{kk'}$，由量子力学处理.

6.1.5　跃迁的选择定则

式(6.1.13)说明，能量密度为 $\rho(\omega)$ 的复色自然光入射到粒子系统上，能否激发出从 k 态到 k' 态的量子跃迁，由光波在频点 $\omega\to|\omega_{kk'}|$ 上的能量密度值 $\rho(|\omega_{kk'}|)$ 和电子在粒子系统中的坐标矩阵元 $r_{kk'}=\langle k|r|k'\rangle$ 共同决定. 从物理图像上来看，一方面，仅当入射光有频率 ω 落在频点 $|\omega_{kk'}|$ 上使得 $\rho(|\omega_{kk'}|)\neq 0$，得以同粒子系统的一对能级 $|k\rangle$ 和 $|k'\rangle$ 发生共振，才可能使 $|k\rangle\to|k'\rangle$ 的跃迁得以发生；另一方面，只有这对能级 $|k\rangle$ 和 $|k'\rangle$ 所对应的矩阵元 $r_{kk'}\neq 0$，$|k\rangle\to|k'\rangle$ 的跃迁才能够发生.

若 $r_{kk'}=0$，则 $|k\rangle\to|k'\rangle$ 的跃迁必定不能发生，这称为禁戒跃迁. 因此要实现 $|k\rangle$ 态到 $|k'\rangle$ 态的跃迁，必须满足条件

$$|r_{kk'}|^2 = x_{kk'}^2 + y_{kk'}^2 + z_{kk'}^2 \neq 0 . \tag{6.1.15}$$

以氢原子的中心力场为例，由式(2.3.27)，原子中电子的波函数为$|nlm\rangle$.对球谐函数$|lm\rangle = \mathrm{Y}_{lm}(\theta,\varphi)$，有公式

$$\cos\theta\,|lm\rangle = a_1\,|l+1,m\rangle + a_2\,|l-1,m\rangle , \tag{6.1.16a}$$

$$\mathrm{e}^{\pm\mathrm{i}\varphi}\sin\theta\,|lm\rangle = b_1\,|l+1,m+1\rangle + b_2\,|l-1,m\pm1\rangle , \tag{6.1.16b}$$

其中

$$a_1 = c_1\sqrt{(l+1)^2 - m^2} , \quad c_1 = 1/\sqrt{(2l+1)(2l+3)} , \quad a_2 = c_2\sqrt{l^2 - m^2} ,$$

$$c_2 = 1/\sqrt{(2l+1)(2l-1)} , \quad b_1 = c_1\sqrt{(l\pm m+1)(l\pm m+1)} , \quad b_2 = c_2\sqrt{(l\mp m)(l\mp m+1)} .$$

在球坐标系中，有$z = r\cos\theta$.设初态$|k\rangle = |nlm\rangle$，末态$|k'\rangle = |n'l'm'\rangle$，则

$$z_{kk'} = \langle nlm\,|\,r\cos\theta\,|\,n'l'm'\rangle = \langle n\,|\,r\,|\,n'\rangle\langle lm\,|\cos\theta\,|\,l'm'\rangle . \tag{6.1.17}$$

将式(6.1.16a)代入，有

$$z_{kk'} = \langle n\,|\,r\,|\,n'\rangle(a_1\delta_{l,l'+1}\delta_{mm'} + a_2\delta_{l,l'-1}\delta_{mm'}) . \tag{6.1.18}$$

由于无论n'为何值，都有

$$\langle n\,|\,r\,|\,n'\rangle = \int_0^\infty R_{nl}(r)rR_{n'l\pm1}(r)r^2\mathrm{d}r \neq 0 , \tag{6.1.19}$$

由式(6.1.18)可得$z_{kk'} \neq 0$的条件是$\Delta m = m' - m = 0$，$\Delta l = l' - l = \pm1$.

在球坐标系中$x = r\sin\theta\cos\varphi = \frac{r}{2}\sin\theta(\mathrm{e}^{\mathrm{i}\varphi} + \mathrm{e}^{-\mathrm{i}\varphi})$, $y = r\sin\theta\sin\varphi = \frac{r}{2\mathrm{i}}\sin\theta(\mathrm{e}^{\mathrm{i}\varphi} - \mathrm{e}^{-\mathrm{i}\varphi})$. 利用式(6.1.16b)，采用类似的方法，可得$x_{kk'} \neq 0$和$y_{kk'} \neq 0$的条件是$\Delta m = \pm1$，$\Delta l = \pm1$. 因此得到$r_{kk'} \neq 0$的条件为

$$\Delta m = m' - m = 0,\pm1, \quad \Delta l = l' - l = \pm1 . \tag{6.1.20}$$

综上，量子跃迁不能在任意的两个量子态之间进行，要遵从一定的限制，这称为量子跃迁的**选择定则**. 由于上述结果是将光场对电子的作用处理为偶极近似时得到的，故称为电偶极辐射的角动量选择定则. 可以证明，考虑电子自旋后的电偶极辐射选择定则为

$$\text{宇称改变；}\ \Delta l = \pm1\ ;\ \Delta j = 0,\pm1\ ;\ \Delta m_j = 0,\pm1 . \tag{6.1.21}$$

其中，$j = l \pm 1/2$，$m_j = m + 1/2$，详见第 7 章.

6.1.6　吸收与受激辐射系数

不失一般性，可设发生跃迁的高能态为$|2\rangle$，低能态为$|1\rangle$，则吸收将发生在

$|1\rangle \to |2\rangle$，跃迁速率为 w_{12}，对应的跃迁系数为吸收系数 B_{12}，由式(6.1.13)和式 (6.1.14)，有

$$w_{12} = B_{12}\rho(-\omega_{12}), \quad B_{12} = \frac{4\pi^2 e^2}{3\hbar^2} |r_{12}|^2. \tag{6.1.22}$$

其中，$\omega_{12} = (E_1 - E_2)/\hbar < 0$.

受激辐射将发生在 $|2\rangle \to |1\rangle$，跃迁速率为 w_{21}，对应的跃迁系数为受激辐射系数 B_{21}，由式(6.1.13)和式(6.1.14)，有

$$w_{21} = B_{21}\rho(\omega_{21}), \quad B_{21} = \frac{4\pi^2 e^2}{3\hbar^2} |r_{21}|^2. \tag{6.1.23}$$

其中，$\omega_{21} = (E_2 - E_1)/\hbar > 0$. 由于 $r = |\boldsymbol{r}|$ 为实数，故 $r_{12} = r_{21}$，所以 $B_{12} = B_{21}$，即吸收系数等于受激辐射系数.

6.2 自发辐射的爱因斯坦理论

实验上观测到，在没有光波照射等外界因素作用下，粒子中的电子会自发地从高能级跃迁到低能级，并向外辐射光子，这种过程称为自发辐射. 由于没有光波照射等外界作用，故不能采用处理吸收和受激辐射时所使用的半经典理论. 下面从物体与辐射场达到平衡时的热力学关系，给出自发辐射与吸收和受激辐射的关系，借此给出自发辐射系数.

考虑一个由 n 个粒子组成的系统，通常称 n 为粒子数. 不失一般性，可设粒子中发生自发辐射的高能态为 $|2\rangle$，低能态为 $|1\rangle$，自发辐射发生在 $|2\rangle \to |1\rangle$.设处于 $|1\rangle$ 和 $|2\rangle$ 能态的粒子数目分别为 n_1 和 n_2，则 $n_1 + n_2 = n$.通常分别称 n_1 和 n_2 为粒子处于能态 $|1\rangle$ 和 $|2\rangle$ 的布居数. 热平衡时，$n_2 < n_1$，且满足玻尔兹曼(Boltzmann)分布

$$\frac{n_1}{n_2} = \frac{g_1}{g_2} \mathrm{e}^{(E_2 - E_1)/(k_B T)} = \frac{g_1}{g_2} \mathrm{e}^{\hbar\omega_{21}/(k_B T)}. \tag{6.2.1}$$

其中，g_1 和 g_2 分别为能级 E_1 和 E_2 的简并度，T 为粒子系统热平衡时的绝对温度，k_B 为玻尔兹曼常量，$\omega_{21} = (E_2 - E_1)/\hbar > 0$.

设电磁波的能量密度为 $\rho(\omega_{21})$，热平衡时，粒子系统吸收的电磁波能量应该等于辐射出的电磁波能量，即

$$n_1 B_{12}\rho(\omega_{21}) = n_2[B_{21}\rho(\omega_{21}) + A_{21}], \tag{6.2.2}$$

式中，A_{21} 称为自发辐射系数. 热平衡时 $n_2 < n_1$，若不考虑自发辐射，则有 $n_1 B_{12}\rho(\omega_{21}) > n_2 B_{21}\rho(\omega_{21})$，即吸收的能量大于辐射的能量，这显然不符合实际. 所

以，必须考虑自发辐射过程，才能形成热平衡.

由普朗克公式，即式(1.1.4)，并注意 $\rho(\nu)\mathrm{d}\nu=\rho(\omega)\mathrm{d}\omega,\ \mathrm{d}\omega=2\pi\mathrm{d}\nu$ ，有

$$\rho(\omega)=\frac{\hbar\omega^3}{\pi^2c^3}\frac{1}{\mathrm{e}^{\hbar\omega/(k_\mathrm{B}T)}-1}. \tag{6.2.3}$$

联立式(6.2.1)和式(6.2.2)解出 $\rho(\omega_{21})$ ，并同式(6.2.3)作对比，有

$$\frac{1}{\rho(\omega_{21})}=\frac{B_{21}}{A_{21}}\left(\frac{g_1B_{12}}{g_2B_{21}}\mathrm{e}^{\hbar\omega_{21}/(k_\mathrm{B}T)}-1\right)=\frac{\pi^2c^3}{\hbar\omega_{21}^3}(\mathrm{e}^{\hbar\omega_{21}/(k_\mathrm{B}T)}-1). \tag{6.2.4}$$

可得

$$A_{21}=\frac{\hbar\omega_{21}^3}{\pi^2c^3}B_{21}, \tag{6.2.5}$$

和

$$g_1B_{12}=g_2B_{21}, \tag{6.2.6}$$

这表明，考虑能级简并后，吸收系数与受激辐射系数加权相等.

将式(6.1.23)代入式(6.2.5)，得到自发辐射系数为

$$A_{21}=\frac{4\omega_{21}^3e^2}{3\hbar c^3}|r_{21}|^2. \tag{6.2.7}$$

自发辐射仅与粒子的参数有关，与电磁波无关，与受激辐射的选择定则相同.

6.3 能级宽度

6.3.1 能量–时间不确定度关系

按照受激辐射的半经典理论，在没有光照的情况下，粒子中处于高能态的电子不会跃迁到低能态. 从量子力学的一般性原理来看，无外界作用时，电子的哈密顿量是个保守量，如果电子初始时刻处于某一定态，则会保持在该定态，不会跃迁到低能级. 这意味着，此能态的寿命 $\tau=\Delta t$ 是无穷大的. 利用狭义相对论中四维协变矢量的概念，可以论证出能量 E 和时间 t 的不确定关系为①

$$\Delta t\Delta E\geqslant\hbar/2. \tag{6.3.1}$$

这就要求，如果电子在激发态上的寿命 $\tau=\Delta t\to\infty$ ，必然意味着该能态的能级宽度 $\Delta E\to 0$.按定态理论推导出的束缚态电子能级，如氢原子，给出了每个能级的数值，但默认能级宽度 $\Delta E\to 0$ ，如图 6.3.1(a)所示.

① 参考钱伯初. 量子力学. 北京：高等教育出版社，2006：294.

6.3.2　能级宽度与寿命

实验观测到，在没有外界作用下，粒子中的存在着电子从高能态跃迁到低能态的自发辐射，这说明除基态外所有激发态的寿命 τ 都是有限的. 根据式(6.3.1)可知，激发态能级不应该为无限窄，而应该具有一定的宽度 ΔE，如图 6.3.1(b)所示. 由式(6.3.1)，能级宽度为

$$\Delta E \propto \hbar/\tau . \tag{6.3.2}$$

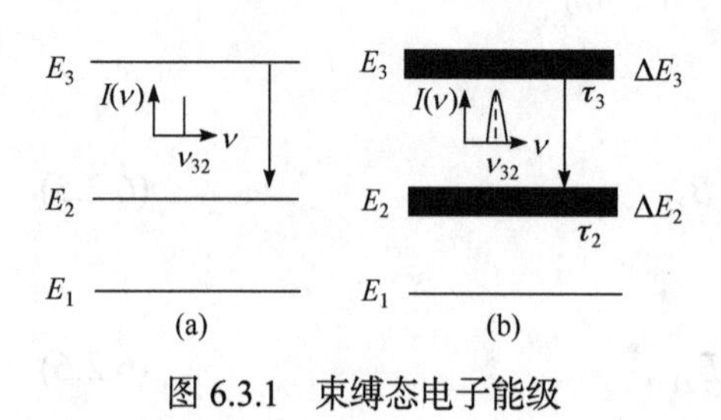

图 6.3.1　束缚态电子能级

能级的这种宽度，缘于自发辐射，属于系统的自然属性，称为自然宽度.

设高能态 $|k\rangle$ 的布居数为 n_k，$\mathrm{d}t$ 时间内从 $|k\rangle$ 自发跃迁到低能态 $|k'\rangle$ 的粒子数为 $\mathrm{d}n_k = -n_k A_{kk'}\mathrm{d}t$，则有 $n_k(t) = n_k(0)\mathrm{e}^{-A_{kk'}t}$. 定义 $n_k(t)$ 减少到其初值 $n_k(0)$ 的 $1/\mathrm{e}$ 所需的时间为高能态 $|k\rangle$ 相对低能态 $|k'\rangle$ 的寿命，则有

$$\tau_{kk'} = 1/A_{kk'} . \tag{6.3.3}$$

考虑所有低能态的贡献，高能态 $|k\rangle$ 的寿命 τ_k 为

$$\tau_k = 1/\sum_{k'} A_{kk'} . \tag{6.3.4}$$

6.3.3　谱线宽度

考虑能级宽度后，如图 6.3.1 所示，从 $|3\rangle$ 向 $|2\rangle$ 自发辐射出的光谱线频率，不能再认为是只有单一频率 $\nu_{32} = (E_3 - E_2)/h$ 的单色波，而应该是以 ν_{32} 为中心、频谱范围为 $\Delta\nu_{32}$ 的复色波

$$\Delta\nu_{32} \approx \frac{\Delta E_2 + \Delta E_3}{h} = \frac{1}{2\pi}\left(\frac{1}{\tau_2} + \frac{1}{\tau_3}\right). \tag{6.3.5}$$

这种由于能级自然宽度而形成的谱线加宽称为光谱线的自然加宽. 这表明，通过能级跃迁，不可能辐射出谱线宽度为零的单色波.

6.4　激光原理

6.4.1　粒子数反转

从形式上看，受激辐射实现了光子倍增效应，为光的放大和构建新型光源提

供了物理基础. 然而，热平衡时处于高能级的粒子数比低能级的少，粒子通过吸收、受激辐射和自发辐射三个过程维持热平衡状态，不可能自动形成基于受激辐射的光放大效应. 如果能打破平衡，使高能级的粒子数比低能级的多，形成粒子数的反转，就可实现放大的受激辐射，称之为激光.

虽然束缚态电子有无穷多个能级，但同激光相关的可归纳为三个：下能级 E_1、上能级 E_2 和泵浦(也称抽运)能级 E_3，满足 $E_1 < E_2 < E_3$，如图 6.4.1 所示. 热平衡下，这三个能级的粒子数，也称布居数 n_k，满足 $n_1 > n_2 > n_3$.采取技术手段，例如用氙灯照射红宝石晶体棒，粒子吸收氙灯光子后从下能级 E_1 跃迁到抽运能级 E_3，这一过程称为泵浦或抽运过程. 处于 E_3 的粒子通过自发辐射和无辐射等弛豫过程跃迁到 E_2，使得 $n_2 > n_1$，形成 E_2 和 E_1 之间的粒子数反转 $\Delta n = n_2 - n_1 > 0$. 由式(6.1.23)，E_2 到 E_1 的受激辐射跃迁速率为 $w_{21} = B_{21}\rho(\omega_{21}),\ \omega_{21} = 2\pi\nu_{21}$. 若 E_2 到 E_1 的跃迁不是禁戒的，则 $A_{21}, B_{21} \neq 0$，系统能因自发辐射而产生频率为 ν_{21} 的光子，使得 $\rho(\omega_{21}) > 0$，导致 $w_{21} > 0$. 故而，在粒子数反转这种非平衡态下，从 E_2 到 E_1 的受激辐射因激光工作物质中存在巨量粒子而迅猛放大，形成激光辐射.

6.4.2 三能级系统与四能级系统

典型的激光系统分为三能级系统(图 6.4.1)和四能级系统(图 6.4.2). 其中，能级下标的标记通常代表该能级在激光产生过程中的作用，而不是基于能级公式中的量子数顺序. 可将三能级系统和四能级系统的激光上、下能级都分别标记为 E_2 和 E_1，而 E_3 都代表抽运能级. 三能级系统和四能级系统的主要差别是，三能级系统的 E_1 为基态，而四能级系统的 E_1 为激发态. 四能级系统比三能级系统多出的这个能级 E_0 是基态.

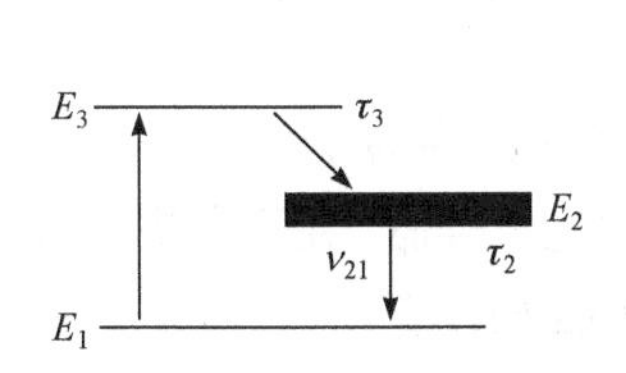

图 6.4.1 激光三能级系统

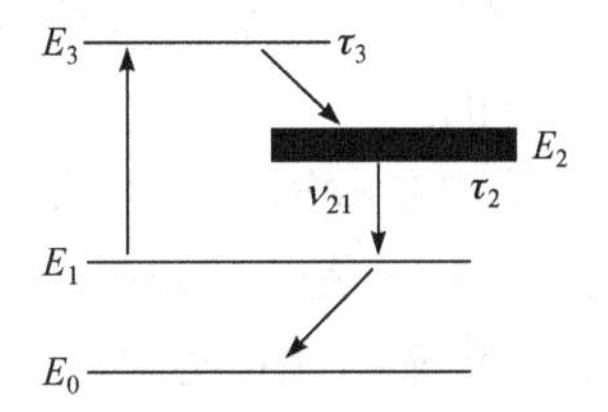

图 6.4.2 激光四能级系统

抽运能级 E_3 往往代表一组能级，具有较短的寿命，能够迅速弛豫到激光上能级 E_2，以利于粒子数反转 $\Delta n = n_2 - n_1 > 0$ 的形成. 激光上能级 E_2 需要具有较长的寿命，这样的能级称为亚稳态能级，以利于粒子在 E_2 上的布居，有利于形成粒子数反转. 由于三能级系统的激光下能级 E_1 是基态，在热平衡时布居了最多的粒子数，这就要求从 E_1 到 E_3 的泵浦速率要足够强，否则难以形成 $\Delta n > 0$. 相比之下，四能级系统的激光下能级E_1是激发态，可以通过自发辐射等跃迁过程弛豫到基态E_0，这使得E_1的粒子数n_1能迅速有效地抽空到基态E_0以至于$n_1 \approx 0$，十分有利于粒子数反转$\Delta n = n_2 - n_1 \approx n_2 > 0$的形成. 所以，四能级系统(典型的如掺钕钇铝石榴石晶体)往往比三能级系统(典型的如红宝石晶体)具有更高的能量利用率.

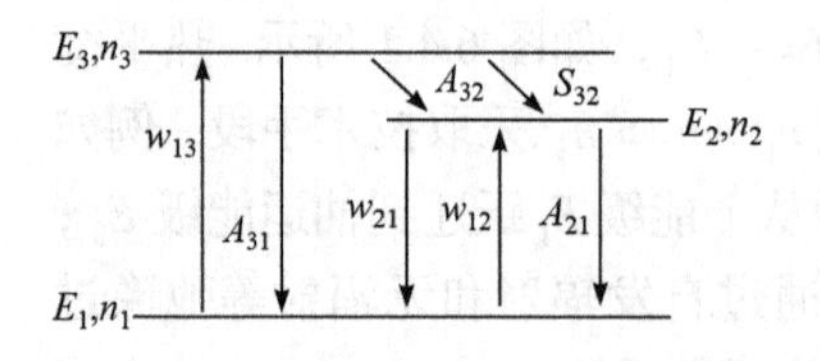

图 6.4.3　激光三能级系统跃迁过程

6.4.3　速率方程

基于量子跃迁理论，可以唯象地建立起一种简单的激光时域方程，即速率方程. 以三能级系统为例，如图 6.4.3 所示，设系统的总粒子数为$n = n_1 + n_2 + n_3$，各能级粒子数随时间的变化可基于简单的比例关系表示为

$$\frac{\mathrm{d}n_1}{\mathrm{d}t} = -n_1(w_{13} + w_{12}) + n_2(A_{21} + w_{21}) + n_3 A_{31}, \tag{6.4.1a}$$

$$\frac{\mathrm{d}n_2}{\mathrm{d}t} = -n_2(A_{21} + w_{21}) + n_1 w_{12} + n_3(A_{32} + S_{32}), \tag{6.4.1b}$$

$$\frac{\mathrm{d}n_3}{\mathrm{d}t} = n_1 w_{13} - n_3 A_{31} - n_3(A_{32} + S_{32}). \tag{6.4.1c}$$

式中，$w_{kk'} = B_{kk'}\rho(\omega_{kk'})$代表从$E_k$到$E_{k'}$的吸收或受激辐射速率，$B_{kk'}$和$A_{kk'}$分别为$E_k$到$E_{k'}$的吸收或受激辐射系数和自发辐射系数. 吸收、受激辐射和自发辐射都涉及光波的吸收或发射，称为辐射跃迁. 如果跃迁并不以光辐射的形式转换能量，而是以热的形式或声的形式等转换能量，这样的跃迁称为非辐射跃迁，跃迁速率记为$S_{kk'}$. 实际上，非辐射跃迁在激光产生过程中也发挥着重要作用，如从E_3向E_2的粒子输运，主要依靠S_{32}而不是A_{32}. 由于$\mathrm{d}n/\mathrm{d}t = 0$，式(6.4.1)中只有两个方程是独立的.

设系统中受激辐射光子数密度为N，其时间变化率为$\mathrm{d}N/\mathrm{d}t = n_2 w_{21} - n_1 w_{12} - N/\tau_c$. 其中，$\tau_c$是由输出损耗和其他损耗决定的光子寿命. 在不考虑谱线宽度的情况下，受激辐射能量密度为$\rho = N\hbar\omega_{21}$，由式(6.2.6)，有

$$\frac{\mathrm{d}N}{\mathrm{d}t} = B_{21}\left(n_2 - \frac{g_2}{g_1}n_1\right)N\hbar\omega_{21} - N/\tau_c, \tag{6.4.2}$$

利用式(6.2.5)，上式可表示为

$$\frac{\mathrm{d}N}{\mathrm{d}t} = \left(n_2 - \frac{g_2}{g_1}n_1\right)\frac{A_{21}}{n_\nu}N - \frac{N}{\tau_c}, \tag{6.4.3}$$

式中，$n_\nu = 8\pi\nu^2/c^3$.

激光产生的条件是 $\mathrm{d}N/\mathrm{d}t > 0$，这要求

$$\Delta n = n_2 - \frac{g_2}{g_1} n_1 > 0 . \tag{6.4.4}$$

与 $\Delta n = n_2 - n_1 > 0$ 相比，此式是考虑了能级简并度 g_1 和 g_2 后的粒子数反转公式.

习　题　6

6.1　质量为 μ、带电为 q 的一维谐振子，受到能量密度为 $\rho(\omega)$ 的光波照射，求跃迁选择定则. 若光照前谐振子处于基态 $|0\rangle$，求跃迁到第一激发态 $|1\rangle$ 的速率.

6.2　体系的哈密顿算符为 $\hat{H}_0 = \begin{pmatrix} \varepsilon & 0 \\ 0 & \varepsilon \end{pmatrix}$. 本征方程 $\hat{H}_0\psi = E\psi$ 具有一对简并解：$E_1 = \varepsilon$，$\psi_1 = \begin{pmatrix} 1 \\ 0 \end{pmatrix}$ 和 $E_2 = \varepsilon, \psi_2 = \begin{pmatrix} 0 \\ 1 \end{pmatrix}$. 系统在 $t < 0$ 时处于 ψ_1，在 $t = 0$ 时受到一个微扰 $\hat{H}' = \begin{pmatrix} 0 & \gamma \\ \gamma & 0 \end{pmatrix}$ 的作用，其中 γ 为实数. 求 $t > 0$ 后体系的波函数 $\psi(t)$.

6.3　一个激光三能级系统，粒子处于激光上能级的寿命为 $\Delta t = 10^{-8}\mathrm{s}$，发射一个光子后跃迁到激光下能级. 求激光上能级的能级宽度 ΔE 和谱线宽度 $\Delta\nu$.

第7章 自　旋

7.1 电子自旋现象

1921～1922年期间，奥托-施特恩和瓦尔特-格拉赫为证明原子在磁场中取向量子化，进行了著名的施特恩-格拉赫(Stern-Gerlach)实验. 为解释实验现象，乌伦贝克(Uhlenbeck)和古德斯米特(Goudsmit)于1925年提出了电子自旋的概念. 后来人们认识到,电子的自旋是电子这种微观粒子的一种内禀属性,没有宏观对应,与宏观物体的自转这种机械运动有本质区别. 而且，不仅是电子，诸如质子、中子、光子等微观粒子，都有自旋.

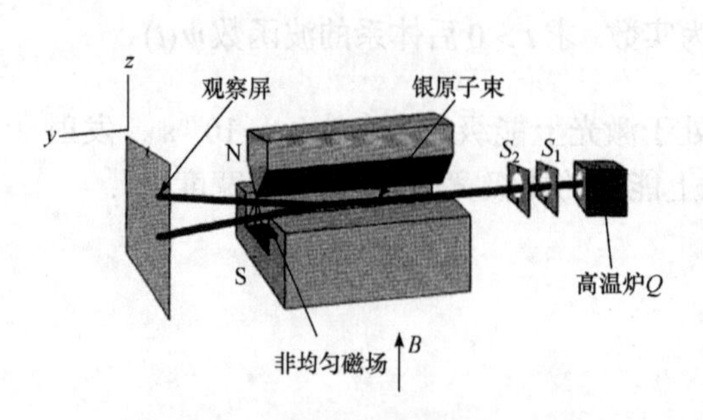

图 7.1.1　施特恩-格拉赫实验示意图

图 7.1.1 给出了施特恩-格拉赫实验的示意图. 主要装置是一个高温炉 Q，两个狭缝屏 S_1 和 S_2，两块磁铁和一个观测屏. 将氢、银或钠原子等在电子高温炉内蒸发射出，通过狭缝 S_1 和 S_2 后形成细束. 以银原子为例，设其运动方向为 y 方向，将两块磁铁分别制成凸凹形状以便在与原子束垂直的方向上(设为 z 方向)形成非均匀磁场. 在观测屏上观测原子的位置，用以分析磁场对原子运动的影响.

观测结果表明，银原子经过不均匀磁场后在 z 方向上分成了两束. 根据磁场强度与梯度以及原子偏离中心的位置，可计算出原子磁矩在磁场方向分量的大小. 实验结果表明，无论是氢，还是银或钠等金属，都只分裂为对称的两束.

原子在磁场中运动，轨迹发生了偏离，表明原子中存在磁矩，进而受到了磁场的洛伦兹力的作用，改变了轨迹. 设磁场 $\boldsymbol{B}=B\boldsymbol{e}_z$，原子在 z 方向受到的力为 $F_z=-M_z\partial B/\partial z$. M_z 是原子磁矩 $\boldsymbol{M}$ 的 z 分量. 实验数据表明，$M_z=\pm\mu_{\rm B}$，$\mu_{\rm B}=e\hbar/(2\mu c)$ 是玻尔磁子. 原子中的电子绕核运动可以产生磁矩. 以氢原子为例，式(2.3.56)给出了磁矩的大小为 $M_z=-\mu_{\rm B}m,\ m=0,\pm1,\pm2,\cdots,\pm l$. 原子从高温炉发射出来后急速冷却，使绝大多数原子的价电子处于基态，即 l=0，则 $m=0$. 此时 $M_z=0$，原子不会受到洛伦兹力的作用而发生偏离. 即便有些价电子处于激发态，例如l=1，则$m=0,\pm1$，处于$m=0$的原子也不会发生偏转. 所以，由电子轨道运动引起的磁矩，不是实验中原子发生偏转的根源.

为解释施特恩-格拉赫实验，乌伦贝克和古德斯米特提出如下假设：

(1) 电子具有自旋，形成自旋角动量$\boldsymbol{s}$，在任何方向上的投影只有两个值. 例如，$\boldsymbol{s}$在z方向上的投影为$s_z=\pm\hbar/2$.

(2) 自旋形成自旋磁矩$\boldsymbol{M}_s=-e/(\mu c)\boldsymbol{s}$，在任何方向上的投影只有两个值. 例如，$\boldsymbol{M}_s$在$z$方向上的投影为$M_{sz}=\pm\mu_{\mathrm{B}}$，$\mu_{\mathrm{B}}=-e\hbar/(2\mu c)$是玻尔磁子.

将电子自旋假设结合到量子力学基本原理中所发展出的理论，不仅可以解释施特恩-格拉赫实验，而且可以解释碱金属原子光谱的双线结构和复杂塞曼效应等. 不仅电子，微观粒子都有自旋特性，它是微观粒子的一种内禀属性，没有宏观对应，不能把微观粒子的自转同宏观物体的机械自转运动相对应. 微观粒子不仅只有坐标空间的三个自由度，还有自旋这一内禀自由度.

7.2 自 旋 表 象

7.2.1 电子自旋态

电子自旋只有两种状态，在任何方向上的投影都只有两个值. 在施特恩-格拉赫实验中，习惯上把施加磁场的方向规定为z方向，故电子在z方向上的两个投影值被呈现了出来，习惯上记此投影值为自旋变量s_z. 这样，描述电子自旋的波函数可用一个列向量来表示

$$\chi(s_z)=\begin{pmatrix}a\\b\end{pmatrix}, \tag{7.2.1}$$

称之为自旋波函数，其中$|a|^2$与$|b|^2$分别代表电子自旋“向上”($s_z=\hbar/2$，称为上旋态)和自旋“向下”($s_z=-\hbar/2$，称为下旋态)的概率，其归一化条件表示为

$$\chi^\dagger\chi=(a^*,b^*)\begin{pmatrix}a\\b\end{pmatrix}=|a^2|+|b^2|=1. \tag{7.2.2}$$

特别地，将$a=1$和b=0以及$a=0$和b=1这两种情况记为

$$\chi_{\frac{1}{2}}=|\uparrow\rangle=\begin{pmatrix}1\\0\end{pmatrix},\quad \chi_{-\frac{1}{2}}=|\downarrow\rangle=\begin{pmatrix}0\\1\end{pmatrix}. \tag{7.2.3}$$

$\chi_{\frac{1}{2}}$和$\chi_{-\frac{1}{2}}$分别代表电子完全处于上旋态和下旋态，它们是正交归一的，即

$$\chi_{\frac{1}{2}}^{\dagger}\chi_{-\frac{1}{2}}=\begin{pmatrix}1 & 0\end{pmatrix}\begin{pmatrix}0\\1\end{pmatrix}=0,\quad \chi_{\frac{1}{2}}^{\dagger}\chi_{\frac{1}{2}}=\begin{pmatrix}1 & 0\end{pmatrix}\begin{pmatrix}1\\0\end{pmatrix}=1,\quad \chi_{-\frac{1}{2}}^{\dagger}\chi_{-\frac{1}{2}}=\begin{pmatrix}0 & 1\end{pmatrix}\begin{pmatrix}0\\1\end{pmatrix}=1. \tag{7.2.4}$$

同时，$\chi_{\frac{1}{2}}$和$\chi_{-\frac{1}{2}}$也是完备的，即任何一个自旋波函数$\chi(s_z)$可以用$\chi_{\frac{1}{2}}$和$\chi_{-\frac{1}{2}}$展开

$$\chi(s_z)=\begin{pmatrix}a\\b\end{pmatrix}=a\chi_{\frac{1}{2}}+b\chi_{-\frac{1}{2}}. \tag{7.2.5}$$

所以，以$\chi_{\frac{1}{2}}$和$\chi_{-\frac{1}{2}}$为基矢可以支撑一个二维离散表象，称为自旋表象.

7.2.2 自旋算符及其本征态

电子自旋形成自旋角动量$\boldsymbol{s}=(s_x, s_y, s_z)$. 设$\boldsymbol{s}$的这三个分量对应的算符为$\hat{s}_x$、$\hat{s}_y$和$\hat{s}_z$. 由于没有经典对应，无法从经典公式出发给出这些算符的表达形式.

设$\hat{s}_\alpha(\alpha=x,y,z)$的本征方程为$\hat{s}_\alpha\psi=\lambda\psi$. 由于$\boldsymbol{s}$在任何方向上的投影只有$\hbar/2$和$-\hbar/2$两个值，故对每个$\hat{s}_\alpha$来说，其本征值$\lambda$只能取$\hbar/2$和$-\hbar/2$两个值，即$\lambda=\pm\hbar/2$. 对$\hat{s}_\alpha^2$来说，$\hat{s}_\alpha^2\psi=\lambda\hat{s}_\alpha\psi=\lambda^2\psi$，因为$\lambda^2=\hbar^2/4$，所以$\hat{s}_\alpha^2\equiv\hbar^2/4$. 故有

$$\hat{s}^2\equiv\hat{s}_x^2+\hat{s}_y^2+\hat{s}_z^2\equiv\frac{3\hbar^2}{4}. \tag{7.2.6}$$

对轨道角动量$\boldsymbol{l}$来说，可通过经典对应给出其三个分量l_x、l_y和l_z在坐标表象的算符形式，进而得到对易关系式(3.2.7). 对自旋角动量$\boldsymbol{s}$来说，因其没有经典对应，无法据此获得算符形式. 为获得自旋算符$\hat{s}_x$、$\hat{s}_y$和$\hat{s}_z$的具体形式，假设它们有类似于轨道角动量的对易关系，即

$$\mathrm{i}\hbar\hat{s}_x=\hat{s}_y\hat{s}_z-\hat{s}_z\hat{s}_y,\qquad \mathrm{i}\hbar\hat{s}_y=\hat{s}_z\hat{s}_x-\hat{s}_x\hat{s}_z,\qquad \mathrm{i}\hbar\hat{s}_z=\hat{s}_x\hat{s}_y-\hat{s}_y\hat{s}_x. \tag{7.2.7}$$

$\hat{s}_x$、$\hat{s}_y$和$\hat{s}_z$必须是厄米的，须满足

$$\hat{s}_x^{\dagger}=\hat{s}_x,\quad \hat{s}_y^{\dagger}=\hat{s}_y,\quad \hat{s}_z^{\dagger}=\hat{s}_z. \tag{7.2.8}$$

设在z方向上观测到电子自旋的两个投影，则$\chi_{\frac{1}{2}}$和$\chi_{-\frac{1}{2}}$是$\hat{s}_z$的本征态，满足以下本征方程：

$$\hat{s}_z\chi_{\pm\frac{1}{2}}=\pm\frac{\hbar}{2}\chi_{\pm\frac{1}{2}}. \tag{7.2.9}$$

由于$\chi_{\pm\frac{1}{2}}$是一个 2×1 的列向量，故$\hat{s}_z$必须为一个 2×2 的矩阵，设为$\hat{s}_z=\frac{\hbar}{2}\begin{pmatrix}A & B\\C & D\end{pmatrix}$，

代入上式. 对$\chi_{\frac{1}{2}}$，左边$=\frac{\hbar}{2}\begin{pmatrix} A & B \\ C & D \end{pmatrix}\chi_{\frac{1}{2}}=\frac{\hbar}{2}\begin{pmatrix} A & B \\ C & D \end{pmatrix}\begin{pmatrix} 1 \\ 0 \end{pmatrix}=\frac{\hbar}{2}\begin{pmatrix} A \\ C \end{pmatrix}$，右边$=\frac{\hbar}{2}\begin{pmatrix} 1 \\ 0 \end{pmatrix}$，故有$A=1$，$C=0$；对$\chi_{-\frac{1}{2}}$，左边$=\frac{\hbar}{2}\begin{pmatrix} A & B \\ C & D \end{pmatrix}\chi_{-\frac{1}{2}}=\frac{\hbar}{2}\begin{pmatrix} A & B \\ C & D \end{pmatrix}\begin{pmatrix} 0 \\ 1 \end{pmatrix}=\frac{\hbar}{2}\begin{pmatrix} B \\ D \end{pmatrix}$，右边$=-\frac{\hbar}{2}\begin{pmatrix} 0 \\ 1 \end{pmatrix}$，故有$B=0$，$D=-1$. 得到

$$\hat{s}_z=\frac{\hbar}{2}\begin{pmatrix} 1 & 0 \\ 0 & -1 \end{pmatrix}. \tag{7.2.10}$$

从式(7.2.7)～式(7.2.10)出发，采用与例 4.3.2 相类似的方法，亦可见例 7.2.3，可得到

$$\hat{s}_x=\frac{\hbar}{2}\begin{pmatrix} 0 & 1 \\ 1 & 0 \end{pmatrix}, \qquad \hat{s}_y=\frac{\hbar}{2}\begin{pmatrix} 0 & -\mathrm{i} \\ \mathrm{i} & 0 \end{pmatrix}. \tag{7.2.11}$$

式(7.2.10)和式(7.2.11)是在$\hat{s}_z$表象中得到的，所以，$\hat{s}_z$是对角矩阵，$\hat{s}_x$和$\hat{s}_y$是非对角的. 可以检验，$\hat{s}_x$、$\hat{s}_y$和$\hat{s}_z$都是厄米的.

7.2.3 泡利算符

分析电子自旋态时，一种有用的工具是泡利算符$\hat{\boldsymbol{\sigma}}$，它与$\hat{\boldsymbol{s}}$呈简单的正比关系$\hat{\boldsymbol{s}}=\frac{\hbar}{2}\hat{\boldsymbol{\sigma}}$. 利用式(7.2.7)，可得到$\hat{\boldsymbol{\sigma}}$的三个分量满足以下对易关系：

$$2\mathrm{i}\hat{\sigma}_x=\hat{\sigma}_y\hat{\sigma}_z-\hat{\sigma}_z\hat{\sigma}_y, \qquad 2\mathrm{i}\hat{\sigma}_y=\hat{\sigma}_z\hat{\sigma}_x-\hat{\sigma}_x\hat{\sigma}_z, \qquad 2\mathrm{i}\hat{\sigma}_z=\hat{\sigma}_x\hat{\sigma}_y-\hat{\sigma}_y\hat{\sigma}_x. \tag{7.2.12}$$

由$\hat{s}_\alpha^2\equiv\frac{\hbar^2}{4}$ $(\alpha=x,y,z)$和$\hat{\boldsymbol{s}}=\frac{\hbar}{2}\hat{\boldsymbol{\sigma}}$，可得泡利算符三个分量的平方算符都是单位算符，即

$$\hat{\sigma}_x^2=\hat{\sigma}_y^2=\hat{\sigma}_z^2=\hat{I}. \tag{7.2.13}$$

从以上两式出发不难推出泡利算符的另外两个特性. 一个是，泡利算符满足以下反对易关系(证明见例 7.2.1)：

$$\hat{\sigma}_x\hat{\sigma}_y+\hat{\sigma}_y\hat{\sigma}_x=0, \qquad \hat{\sigma}_y\hat{\sigma}_z+\hat{\sigma}_z\hat{\sigma}_y=0, \qquad \hat{\sigma}_z\hat{\sigma}_x+\hat{\sigma}_x\hat{\sigma}_z=0. \tag{7.2.14}$$

另一个是，任何一个泡利算符可以用另外两个泡利算符的乘积来表达(证明见例 7.2.2)

$$\hat{\sigma}_x=\mathrm{i}\hat{\sigma}_z\hat{\sigma}_y, \quad \hat{\sigma}_y=\mathrm{i}\hat{\sigma}_x\hat{\sigma}_z, \quad \hat{\sigma}_z=\mathrm{i}\hat{\sigma}_y\hat{\sigma}_x. \tag{7.2.15}$$

基于$\hat{\boldsymbol{s}}=\frac{\hbar}{2}\hat{\boldsymbol{\sigma}}$，利用式(7.2.10)和式(7.2.11)，得到

$$\hat{\sigma}_x = \begin{pmatrix} 0 & 1 \\ 1 & 0 \end{pmatrix}, \quad \hat{\sigma}_y = \begin{pmatrix} 0 & -\mathrm{i} \\ \mathrm{i} & 0 \end{pmatrix}, \quad \hat{\sigma}_z = \begin{pmatrix} 1 & 0 \\ 0 & -1 \end{pmatrix}. \tag{7.2.16}$$

对 $\chi_{\frac{1}{2}} = |\uparrow\rangle = \begin{pmatrix} 1 \\ 0 \end{pmatrix}$ 和 $\chi_{-\frac{1}{2}} = |\downarrow\rangle = \begin{pmatrix} 0 \\ 1 \end{pmatrix}$ 来说，不难验证

$$\begin{aligned} &\sigma_x|\uparrow\rangle = |\downarrow\rangle, \quad \sigma_x|\downarrow\rangle = |\uparrow\rangle, \quad \sigma_y|\uparrow\rangle = \mathrm{i}|\downarrow\rangle, \\ &\sigma_y|\downarrow\rangle = -\mathrm{i}|\uparrow\rangle, \quad \sigma_z|\uparrow\rangle = |\uparrow\rangle, \quad \sigma_z|\downarrow\rangle = -|\downarrow\rangle. \end{aligned} \tag{7.2.17}$$

例如，$\sigma_x|\uparrow\rangle = \begin{pmatrix} 0 & 1 \\ 1 & 0 \end{pmatrix}\begin{pmatrix} 1 \\ 0 \end{pmatrix} = \begin{pmatrix} 0 \\ 1 \end{pmatrix} = |\downarrow\rangle$，$\sigma_y|\downarrow\rangle = \begin{pmatrix} 0 & -\mathrm{i} \\ \mathrm{i} & 0 \end{pmatrix}\begin{pmatrix} 0 \\ 1 \end{pmatrix} = -\mathrm{i}\begin{pmatrix} 0 \\ 1 \end{pmatrix} = -\mathrm{i}|\uparrow\rangle$.

例 7.2.1 证明：泡利算符满足反对易关系.

证 基于泡利算符的对易关系，有 $2\mathrm{i}\hat{\sigma}_x = \hat{\sigma}_y\hat{\sigma}_z - \hat{\sigma}_z\hat{\sigma}_y$，两边左乘 $\hat{\sigma}_y$，利用 $\hat{\sigma}_y^2 = \hat{I}$，有

$$2\mathrm{i}\hat{\sigma}_y\hat{\sigma}_x = \hat{\sigma}_y^2\hat{\sigma}_z - \hat{\sigma}_y\hat{\sigma}_z\hat{\sigma}_y = \hat{\sigma}_z - \hat{\sigma}_y\hat{\sigma}_z\hat{\sigma}_y.$$

在 $2\mathrm{i}\hat{\sigma}_x = \hat{\sigma}_y\hat{\sigma}_z - \hat{\sigma}_z\hat{\sigma}_y$ 两边右乘 $\hat{\sigma}_y$，有

$$2\mathrm{i}\hat{\sigma}_x\hat{\sigma}_y = \hat{\sigma}_y\hat{\sigma}_z\hat{\sigma}_y - \hat{\sigma}_z\hat{\sigma}_y^2 = \hat{\sigma}_y\hat{\sigma}_z\hat{\sigma}_y - \hat{\sigma}_z.$$

以上两式相加，得到 $\hat{\sigma}_x\hat{\sigma}_y + \hat{\sigma}_y\hat{\sigma}_x = 0$.

同理可证另外两组反对易关系.

例 7.2.2 证明：任何一个泡利算符可以用另外两个泡利算符的乘积来表达.

证 利用泡利算符的对易关系 $2\mathrm{i}\hat{\sigma}_z = \hat{\sigma}_x\hat{\sigma}_y - \hat{\sigma}_y\hat{\sigma}_x$ 和反对易关系 $\hat{\sigma}_x\hat{\sigma}_y + \hat{\sigma}_y\hat{\sigma}_x = 0$，将两式相加，得到 $\mathrm{i}\hat{\sigma}_z = \hat{\sigma}_x\hat{\sigma}_y$，所以 $\hat{\sigma}_z = -\mathrm{i}\hat{\sigma}_x\hat{\sigma}_y = \mathrm{i}\hat{\sigma}_y\hat{\sigma}_x$.

同理可证式(7.2.15)中的另外两式.

例 7.2.3 已知 $\hat{s}_z = \frac{\hbar}{2}\begin{pmatrix} 1 & 0 \\ 0 & -1 \end{pmatrix}$，借助泡利算符，求 $\hat{s}_x$ 和 $\hat{s}_y$ 的矩阵形式.

解 已知 $\hat{\sigma}_z = \begin{pmatrix} 1 & 0 \\ 0 & -1 \end{pmatrix}$. 设 $\hat{\sigma}_x = \begin{pmatrix} a & b \\ c & d \end{pmatrix}$，由 $\hat{\sigma}_z\hat{\sigma}_x + \hat{\sigma}_x\hat{\sigma}_z = 0$，有

$$左边=\begin{pmatrix} 1 & 0 \\ 0 & -1 \end{pmatrix}\begin{pmatrix} a & b \\ c & d \end{pmatrix} + \begin{pmatrix} a & b \\ c & d \end{pmatrix}\begin{pmatrix} 1 & 0 \\ 0 & -1 \end{pmatrix} = \begin{pmatrix} 2a & 0 \\ 0 & -2d \end{pmatrix} = 右边=\begin{pmatrix} 0 & 0 \\ 0 & 0 \end{pmatrix},$$

所以 $a = d = 0$，得到 $\hat{\sigma}_x = \begin{pmatrix} 0 & b \\ c & 0 \end{pmatrix}$. 因 $\hat{s}_x$ 是厄米的，故 $\hat{\sigma}_x$ 也是厄米的，即 $\hat{\sigma}_x^\dagger = \hat{\sigma}_x$，故有 $\begin{pmatrix} 0 & c^* \\ b^* & 0 \end{pmatrix} = \begin{pmatrix} 0 & b \\ c & 0 \end{pmatrix}$，所以 $c = b^*$，从而 $\hat{\sigma}_x^2 = \begin{pmatrix} |b|^2 & 0 \\ 0 & |b|^2 \end{pmatrix}$. 又因为 $\hat{\sigma}_x^2 = \hat{I}$，故

有$|b|^2=1$. 取b为实数，有$b=1$，进而$c=1$，从而得到$\hat{\sigma}_x=\begin{pmatrix}0&1\\1&0\end{pmatrix}$.

已知$\hat{\sigma}_y=\mathrm{i}\hat{\sigma}_x\hat{\sigma}_z$，故有

$$\hat{\sigma}_y=\mathrm{i}\begin{pmatrix}0&1\\1&0\end{pmatrix}\begin{pmatrix}1&0\\0&-1\end{pmatrix}=\begin{pmatrix}0&-\mathrm{i}\\\mathrm{i}&0\end{pmatrix},$$

利用$\hat{s}_{x,y}=\dfrac{\hbar}{2}\hat{\sigma}_{x,y}$，即可得到$\hat{s}_x$和$\hat{s}_y$的矩阵形式.

7.3 自旋轨道耦合态

7.3.1 坐标自旋共同表象

对氢原子的电子或碱金属原子的价电子来说，没考虑自旋时，哈密顿算符为$\hat{H}_0=\hat{p}^2/(2\mu)+V(r)$，其本征方程$\hat{H}_0\psi_n^{(0)}=E_n^{(0)}\psi_n^{(0)}$在中心力场中可通过求力学量完全集$(\hat{H}_0,\hat{l}^2,\hat{l}_z)$的共同本征态而获得，得到坐标表象中的波函数$\psi_n^{(0)}(\boldsymbol{r})$.考虑自旋后，电子的自旋角动量$\boldsymbol{s}$和轨道角动量$\boldsymbol{l}$之间存在耦合，可表示为$\xi(r)\hat{\boldsymbol{s}}\cdot\hat{\boldsymbol{l}}$，其中$\xi(r)$为耦合函数，此时电子的哈密顿算符为

$$\hat{H}=\hat{H}_0+\xi(r)\hat{\boldsymbol{s}}\cdot\hat{\boldsymbol{l}},\quad \xi(r)=\frac{1}{2{\mu_\mathrm{e}}^2c^2}\frac{1}{r}\frac{\mathrm{d}V(r)}{\mathrm{d}r}. \tag{7.3.1}$$

对应的本征态$\psi=\psi(\boldsymbol{r},s_z)$是空间变量$\boldsymbol{r}$和自旋变量$s_z$的函数，属于坐标和自旋的共同表象，其中自旋为离散表象，坐标为连续表象.

与$\boldsymbol{r}$可以取任意值不同，s_z只能取$\pm\hbar/2$两个离散值. 所以，可用一个两分量的列向量来表示$\psi(\boldsymbol{r},s_z)$，即

$$\psi(\boldsymbol{r},s_z)=\begin{pmatrix}\psi(\boldsymbol{r},s_z=\hbar/2)\\\psi(\boldsymbol{r},s_z=-\hbar/2)\end{pmatrix}=\begin{pmatrix}\psi_{\frac{1}{2}}\\\psi_{-\frac{1}{2}}\end{pmatrix}=\psi_{\frac{1}{2}}\chi_{\frac{1}{2}}+\psi_{-\frac{1}{2}}\chi_{-\frac{1}{2}}. \tag{7.3.2}$$

其中，$\chi_{\pm\frac{1}{2}}$是式(7.2.3)给出的自旋表象中的基态波函数；$\psi_{\pm\frac{1}{2}}=\psi(\boldsymbol{r},s_z=\pm\hbar/2)$是空间变量$\boldsymbol{r}$的函数，属于坐标表象. 一般情况下，$\psi_{\frac{1}{2}}\neq\psi_{-\frac{1}{2}}$，其中$\psi_{\frac{1}{2}}$对应自旋向上，$\psi_{-\frac{1}{2}}$对应自旋向下. $\psi_{\frac{1}{2}}$和$\psi_{-\frac{1}{2}}$的物理意义是：

$|\psi_{\frac{1}{2}}|^2$代表电子自旋向上($s_z=\hbar/2$)，而且位置在$\boldsymbol{r}$处的概率密度；

$|\psi_{-\frac{1}{2}}|^2$ 代表电子自旋向下($s_z = -\hbar/2$)，而且位置在 $\boldsymbol{r}$ 处的概率密度；

$\int \mathrm{d}\tau |\psi_{\frac{1}{2}}|^2$ 代表电子自旋向上($s_z = \hbar/2$)的概率；

$\int \mathrm{d}\tau |\psi_{-\frac{1}{2}}|^2$ 代表电子自旋向下($s_z = -\hbar/2$)的概率.

$\psi(\boldsymbol{r}, s_z)$ 的归一化要在坐标自旋共同表象中按如下形式完成：

$$\int \mathrm{d}\tau \psi^{\dagger}\psi = \int \mathrm{d}\tau (|\psi_{\frac{1}{2}}|^2 + |\psi_{-\frac{1}{2}}|^2) = 1. \tag{7.3.3}$$

其中，积分代表对空间的归一化，求和代表对自旋的归一化.

7.3.2　总角动量本征态

中心力场下，采用球坐标系，$\psi(\boldsymbol{r}, s_z)$ 满足的能量本征方程为

$$\left[\frac{\hat{p}^2}{2\mu} + V(r) + \xi(r)\hat{\boldsymbol{s}}\cdot\hat{\boldsymbol{l}}\right]\psi(r,\theta,\varphi,s_z) = E\psi(r,\theta,\varphi,s_z). \tag{7.3.4}$$

下面采用力学量完全集的方法来求解此方程. 考虑自旋后，电子具有四个自由度，除 $\hat{H}$ 外，还要再找三个算符来构成完全集. 设

$$\hat{\boldsymbol{j}} = \hat{\boldsymbol{s}} + \hat{\boldsymbol{l}} \tag{7.3.5}$$

为总角动量算符. 可以证明 $(\hat{H}, \hat{l}^2, \hat{j}^2, \hat{j}_z)$ 四个算符是相互对易的，可构成力学量完全集. 对中心力场，可将 $\psi(r,\theta,\varphi,s_z)$ 分离变量为 $\psi(r,\theta,\varphi,s_z)=R(r)\phi(\theta,\varphi,s_z)$，其中

$$\phi(\theta,\varphi,s_z) = \begin{pmatrix} \phi(\theta,\varphi,s_z=\hbar/2) \\ \phi(\theta,\varphi,s_z=-\hbar/2) \end{pmatrix} = \begin{pmatrix} \phi_{\frac{1}{2}} \\ \phi_{-\frac{1}{2}} \end{pmatrix} \tag{7.3.6}$$

是 $(\hat{l}^2, \hat{j}^2, \hat{j}_z)$ 的共同本征函数. 因其是总角动量 z 分量 $\hat{j}_z$ 的本征态，通常称其为总角动量本征态.

首先，求解 $\hat{l}^2$ 的本征方程. 设 $\hat{l}^2\phi(\theta,\varphi,s_z) = L\phi(\theta,\varphi,s_z)$，其中，$L$ 为本征值. 将式(7.3.6)代入，并利用式(2.3.25)，有

$$\phi(\theta,\varphi,s_z) = \begin{pmatrix} \phi_{\frac{1}{2}} \\ \phi_{-\frac{1}{2}} \end{pmatrix} = \begin{pmatrix} a\mathrm{Y}_{lm} \\ b\mathrm{Y}_{lm'} \end{pmatrix}, \quad L = l(l+1)\hbar^2, \quad l = 0,1,2,\cdots, \tag{7.3.7}$$

其中，a和b是待定常数.

其次，求解$\hat{j}_z=\hat{l}_z+\hat{s}_z$的本征方程. 设$\hat{j}_z\phi(\theta,\varphi,s_z)=j_z\phi(\theta,\varphi,s_z)$，其中，$j_z$为本征值. 将式(7.2.10)和式(7.3.7)代入，有

$$\left[\hat{l}_z\begin{pmatrix}1&0\\0&1\end{pmatrix}+\frac{\hbar}{2}\begin{pmatrix}1&0\\0&-1\end{pmatrix}\right]\begin{pmatrix}aY_{lm}\\bY_{lm'}\end{pmatrix}=j_z\begin{pmatrix}aY_{lm}\\bY_{lm'}\end{pmatrix}.$$

得到$m'=m+1$和$j_z=(m+1/2)\hbar$，故有

$$\phi(\theta,\varphi,s_z)=\begin{pmatrix}\phi_{\frac{1}{2}}\\\phi_{-\frac{1}{2}}\end{pmatrix}=\begin{pmatrix}aY_{lm}\\bY_{lm+1}\end{pmatrix},\tag{7.3.8}$$

$$j_z=m_j\hbar,\quad m_j=m+1/2.\tag{7.3.9}$$

最后，求解$\hat{j}^2$的本征方程. 设$\hat{j}^2\phi(\theta,\varphi,s_z)=J\phi(\theta,\varphi,s_z)$，其中，$J=\lambda\hbar^2$为本征值. $\hat{j}^2=\hat{\boldsymbol{j}}\cdot\hat{\boldsymbol{j}}=\hat{l}^2+\hat{s}^2+2\hat{\boldsymbol{s}}\cdot\hat{\boldsymbol{l}}=\hat{l}^2+\hat{s}^2+\hbar(\hat{l}_x\hat{\sigma}_x+\hat{l}_y\hat{\sigma}_y+\hat{l}_z\hat{\sigma}_z)$.利用式(7.2.6)和式(7.2.16)，可得

$$\hat{j}^2=\begin{pmatrix}\hat{l}^2+3\hbar^2/4+\hbar\hat{l}_z & \hbar(\hat{l}_x-\mathrm{i}\hat{l}_y)\\ \hbar(\hat{l}_x+\mathrm{i}\hat{l}_y) & \hat{l}^2+3\hbar^2/4-\hbar\hat{l}_z\end{pmatrix}=\begin{pmatrix}\hat{q}_+ & \hbar\hat{l}_-\\ \hbar\hat{l}_+ & \hat{q}_-\end{pmatrix}.\tag{7.3.10}$$

其中，$\hat{q}_\pm=\hat{l}^2+3\hbar^2/4\pm\hbar\hat{l}_z$，$\hat{l}_\pm=\hat{l}_x\pm\mathrm{i}\hat{l}_y$.由式(7.3.8)和式(7.3.10)，可将$\hat{j}^2$的本征方程表示为

$$\begin{pmatrix}\hat{q}_+ & \hbar\hat{l}_-\\ \hbar\hat{l}_+ & \hat{q}_-\end{pmatrix}\begin{pmatrix}a\mathrm{Y}_{lm}\\b\mathrm{Y}_{lm+1}\end{pmatrix}=\lambda\hbar^2\begin{pmatrix}a\mathrm{Y}_{lm}\\b\mathrm{Y}_{lm+1}\end{pmatrix}.\tag{7.3.11}$$

注意，一方面，Y_{lm}是$\hat{q}_\pm$的本征函数，满足$\hat{q}_\pm\mathrm{Y}_{lm}=\hbar^2[l(l+1)+3/4\pm m]\mathrm{Y}_{lm}$；另一方面，$\mathrm{Y}_{lm}$虽不是$\hat{l}_\pm$的本征函数，但满足$\hat{l}_+\mathrm{Y}_{lm}=\eta\mathrm{Y}_{lm+1}$，$\hat{l}_-\mathrm{Y}_{lm+1}=\eta\mathrm{Y}_{lm}$，$\eta=\hbar\sqrt{(l+m+1)(l-m)}$. 故可从式(7.3.11)得到关于$a$和$b$的二元一次齐次方程组

$$\begin{pmatrix}l(l+1)+3/4+m-\lambda & \sqrt{(l-m)(l+m+1)}\\ \sqrt{(l-m)(l+m+1)} & l(l+1)+3/4-(m+1)-\lambda\end{pmatrix}\begin{pmatrix}a\\b\end{pmatrix}=0.\tag{7.3.12}$$

解此方程的久期方程，得到$\lambda=j(j+1)$, $j=l\pm1/2$. 将$j=l+1/2,\lambda=\lambda_1=(l+1/2)(l+3/2)$和$j=l-1/2,\lambda=\lambda_2=(l-1/2)(l+1/2)$分别代入式(7.3.12)，并利用归一化关系$\int\mathrm{d}\tau\phi^\dagger\phi=1$，得到总角动量本征态为

$$\left.\begin{aligned} j=l+1/2,\quad \phi_{ljm_j}&=\frac{1}{\sqrt{2l+1}}\begin{pmatrix}\sqrt{l+m+1}\mathrm{Y}_{lm}\\ \sqrt{l-m}\mathrm{Y}_{lm+1}\end{pmatrix}=\frac{1}{\sqrt{2j}}\begin{pmatrix}\sqrt{j+m_j}\mathrm{Y}_{j-1/2,m_j-1/2}\\ \sqrt{j-m_j}\mathrm{Y}_{j-1/2,m_j+1/2}\end{pmatrix}\\ j=l-1/2,\quad \phi_{ljm_j}&=\frac{1}{\sqrt{2l+1}}\begin{pmatrix}-\sqrt{l-m}\mathrm{Y}_{lm}\\ \sqrt{l+m+1}\mathrm{Y}_{lm+1}\end{pmatrix}=\frac{1}{\sqrt{2j+2}}\begin{pmatrix}-\sqrt{j-m_j+1}\mathrm{Y}_{j+1/2,m_j-1/2}\\ \sqrt{j+m_j+1}\mathrm{Y}_{j+1/2,m_j+1/2}\end{pmatrix}\end{aligned}\right\}. \tag{7.3.13}$$

此式是用(l,m)和(j,m_j)两组量子数分别表达的. 不难验证，上式中

$$m_j=j,j-1,\cdots,-j+1\cdots,-j, \tag{7.3.14}$$

共$(2j+1)$个可能的取值.

当$l=0$时，轨道角动量为零，不存在自旋与轨道的耦合，故式(7.3.13)中的第二式并不适用于$l=0$时的情况. $l=0$时可取$j=1/2$，$m_j=\pm1/2$，$\phi_{ljm_j}(\theta,\varphi,s_z)$可表示为

$$\left.\begin{aligned}\phi_{0\frac{1}{2}\frac{1}{2}}&=\begin{pmatrix}\mathrm{Y}_{00}\\0\end{pmatrix}=\frac{1}{\sqrt{4\pi}}\begin{pmatrix}1\\0\end{pmatrix}=\frac{1}{\sqrt{4\pi}}\chi_{\frac{1}{2}}\\ \phi_{0\frac{1}{2}-\frac{1}{2}}&=\begin{pmatrix}0\\\mathrm{Y}_{00}\end{pmatrix}=\frac{1}{\sqrt{4\pi}}\begin{pmatrix}0\\1\end{pmatrix}=\frac{1}{\sqrt{4\pi}}\chi_{-\frac{1}{2}}\end{aligned}\right\}. \tag{7.3.15}$$

此式表明，轨道角动量为零时，电子的状态可完全由自旋算符$\hat{s}_z$的本征态$\chi_{\pm\frac{1}{2}}$来描述.

概括起来，$\hat{l}^2$、$\hat{j}^2$和$\hat{j}_z$的本征值分别为$l(l+1)\hbar^2$、$j(j+1)\hbar^2$和$m_j\hbar$，满足以下本征方程：

$$\left.\begin{aligned}\hat{l}^2\phi_{ljm_j}&=l(l+1)\hbar^2\phi_{ljm_j},\\ \hat{j}^2\phi_{ljm_j}&=j(j+1)\hbar^2\phi_{ljm_j},\quad j=l\pm1/2\\ \hat{j}_z\phi_{ljm_j}&=m_j\hbar\phi_{ljm_j},\quad m_j=m+1/2\end{aligned}\right\}. \tag{7.3.16}$$

需要注意的是，对$j=l-1/2$来说，若$l=0$，则$j(j+1)=-1/4<0$，但$\hat{j}^2$作为平方算符，其本征值不能小于零. 所以，当$j=l-1/2$时，要求$l\neq0$，只能取$l\geqslant1$.

考虑自旋后，光谱学上习惯使用的符合标记规则如表 7.3.1 所示.

表 7.3.1 符号标记规则

l	0	1		2		3		4	
光谱符号(没考虑自旋)	s	p		d		f		g	
j	1/2	1/2	3/2	3/2	5/2	5/2	7/2	7/2	9/2
光谱符号(考虑自旋)	$s_{1/2}$	$p_{1/2}$	$p_{3/2}$	$d_{3/2}$	$d_{5/2}$	$f_{5/2}$	$f_{7/2}$	$g_{7/2}$	$g_{9/2}$

例 7.3.1　证明 ϕ_{ljm_j} 是 $\hat{\boldsymbol{s}}\cdot\hat{\boldsymbol{l}}$ 的本征态，并求出相应的本征值.

证　因为 $\hat{j}^2=\hat{l}^2+\hat{s}^2+2\hat{\boldsymbol{s}}\cdot\hat{\boldsymbol{l}}=\hat{l}^2+\frac{3\hbar^2}{4}+2\hat{\boldsymbol{s}}\cdot\hat{\boldsymbol{l}}$，所以 $\hat{j}^2\phi_{ljm_j}=\left(\hat{l}^2+\frac{3\hbar^2}{4}+2\hat{\boldsymbol{s}}\cdot\hat{\boldsymbol{l}}\right)\phi_{ljm_j}$.
由式(7.3.16)，有 $\hat{j}^2\phi_{ljm_j}=j(j+1)\hbar^2\phi_{ljm_j}$ 和 $\hat{l}^2\phi_{ljm_j}=l(l+1)\hbar^2\phi_{ljm_j}$，故得

$$\hat{\boldsymbol{s}}\cdot\hat{\boldsymbol{l}}\phi_{ljm_j}=\frac{1}{2}\left(j(j+1)-l(l+1)-\frac{3}{4}\right)\hbar^2\phi_{ljm_j}.$$

所以，ϕ_{ljm_j} 是 $\hat{\boldsymbol{s}}\cdot\hat{\boldsymbol{l}}$ 的本征态，本征值为 $\frac{1}{2}\left(j(j+1)-l(l+1)-\frac{3}{4}\right)\hbar^2$，可具体表示为

$$\hat{\boldsymbol{s}}\cdot\hat{\boldsymbol{l}}\phi_{ljm_j}=\begin{cases}\frac{\hbar^2}{2}l\phi_{ljm_j}, & j=l+\frac{1}{2}\\ -\frac{\hbar^2}{2}(l+1)\phi_{ljm_j}, & j=l-\frac{1}{2},l\geqslant 1\end{cases}. \tag{7.3.17}$$

例 7.3.2　求 $\phi_{lm}=\begin{pmatrix}a\mathrm{Y}_{lm}\\ b\mathrm{Y}_{lm+1}\end{pmatrix}$ 态下 $\hat{s}_x$，$\hat{s}_y$ 和 $\hat{s}_z$ 的平均值 $\overline{s}_x$，$\overline{s}_y$ 和 $\overline{s}_z$.

解　由 $\hat{s}_z=\frac{\hbar}{2}\begin{pmatrix}1&0\\0&-1\end{pmatrix}=\frac{\hbar}{2}\hat{\sigma}_z$，可得 $\frac{2}{\hbar}\overline{s}_z=\int_\tau \mathrm{d}\tau\phi_{lm}^\dagger\hat{\sigma}_z\phi_{lm}=\int_\tau \mathrm{d}\tau\left(a\mathrm{Y}_{lm}^*\quad b\mathrm{Y}_{lm+1}^*\right)\cdot$ $\begin{pmatrix}1&0\\0&-1\end{pmatrix}\begin{pmatrix}a\mathrm{Y}_{lm}\\ b\mathrm{Y}_{lm+1}\end{pmatrix}=\int_\tau \mathrm{d}\tau(a^2|\mathrm{Y}_{lm}|^2-b^2|\mathrm{Y}_{lm+1}|^2)=(a^2-b^2)$. 由式(7.3.13)可给出 a 与 b，得到

$$\overline{s}_z=\begin{cases}\frac{2m+1}{2l+1}\cdot\frac{\hbar}{2}=\frac{\hbar}{2}\cdot\frac{m_j}{j}, & j=l+1/2\\ -\frac{2m+1}{2l+1}\cdot\frac{\hbar}{2}=-\frac{\hbar}{2}\cdot\frac{m_j}{j+1}, & j=l-1/2\end{cases}. \tag{7.3.18}$$

由 $\hat{s}_x=\frac{\hbar}{2}\begin{pmatrix}0&1\\1&0\end{pmatrix}=\frac{\hbar}{2}\hat{\sigma}_x$，有 $\frac{2}{\hbar}\overline{s}_x=\int_\tau \mathrm{d}\tau\phi_{lm}^\dagger\hat{\sigma}_x\phi_{lm}=\int_\tau \mathrm{d}\tau\left(a\mathrm{Y}_{lm}^*\quad b\mathrm{Y}_{lm+1}^*\right)\begin{pmatrix}0&1\\1&0\end{pmatrix}\begin{pmatrix}a\mathrm{Y}_{lm}\\ b\mathrm{Y}_{lm+1}\end{pmatrix}=$
$\int_\tau \mathrm{d}\tau\left(a\mathrm{Y}_{lm}^*\quad b\mathrm{Y}_{lm+1}^*\right)\begin{pmatrix}b\mathrm{Y}_{lm+1}\\ a\mathrm{Y}_{lm}\end{pmatrix}=\int_\tau \mathrm{d}\tau ab(\mathrm{Y}_{lm}^*\mathrm{Y}_{lm+1}+\mathrm{Y}_{lm+1}^*\mathrm{Y}_{lm})=0$，所以 $\overline{s}_x$=0.

同理可得 $\overline{s}_y$=0.

7.4　光谱精细结构

如 2.3 节所述，给金属钠通电后可以发出黄颜色的光，俗称钠黄光. 用分辨率

不高的光谱仪，测得波长为 $\lambda = 589.3\text{nm}$. 若用分辨率足够高的光谱仪测量，发现实际上存在着 $\lambda_1 = 589.0\text{nm}$ 和 $\lambda_2 = 589.6\text{nm}$ 两条谱线. 钠原子光谱的这种双线结构，在电子自旋概念提出之前就被观测到，一直没得到合理解释. 在 2.3 节中叙述的塞曼效应源于外加磁场与价电子轨道角动量之间的作用，导致能级分裂，造成谱线分裂. 与此不同，双线结构并非缘于外界作用，而是缘于电子自旋这种内禀属性，由此形成光谱线的精细结构.

7.4.1 能级精细结构公式

将 $|nljm_j\rangle = R_{nl}(r)\phi_{ljm_j}(\theta,\varphi,s_z)$ 代入式(7.3.4)，得到径向方程，从中解出径向波函数 $R_{nl}(r)$ 和能级 E_{nlj}，即可获得反映精细结构的能级公式. 由于获得解析解较为困难，下面通过微扰论，在一级近似下求解 E_{nlj}. 将式(7.3.1)中的自旋轨道耦合项视作微扰项 $\hat{H}' = \xi(r)\hat{\boldsymbol{s}}\cdot\hat{\boldsymbol{l}}$，则系统的哈密顿算符可写成

$$\hat{H} = \hat{H}_0 + \hat{H}' = \hat{H}_0 + \xi(r)\hat{\boldsymbol{s}}\cdot\hat{\boldsymbol{l}}. \tag{7.4.1}$$

未微扰算符 $\hat{H}_0$ 的能级是简并的，按简并定态微扰论中的式(5.1.22)，并借助式(7.3.17)来简化运算，可将 $\hat{H}_0$ 的零级近似波函数 $|\psi_k^{(0)}\rangle$ 用 $|kljm_j\rangle$ 展开

$$|\psi_k^{(0)}\rangle = \sum_{ljm_j} a_{ljm_j} |kljm_j\rangle, \tag{7.4.2}$$

展开系数 a_{ljm_j} 满足式(5.1.23)，即

$$\sum_{ljm_j}(H'_{l'j'm'_jljm_j} - E_k^{(1)}\delta_{l'j'm'_jljm_j})a_{ljm_j} = 0, \tag{7.4.3}$$

其中，$H'_{l'j'm'_jljm_j}$ 是 $\hat{H}'$ 在 $\hat{H}_0$ 表象中的矩阵元

$$H'_{l'j'm'_jljm_j} = \langle kl'j'm'_j|\hat{H}'|kljm_j\rangle, \tag{7.4.4}$$

将 $\hat{H}' = \xi(r)\hat{\boldsymbol{s}}\cdot\hat{\boldsymbol{l}}$ 代入，有

$$H'_{l'j'm'_jljm_j} = \langle kl'j'm'_j|\xi(r)\hat{\boldsymbol{s}}\cdot\hat{\boldsymbol{l}}|kljm_j\rangle = \langle l'j'm'_j|\hat{\boldsymbol{s}}\cdot\hat{\boldsymbol{l}}|ljm_j\rangle\int_0^\infty R_{kl}^2\xi(r)r^2\mathrm{d}r. \tag{7.4.5}$$

利用式(7.3.17)，有 $H'_{l'j'm'_jljm_j} = H'_{klj}\delta_{l'l}\delta_{j'j}\delta_{m'_jm_j}$，其中

$$H'_{klj} = \frac{\hbar^2}{2}\left(j(j+1) - l(l+1) - \frac{3}{4}\right)\int_0^\infty R_{kl}^2\xi(r)r^2\mathrm{d}r.$$

按式(5.1.25)，能级一级近似 $E_k^{(1)}$ 满足久期方程 $\det|H'_{l'j'm'_jljm_j} - E_k^{(1)}\delta_{l'j'm'_jljm_j}|=0$.

由于 $H'_{l'j'm'_j ljm_j}$ 是对角化的，故有 $E_{klj}^{(1)} = H'_{klj}$.由此得到一级近似下的精细结构能级公式为

$$E_{klj} = E_k^{(0)} + E_{klj}^{(1)} = E_k^{(0)} + \frac{\hbar^2}{2}\left(j(j+1) - l(l+1) - \frac{3}{4}\right)\int_0^\infty R_{kl}^2 \xi(r) r^2 \mathrm{d}r , \quad (7.4.6)$$

其中，k 标记系统部分量子数. 例如，对氢原子，$k=n$，n 为主量子数；对碱金属原子的价电子，$k=nl$．式(7.4.6)表明，方程(7.3.4)的本征态 $\psi_{nljm_j} = R_{nl}(r)\phi_{ljm_j}(\theta,\varphi,s_z)$ 相对本征值 E_{nlj} 来说是 $(2j+1)$ 重简并的.

7.4.2　氢原子能级精细结构

对氢原子及类氢离子，库仑势为 $V(r) = -Ze^2/r$，这里 Z 为原子序数，从而有 $\xi(r) = \frac{1}{2\mu_e^2 c^2}\frac{1}{r}\frac{\mathrm{d}V(r)}{\mathrm{d}r} = \frac{Ze^2}{2\mu_e^2 c^2}\frac{1}{r^3}$. 利用式(2.3.45)，有

$$\int_0^\infty R_{nl}^2(r)\xi(r) r^2 \mathrm{d}r = \frac{Ze^2}{2\mu_e^2 c^2}\int_0^\infty \frac{R_{nl}^2(r)}{r}\mathrm{d}r = \frac{Z^4 e^2}{2\mu_e^2 c^2 a_0^2}\frac{1}{n^3 l\left(l+\frac{1}{2}\right)(l+1)}. \quad (7.4.7)$$

其中，$a_0 = \hbar^2/(\mu_e e^2)$ 为玻尔半径.

对氢原子($Z=1$)，利用式(7.4.6)和式(7.4.7)，得到氢原子精细结构能级公式为

$$\left.\begin{aligned} E_{nlj=l+\frac{1}{2}} &= E_n\left[1 - \frac{\alpha^2}{n}\frac{1}{\left(l+\frac{1}{2}\right)(l+1)}\right] \\ E_{nlj=l-\frac{1}{2}} &= E_n\left[1 + \frac{\alpha^2}{n}\frac{1}{l\left(l+\frac{1}{2}\right)}\right], \quad l \geqslant 1 \end{aligned}\right\}, \quad (7.4.8)$$

其中，$E_n = -\frac{e^2}{2a_0}\frac{1}{n^2}(n=1,2,3,\cdots)$ 为氢原子能级公式(2.3.44)，$\alpha = \frac{e^2}{\hbar c} \approx \frac{1}{137}$ 为精细结构常数.

基于式(7.4.8)，图 7.4.1 给出了氢原子能级精细结构. 当给定 n 和 l 后，j 可取 $j = l \pm \frac{1}{2}$ 两个值. 所以，自旋与轨道的耦合导致具有相同量子数 n 和 l 的能级有两个，二者之间的能差很小，形成能级精细结构，这就是产生光谱线精细结构的原

因. 需要强调的是，$l=0$ 时，式(7.4.8)中 $E_{nlj=l-\frac{1}{2}}$ 无效，故 n 给定后 $l=0$ (s 态)对应的能级只有一条.

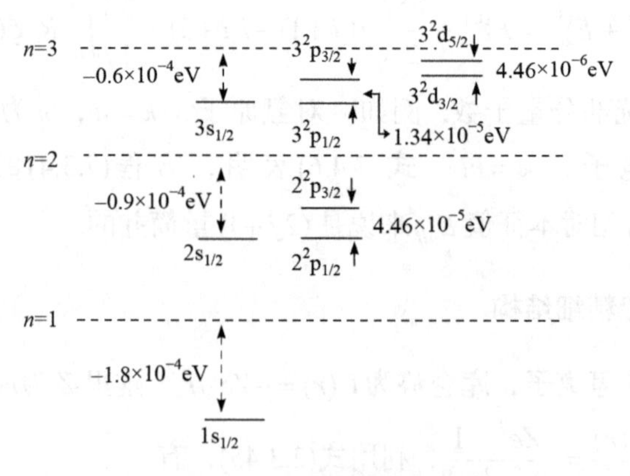

图 7.4.1 氢原子能级精细结构

图 7.4.1 中，以 $2^2\mathrm{p}_{1/2}$ 为例，表示 $n=2$，$l=1$ (p 态)，$j=1/2$ 的能级. p 的左上角的2表示 $2^2\mathrm{p}_{1/2}$ 是属于二重线的项. s态都没有二重精细结构. 可以看出，$2\mathrm{s}_{1/2}$ 和 $2^2\mathrm{p}_{1/2}$ 能级一样高，$3\mathrm{s}_{1/2}$ 和 $3^2\mathrm{p}_{1/2}$ 能级一样高，这表明氢原子精细结构能级中继续保持 l 简并的现象. 这可从式(7.4.8)看出，氢原子能级的精细结构只解除了 j 简并，没解除 l 简并.

7.4.3 钠原子双线结构

利用式(7.4.6)也能分析碱金属价电子能级的精细结构，从而解释其精细光谱. 以钠原子为列，共有 11 个电子. 由于泡利不相容原理，2 个电子占据第一壳层 $(1\mathrm{s})^2$，8 个电子占据第二壳层 $(2\mathrm{s})^2(2\mathrm{p})^6$，价电子占据第三壳层 $(3\mathrm{s})^1$，形成 $(1\mathrm{s})^2(2\mathrm{s})^2(2\mathrm{p})^6(3\mathrm{s})^1$ 的电子组态. 钠黄光源于价电子从第一激发态3p 向基态3s 的跃迁，如图 7.4.2 所示. 由于电子具有自旋，3p 能级实际上是 $3^2\mathrm{p}_{3/2}$ 和 $3^2\mathrm{p}_{1/2}$ 两个能级，而基态3s 因为 $l=0$ 并无精细结构. 跃迁 $3^2\mathrm{p}_{3/2}\to 3\mathrm{s}_{1/2}$ 产生谱线 $\lambda_1=589.0\mathrm{nm}$，跃迁 $3^2\mathrm{p}_{1/2}\to 3\mathrm{s}_{1/2}$ 产生谱线 $\lambda_2=589.6\mathrm{nm}$.

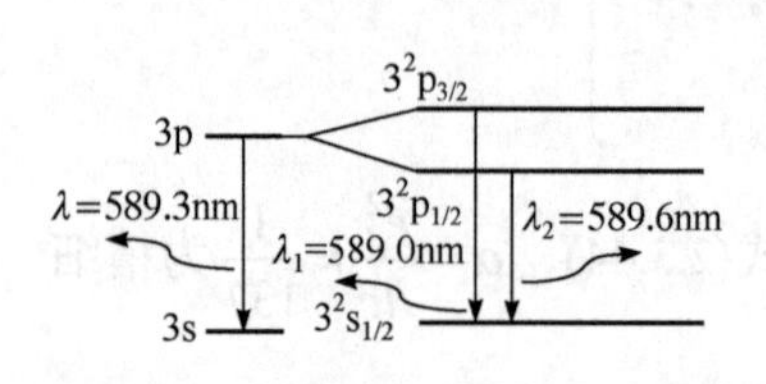

图 7.4.2 钠原子黄光双线结构

对碱金属原子的价电子，将式(2.3.57)代入 $\xi(r)=\dfrac{1}{2\mu_{\mathrm{e}}^2c^2}\dfrac{1}{r}\dfrac{\mathrm{d}V(r)}{\mathrm{d}r}$ 中，得到

$\xi(r)=\dfrac{e^2}{2\mu_e^2c^2r^3}\left(1+2\dfrac{\lambda a_0}{r}\right)>0$，代入式(7.4.6)中的积分项$\int_0^\infty R_{kl}^2\xi(r)r^2\mathrm{d}r\equiv\varDelta_{kl}$，可计算出$\varDelta_{kl}>0$. 其中，$R_{kl}$由式(2.3.45)给出，$l$满足式(2.3.59). 对碱金属原子的价电子来说，式(7.4.6)中的$k=nl$，$E_k^{(0)}=E_{nl}$由式(2.3.62)给出. 碱金属原子价电子精细结构能级公式为

$$E_{nlj}=E_{nl}+E_{klj}^{(1)}=E_{nl}+\frac{\hbar^2}{2}\varDelta_{nl}\begin{cases}l, & j=l+1/2\\ [-(l+1)], & j=l-1/2\end{cases}, \tag{7.4.9}$$

基于此式，对钠黄光，$\Delta E=E_{31\frac{3}{2}}-E_{31\frac{1}{2}}=1.5\hbar^2\varDelta_{31}$. 计算表明，$\Delta E$的理论值与实验观测值符合得很好.

由于自旋与轨道之间的耦合能量很弱，导致ΔE通常很小. 计算表明，ΔE随原子序数Z增大而增大. 对锂原子($Z=3$)，ΔE太小，其双线结构难以观测. 对钠原子($Z=11$)，ΔE较大，其双线结构易于观测.

7.4.4　复杂塞曼效应

如果将碱金属原子置于磁场$\boldsymbol{B}=B\boldsymbol{e}_z$中，则电子的轨道角动量$\boldsymbol{l}$和自旋角动量$\boldsymbol{s}$都会与磁场耦合，耦合能量分别为$\omega_l\hat{l}_z$（$\omega_l=eB/(2\mu)$为拉莫尔频率)和$\omega_c\hat{s}_z$（$\omega_c=2\omega_l$为回旋频率)，这会导致价电子能级$E_{nlj}$发生分裂，称为**复杂塞曼效应**或**反常塞曼效应**. 在 2.4.2 节讲述的简单塞曼效应，磁场B通常很强，自旋与轨道耦合能量$\xi(r)\hat{\boldsymbol{s}}\cdot\hat{\boldsymbol{l}}$远小于$\omega_l\hat{l}_z$，故可不考虑电子自旋的作用，只需讨论能级$E_{nl}$在磁场中的分裂现象. 如果磁场$B$较弱，$\xi(r)\hat{\boldsymbol{s}}\cdot\hat{\boldsymbol{l}}$不能略去，电子自旋必须考虑，此时观测到的就是复杂塞曼效应.

将碱金属原子置于磁场$\boldsymbol{B}=B\boldsymbol{e}_z$后，价电子的能量本征方程从式(7.3.4)变为

$$\left[\frac{\hat{p}^2}{2\mu}+V(r)+\xi(r)\hat{\boldsymbol{s}}\cdot\hat{\boldsymbol{l}}+\omega_l\hat{l}_z+\omega_c\hat{s}_z\right]\psi_{nljm_j}=E_{nljm_j}\psi_{nljm_j}. \tag{7.4.10}$$

基于$\hat{j}_z=\hat{l}_z+\hat{s}_z$和$\omega_c=2\omega_l$，可将上式的哈密顿算符写作$\hat{H}=\hat{H}_0+\hat{H}'=\hat{H}_1+\hat{H}_2+\hat{H}'$，其中$\hat{H}_1=\dfrac{\hat{p}^2}{2\mu}+V(r)+\xi(r)\hat{\boldsymbol{s}}\cdot\hat{\boldsymbol{l}}$，$\hat{H}_2=\omega_l\hat{j}_z$，$\hat{H}'=\omega_l\hat{s}_z$. 通过求解方程(7.3.4)，已经获得$\hat{H}_1$的本征态和本征值分别为$\psi_{nljm_j}^{(0)}=R_{nl}(r)\phi_{ljm_j}(\theta,\varphi,s_z)$和$E_{nlj}$.对$\hat{H}_0=\hat{H}_1+\omega_l\hat{j}_z$来说，由式(7.3.16)，$\hat{j}_z\psi_{nljm_j}^{(0)}=\hbar m_j\psi_{nljm_j}^{(0)}$，故$\hat{H}_0\psi_{nljm_j}^{(0)}=(E_{nlj}+\omega_l\hbar m_j)\psi_{nljm_j}^{(0)}=E_{nljm_j}^{(0)}\psi_{nljm_j}^{(0)}$.由于$E_{nljm_j}^{(0)}=E_{nlj}+\omega_l\hbar m_j$对$\psi_{nljm_j}^{(0)}$不简并，故可用非简并微扰论，将

$\hat{H}'=\omega_l\hat{s}_z$视作微扰算符，利用式(5.1.11)，在$\hat{H}_0$表象中求出能级$E_{nljm_j}$的一级修正

$$E_{nljm_j}^{(1)}=\omega_l\langle\psi_{nljm_j}^{(0)}|\hat{s}_z|\psi_{nljm_j}^{(0)}\rangle=\omega_l\overline{s}_z . \tag{7.4.11}$$

利用式(7.3.18)给出的$\overline{s}_z$，准确到一级近似，施加磁场后碱金属原子价电子的能级公式为

$$E_{nljm_j}=E_{nljm_j}^{(0)}+E_{nljm_j}^{(1)}=E_{nlj}^{(0)}+(m_j\hbar+\overline{s}_z)\omega_l=E_{nlj}^{(0)}+B\mu_{\mathrm{B}}\kappa m_j , \tag{7.4.12}$$

其中，$\mu_{\mathrm{B}}=\hbar e/(2\mu_{\mathrm{e}})$为玻尔磁子，$\kappa$为朗德(Lande)因子.

$$\kappa=\begin{cases}(2j+1)/2j, & j=l+1/2\\(2j+1)/(2j+2), & j=l-1/2\end{cases} . \tag{7.4.13}$$

式(7.4.12)表明，B=0时能级与m_j无关，是$(2j+1)$重简并的；施加磁场后，能级与m_j有关，分裂为$(2j+1)$条.

仍以钠黄光为例，如图 7.4.3 所示，若不考虑自旋，价电子从第一激发态 3p 向基态 3s 跃迁，产生波长 589.3nm 的黄光. 实际上，由于自旋的存在，3p 能级包含$3^2\mathrm{p}_{1/2}$和$3^2\mathrm{p}_{3/2}$两个能级，589.3nm 是$\lambda_1=589.0\mathrm{nm}$和$\lambda_2=589.6\mathrm{nm}$两条谱线的平均波长. 施加磁场后，能级分裂为$(2j+1)$条. 对 3s 能级，$l=0$，$j=1/2$，$(2j+1)=2$，分裂为两条能级$(m_j=\pm1/2)$. 对$3^2\mathrm{p}_{1/2}$能级，$l=1$，$j=1/2$，$(2j+1)=2$，分裂为两条能级$(m_j=\pm1/2)$.对$3^2\mathrm{p}_{3/2}$能级，$l=1$，$j=3/2$，$(2j+1)=4$，分裂为四条能级$(m_j=\pm1/2,\pm3/2)$. 受跃迁选择定则(6.1.21)的限制，只有满足$\Delta l=\pm1$，$\Delta j=0,\pm1$和$\Delta m_j=0,\pm1$的跃迁才允许发生，这样一来，从 6 个$l=1$的上能级向两个$l=0$的下能级跃迁，能产生 10 条谱线，这就是复杂塞曼效应. 实验中，施加的磁场要适当，如果太强，则自旋引起的能级精细结构将被掩盖，这就回到了 2.4.2 节叙述过的简单塞曼效应，对钠黄光来说只能观测到 3 条谱线.

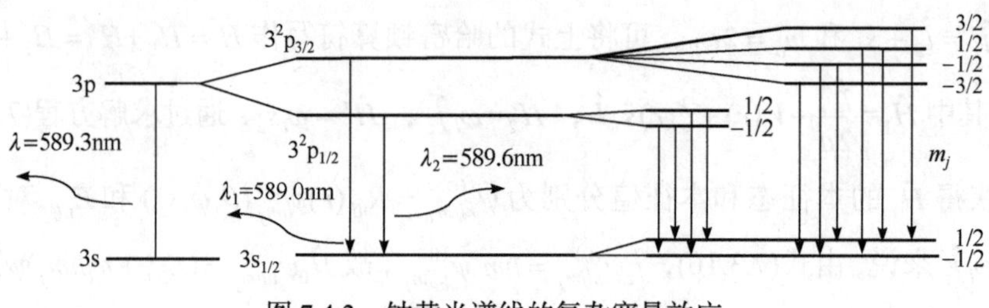

图 7.4.3　钠黄光谱线的复杂塞曼效应

7.5　双电子体系自旋态

氦原子拥有两个电子，占据第一壳层. 在忽略自旋轨道耦合作用的条件下，考虑双电子体系的自旋态. 设两个电子的自旋角动量为 $\hat{\boldsymbol{s}}_1$ 和 $\hat{\boldsymbol{s}}_2$，则两个电子的总角动量为

$$\hat{\boldsymbol{S}}=\hat{\boldsymbol{s}}_1+\hat{\boldsymbol{s}}_2 . \tag{7.5.1}$$

注意 $\hat{\boldsymbol{s}}_1$ 和 $\hat{\boldsymbol{s}}_2$ 分属两个电子，每个电子具有一个独立的自旋自由度，故双电子体系具有两个自由度. $\hat{\boldsymbol{s}}_1$ 和 $\hat{\boldsymbol{s}}_2$ 的分量之间是相互对易的.

$$[\hat{s}_{1\alpha},\hat{s}_{2\beta}]=0, \quad \alpha,\beta=x,y,z . \tag{7.5.2}$$

$\hat{\boldsymbol{s}}_1$ 或 $\hat{\boldsymbol{s}}_2$ 自身的三个分量分别满足式(7.2.7)给出的对易关系，由此可以得到 $\hat{\boldsymbol{S}}$ 的三个分量满足下列对易关系

$$[\hat{S}_x,\hat{S}_y]=\mathrm{i}\hbar\hat{S}_z, \quad [\hat{S}_y,\hat{S}_z]=\mathrm{i}\hbar\hat{S}_x, \quad [\hat{S}_z,\hat{S}_x]=\mathrm{i}\hbar\hat{S}_y . \tag{7.5.3}$$

由式(7.2.8)，$\hat{s}_{1z,2z}$ 的本征态 $|\uparrow_{1,2}\rangle$ 和 $|\downarrow_{1,2}\rangle$ 满足的本征方程为

$$\hat{s}_{1z,2z}|\uparrow_{1,2}\rangle=\frac{\hbar}{2}|\uparrow_{1,2}\rangle, \quad \hat{s}_{1z,2z}|\downarrow_{1,2}\rangle=-\frac{\hbar}{2}|\downarrow_{1,2}\rangle . \tag{7.5.4}$$

由式(7.2.3)，有

$$|\uparrow_{1,2}\rangle=\begin{pmatrix}1\\0\end{pmatrix}, \quad |\downarrow_{1,2}\rangle=\begin{pmatrix}0\\1\end{pmatrix}. \tag{7.5.5}$$

令 $\hat{S}^2=\hat{S}_x^2+\hat{S}_y^2+\hat{S}_z^2$，由式(7.5.3)，不难证明

$$[\hat{S}^2,\hat{S}_\alpha]=0, \quad \alpha=x,y,z . \tag{7.5.6}$$

同时，$\hat{S}^2$ 亦可表示为

$$\hat{S}^2=(\hat{\boldsymbol{s}}_1+\hat{\boldsymbol{s}}_2)^2=\hat{s}_1^2+\hat{s}_2^2+2\hat{\boldsymbol{s}}_1\cdot\hat{\boldsymbol{s}}_2 . \tag{7.5.7}$$

由式(7.2.6)，有 $\hat{s}_{1,2}^2=\dfrac{3\hbar^2}{4}$，并注意 $\hat{s}_{1,2}=\dfrac{\hbar}{2}\hat{\sigma}_{1,2}$，有

$$\hat{S}^2=\frac{\hbar^2}{2}(3+\hat{\sigma}_{1x}\otimes\hat{\sigma}_{2x}+\hat{\sigma}_{1y}\otimes\hat{\sigma}_{2y}+\hat{\sigma}_{1z}\otimes\hat{\sigma}_{2z}) , \tag{7.5.8}$$

其中，$\otimes$ 表示直积或张量积. 设 $A=\begin{pmatrix}a_{11} & a_{12}\\ a_{21} & a_{22}\end{pmatrix}, B=\begin{pmatrix}b_{11} & b_{12}\\ b_{21} & b_{22}\end{pmatrix}, C=\begin{pmatrix}c_1\\ c_2\end{pmatrix}, D=\begin{pmatrix}d_1\\ d_2\end{pmatrix}$，则直积公式为

$$A\otimes B=\begin{pmatrix} a_{11}B & a_{12}B \\ a_{21}B & a_{22}B \end{pmatrix}=\begin{pmatrix} a_{11}\begin{pmatrix} b_{11} & b_{12} \\ b_{21} & b_{22} \end{pmatrix} & a_{12}\begin{pmatrix} b_{11} & b_{12} \\ b_{21} & b_{22} \end{pmatrix} \\ a_{21}\begin{pmatrix} b_{11} & b_{12} \\ b_{21} & b_{22} \end{pmatrix} & a_{22}\begin{pmatrix} b_{11} & b_{12} \\ b_{21} & b_{22} \end{pmatrix} \end{pmatrix},$$

$$C\otimes D=\begin{pmatrix} c_1 D \\ c_2 D \end{pmatrix}=\begin{pmatrix} c_1\begin{pmatrix} d_1 \\ d_2 \end{pmatrix} \\ c_2\begin{pmatrix} d_1 \\ d_2 \end{pmatrix} \end{pmatrix}. \tag{7.5.9}$$

注意 $A\otimes B$ 是一个 4×4 矩阵，$C\otimes D$ 是一个 4×1 列向量.

由式(7.2.16)和式(7.5.9)，得到

$$\hat{\sigma}_{1x}\otimes\hat{\sigma}_{2x}=\begin{pmatrix} 0 & 0 & 0 & 1 \\ 0 & 0 & 1 & 0 \\ 0 & 1 & 0 & 0 \\ 1 & 0 & 0 & 0 \end{pmatrix},\quad \hat{\sigma}_{1y}\otimes\hat{\sigma}_{2y}=\begin{pmatrix} 0 & 0 & 0 & -1 \\ 0 & 0 & 1 & 0 \\ 0 & 1 & 0 & 0 \\ -1 & 0 & 0 & 0 \end{pmatrix},$$

$$\hat{\sigma}_{1z}\otimes\hat{\sigma}_{2z}=\begin{pmatrix} 1 & 0 & 0 & 0 \\ 0 & -1 & 0 & 0 \\ 0 & 0 & -1 & 0 \\ 0 & 0 & 0 & 1 \end{pmatrix}. \tag{7.5.10}$$

代入式(7.5.8)，得到

$$\hat{S}^2=\hbar^2\begin{pmatrix} 2 & 0 & 0 & 0 \\ 0 & 1 & 1 & 0 \\ 0 & 1 & 1 & 0 \\ 0 & 0 & 0 & 2 \end{pmatrix}. \tag{7.5.11}$$

电子 1 和 2 在 z 方向的自旋分量都是 $\pm\frac{\hbar}{2}$，由其构成的双电子体系在 z 方向的自旋分量有 $\frac{\hbar}{2}+\frac{\hbar}{2}=\hbar,-\frac{\hbar}{2}+\frac{\hbar}{2}=0,\frac{\hbar}{2}-\frac{\hbar}{2}=0,-\frac{\hbar}{2}-\frac{\hbar}{2}=-\hbar$ 四种可能，因此 $\hat{S}_z=\hat{s}_{1z}+\hat{s}_{2z}$ 的本征值分别为 $\hbar,0,0,-\hbar$，故在 $\hat{S}_z$ 表象下，$\hat{S}_z$ 的矩阵形式为

$$\hat{S}_z=\hbar\begin{pmatrix} 1 & 0 & 0 & 0 \\ 0 & 0 & 0 & 0 \\ 0 & 0 & 0 & 0 \\ 0 & 0 & 0 & -1 \end{pmatrix}. \tag{7.5.12}$$

7.5.1　双电子体系自旋空间

双电子体系的自旋自由度为 2，可以选两个相互对易的算符构成力学量完全集来描述体系的自旋状态. 由式(7.5.2)，$[\hat{s}_{1z},\hat{s}_{2z}]=0$ ，选$(\hat{s}_{1z},\hat{s}_{2z})$构成完全集，这样组成的空间为双电子自旋空间. $\hat{s}_{1z,2z}$的基矢为$|\uparrow_{1,2}\rangle$和$|\downarrow_{1,2}\rangle$，由于双电子自旋空间不反映两个电子之间的相互作用，属于无耦合表象，其 4 个基矢可由两个电子各自的自旋基矢通过直积而得到. 由式(7.5.5)和式(7.5.9)，$(\hat{s}_{1z},\hat{s}_{2z})$表象的 4 个基矢为

$$
\begin{aligned}
&|1\rangle=|\uparrow_1\rangle\otimes|\uparrow_2\rangle=\begin{pmatrix}1\\0\\0\\0\end{pmatrix},\quad |2\rangle=|\uparrow_1\rangle\otimes|\downarrow_2\rangle=\begin{pmatrix}0\\1\\0\\0\end{pmatrix},\\
&|3\rangle=|\downarrow_1\rangle\otimes|\uparrow_2\rangle=\begin{pmatrix}0\\0\\1\\0\end{pmatrix},\quad |4\rangle=|\downarrow_1\rangle\otimes|\downarrow_2\rangle=\begin{pmatrix}0\\0\\0\\1\end{pmatrix}.
\end{aligned}
\tag{7.5.13}
$$

由式(7.5.10)和式(7.5.13)不难证明

$$
\begin{aligned}
&\hat{\sigma}_{1x}\otimes\hat{\sigma}_{2x}|1\rangle=|4\rangle,\quad \hat{\sigma}_{1x}\otimes\hat{\sigma}_{2x}|2\rangle=|3\rangle,\quad \hat{\sigma}_{1x}\otimes\hat{\sigma}_{2x}|3\rangle=|2\rangle,\quad \hat{\sigma}_{1x}\otimes\hat{\sigma}_{2x}|4\rangle=|1\rangle,\\
&\hat{\sigma}_{1y}\otimes\hat{\sigma}_{2y}|1\rangle=-|4\rangle,\quad \hat{\sigma}_{1y}\otimes\hat{\sigma}_{2y}|2\rangle=|3\rangle,\quad \hat{\sigma}_{1y}\otimes\hat{\sigma}_{2y}|3\rangle=|2\rangle,\quad \hat{\sigma}_{1y}\otimes\hat{\sigma}_{2y}|4\rangle=-|1\rangle,\\
&\hat{\sigma}_{1z}\otimes\hat{\sigma}_{2z}|1\rangle=|1\rangle,\quad \hat{\sigma}_{1z}\otimes\hat{\sigma}_{2z}|2\rangle=-|2\rangle,\quad \hat{\sigma}_{1z}\otimes\hat{\sigma}_{2z}|3\rangle=|3\rangle,\quad \hat{\sigma}_{1z}\otimes\hat{\sigma}_{2z}|4\rangle=|4\rangle.
\end{aligned}
\tag{7.5.14}
$$

例如，

$$
\hat{\sigma}_{1y}\otimes\hat{\sigma}_{2y}|1\rangle=\begin{pmatrix}0&0&0&-1\\0&0&1&0\\0&1&0&0\\-1&0&0&0\end{pmatrix}\begin{pmatrix}1\\0\\0\\0\end{pmatrix}=\begin{pmatrix}0\\0\\0\\-1\end{pmatrix}=-|4\rangle,
$$

$$
\hat{\sigma}_{1x}\otimes\hat{\sigma}_{2x}|3\rangle=\begin{pmatrix}0&0&0&1\\0&0&1&0\\0&1&0&0\\1&0&0&0\end{pmatrix}\begin{pmatrix}0\\0\\1\\0\end{pmatrix}=\begin{pmatrix}0\\1\\0\\0\end{pmatrix}=|2\rangle.
$$

7.5.2　自旋单态与三重态

由式(7.5.6)，$[\hat{S}^2,\hat{S}_z]=0$，也可选$(\hat{S}^2,\hat{S}_z)$构成完全集. 由式(7.5.7)，$\hat{S}^2$中包

含电子 1 和 2 的耦合项 $\hat{\mathbf{s}}_1 \cdot \hat{\mathbf{s}}_2$ ，故以 $(\hat{S}^2, \hat{S}_z)$ 构成的表象为耦合表象. 设 $\hat{S}^2$ 和 $\hat{S}_z$ 的共同本征态为 $|\chi\rangle$ ，满足本征方程

$$\hat{S}^2 |\chi\rangle = S(S+1)\hbar^2 |\chi\rangle, \qquad \hat{S}_z |\chi\rangle = M_s \hbar |\chi\rangle. \tag{7.5.15}$$

将 $|\chi\rangle$ 用无耦合表象中的基矢展开，有

$$|\chi\rangle = a_1|1\rangle + a_2|2\rangle + a_3|3\rangle + a_4|4\rangle = \begin{pmatrix} a_1 \\ a_2 \\ a_3 \\ a_4 \end{pmatrix}. \tag{7.5.16}$$

将式(7.5.11)和式(7.5.16)代入 $\hat{S}^2|\chi\rangle = S(S+1)\hbar^2|\chi\rangle$ ，得到

$$\begin{pmatrix} 2-S(S+1) & 0 & 0 & 0 \\ & 1-S(S+1) & 1 & 0 \\ 0 & 1 & 1-S(S+1) & 0 \\ 0 & 0 & 0 & 2-S(S+1) \end{pmatrix} \begin{pmatrix} a_1 \\ a_2 \\ a_3 \\ a_4 \end{pmatrix} = 0. \tag{7.5.17}$$

解此齐次方程组的久期方程，注意须有 $S>0$ ，获得 $S=0,1$ ，将 S 再代入方程组中，得到 $S=0$ 时， $a_1=a_4=0, a_2=-a_3$ ； $S=1$ 时 $a_2=a_3$.

将式(7.5.12)和式(7.5.16)代入 $\hat{S}_z|\chi\rangle = M_s\hbar|\chi\rangle$ 中，得到

$$\begin{pmatrix} 1-M_s & 0 & 0 & 0 \\ 0 & -M_s & 0 & 0 \\ 0 & 0 & -M_s & 0 \\ 0 & 0 & 0 & -1-M_s \end{pmatrix} \begin{pmatrix} a_1 \\ a_2 \\ a_3 \\ a_4 \end{pmatrix} = 0. \tag{7.5.18}$$

解此齐次方程组的久期方程，获得 $M_s = 1, 0, -1$.

将 $S=0$ ， $a_1=a_4=0, a_2=-a_3$ ， $M_s=0$ 代入式(7.5.18)，得到 $a_2=-a_3=1/\sqrt{2}$. 于是，得到 $|\chi\rangle$ 的一个解，称为自旋单态

$$|\chi_{00}\rangle_A = \frac{1}{\sqrt{2}}(|2\rangle - |3\rangle) = \frac{1}{\sqrt{2}}\left(|\uparrow_1\rangle \otimes |\downarrow_2\rangle - |\downarrow_1\rangle \otimes |\uparrow_2\rangle\right), \quad S=0, M_S=0, \tag{7.5.19}$$

其中， $|\chi\rangle$ 的下标 A 表示交换电子 1 和 2 时， $|\chi\rangle_A$ 是反对称的.

将 $S=1$ ， $a_2=a_3$ ，代入式(7.5.18)，得到：当 $M_s=1$ 时， $a_1=1$ ， $a_2=a_3=a_4=0$ ；当 $M_s=0$ 时， $a_1=a_4=0$ ， $a_2=a_3=1/\sqrt{2}$ ；当 $M_s=-1$ 时， $a_4=1$ ， $a_1=a_2=a_3=0$. 于是，得到 $|\chi\rangle$ 的另外三个解，称为自旋三重态

$$\left.\begin{array}{ll}|\chi_{11}\rangle_S=|1\rangle=|\uparrow_1\rangle\otimes|\uparrow_2\rangle, & S=1,M_S=1\\ |\chi_{10}\rangle_S=\frac{1}{\sqrt{2}}\left(|2\rangle+|3\rangle\right)=\frac{1}{\sqrt{2}}\left(|\uparrow_1\rangle\otimes|\downarrow_2\rangle+|\downarrow_1\rangle\otimes|\uparrow_2\rangle\right), & S=1,M_S=0\\ |\chi_{1-1}\rangle_S=|4\rangle=|\downarrow_1\rangle\otimes|\downarrow_2\rangle, & S=1,M_S=-1\end{array}\right\}, \tag{7.5.20}$$

其中，$|\chi\rangle$ 的下标 S 表示交换电子 1 和 2 时，$|\chi\rangle_S$ 是对称的.

7.5.3 正氦与仲氦

氦原子拥有两个电子，能量本征方程为 $\hat{H}|\Psi\rangle=E|\Psi\rangle$. 在坐标自旋混合表象下，$|\Psi\rangle=\Psi(\boldsymbol{r}_1,\boldsymbol{r}_2,s_{1z},s_{2z})$. 若忽略自旋轨道耦合作用，则有

$$|\Psi\rangle=\psi(\boldsymbol{r}_1,\boldsymbol{r}_2)\chi(s_{1z},s_{2z}). \tag{7.5.21}$$

电子是费米子，故 $|\Psi\rangle$ 应具有交换反对称性，即

$$\hat{P}_{12}|\Psi\rangle=[\hat{P}_{12}\psi(\boldsymbol{r}_1,\boldsymbol{r}_2)][\hat{P}_{12}\chi(s_{1z},s_{2z})]=-|\Psi\rangle=-\psi\chi.$$

这对应以下两种可能的组合：

(1) $\hat{P}_{12}\psi(\boldsymbol{r}_1,\boldsymbol{r}_2)=-\psi(\boldsymbol{r}_1,\boldsymbol{r}_2)$，$\hat{P}_{12}\chi(s_{1z},s_{2z})=\chi(s_{1z},s_{2z})$；

(2) $\hat{P}_{12}\psi(\boldsymbol{r}_1,\boldsymbol{r}_2)=\psi(\boldsymbol{r}_1,\boldsymbol{r}_2)$，$\hat{P}_{12}\chi(s_{1z},s_{2z})=-\chi(s_{1z},s_{2z})$.

第一种组合的 $\chi(s_{1z},s_{2z})$，与式(7.5.20)给出的自旋三重态对应，有 χ_{11}，χ_{10} 和 χ_{1-1} 三种可能，这样的氦称为正氦. 第二种组合的 $\chi(s_{1z},s_{2z})$，与式(7.5.19)给出的自旋单态对应，只有 χ_{00} 一种可能，这样的氦称为仲氦.

7.5.4 可分离态与纠缠态

对两个粒子组成的复合体，若其量子态等于每个粒子量子态的直积，则这样的态称为可分离态，否则称为纠缠态.

式(7.5.13)给出的是 $\hat{s}_{1z}$ 和 $\hat{s}_{2z}$ 的共同本征态，复合体的四个量子态等于每个粒子量子态的直积，这样的态就是可分离态. 式(7.5.19)和式(7.5.20)给出的是 $\hat{S}^2$ 和 $\hat{S}_z$ 的共同本征态，在复合体的四个量子态中，$|\chi_{11}\rangle$ 和 $|\chi_{1-1}\rangle$ 等于每个粒子量子态的直积，是可分离态；而 $|\chi_{00}\rangle$ 和 $|\chi_{10}\rangle$ 不能简单表示为每个粒子量子态的直积，这样的态就是纠缠态.

习 题 7

7.1 在 $\hat{s}_z$ 表象中，求：(1) $\hat{s}_z$ 的本征态；(2) $\hat{s}_y$ 的本征态；(3) $\hat{s}_z$ 表象→ $\hat{s}_y$ 表象的变换矩阵.

7.2 证明 $\hat{\sigma}_x\hat{\sigma}_y\hat{\sigma}_z = \mathrm{i}$.

7.3 设 $\hat{\boldsymbol{\sigma}} = \hat{\sigma}_x\boldsymbol{e}_x + \hat{\sigma}_y\boldsymbol{e}_y + \hat{\sigma}_z\boldsymbol{e}_z$，$\boldsymbol{n} = \sin\theta\cos\varphi\boldsymbol{e}_x + \sin\theta\sin\varphi\boldsymbol{e}_y + \cos\theta\boldsymbol{e}_z$ 是 (θ,φ) 方向的单位矢量. 在 $\hat{\sigma}_z$ 表象中，求：(1) $\hat{\sigma}_n = \hat{\boldsymbol{\sigma}}\cdot\boldsymbol{n}$ 的本征态和本征值；(2) $\hat{\sigma}_y$ 在 $\hat{\sigma}_n = \hat{\boldsymbol{\sigma}}\cdot\boldsymbol{n}$ 的本征态下的平均值 $\overline{\sigma}_y$.

7.4 λ 为常数，证明：(1) $\mathrm{e}^{\mathrm{i}\lambda\hat{\sigma}_z} = \cos\lambda + \mathrm{i}\hat{\sigma}_z\sin\lambda$；(2) $\mathrm{e}^{\mathrm{i}\lambda\hat{\sigma}_z}\hat{\sigma}_x\mathrm{e}^{-\mathrm{i}\lambda\hat{\sigma}_z} = \hat{\sigma}_x\cos 2\lambda - \hat{\sigma}_y\sin 2\lambda$.

7.5 电子处于沿 x 方向施加的磁场 B 中，不考虑轨道运动，电子的哈密顿算符为

$$\hat{H} = \frac{eB}{\mu_\mathrm{e}}\hat{s}_x = \omega_l\hbar\hat{\sigma}_x,$$

其中，$\omega_l = \dfrac{eB}{2\mu_\mathrm{e}}$. $t=0$ 时，电子处于 $\psi(t=0) = \begin{pmatrix}1\\0\end{pmatrix}$ 态，求 $t>0$ 后电子的量子态 $\psi(t) = \begin{pmatrix}a(t)\\b(t)\end{pmatrix}$ 以及 $\hat{s}_x$、$\hat{s}_y$ 和 $\hat{s}_z$ 在 $\psi(t)$ 下的平均值 $\overline{s}_x(t)$、$\overline{s}_y(t)$ 和 $\overline{s}_z(t)$.

7.6 氢原子处于量子态 $\psi = \begin{pmatrix}\dfrac{1}{2}\phi_{211}\\ -\dfrac{\sqrt{3}}{2}\phi_{210}\end{pmatrix} = \begin{pmatrix}\dfrac{1}{2}R_{21}(r)\mathrm{Y}_{11}(\theta,\varphi)\\ -\dfrac{\sqrt{3}}{2}R_{21}(r)\mathrm{Y}_{10}(\theta,\varphi)\end{pmatrix}$，求 $\hat{l}_z$ 和 $\hat{s}_z$ 的平均值.

第 8 章　量 子 纠 缠

8.1　量子纠缠态

8.1.1　EPR 佯谬

为讨论量子力学的完备性，1935 年三位物理学家 A. Einstein、B. Podolsky 和 N. Rosen 就二自由粒子体系，基于量子力学的基本原理，提出一个问题，史称爱因斯坦-波多尔斯基-罗森佯谬，简称 EPR 佯谬.

如图 8.1.1 所示，考虑两个间距为 $x = x_1 - x_2 = x_0$ 的一维无自旋自由粒子，一个沿 x 轴正方向运动，一个沿 x 轴负方向运动，速度相同. 粒子 1 和 2 的动量分别为 $p_{x_1}=p$ 和 $p_{x_2}=-p$.

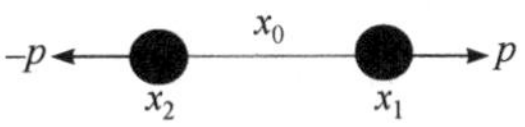

图 8.1.1　一对 EPR 粒子

粒子 1 和 2 在其各自动量表象中的动量本征态分别为 $u_p(x_1)=\dfrac{1}{\sqrt{2\pi\hbar}}\mathrm{e}^{\mathrm{i}p(x_1-x_0)}$ 和 $\phi_p(x_2)=\dfrac{1}{\sqrt{2\pi\hbar}}\mathrm{e}^{-\mathrm{i}px_2}$.由于 $[\hat{p}_{x_1},\hat{p}_{x_2}]=0$，可构成二体动量表象 $(\hat{p}_{x_1},\hat{p}_{x_2})$，这个二粒子复合体的量子态 $\varphi_p(x_1,x_2)$ 为每个粒子在各自动量表象中本征态的直积，是一种可分离态

$$\varphi_p(x_1,x_2)=u_p(x_1)\phi_p(x_2)=\frac{1}{2\pi\hbar}\mathrm{e}^{\mathrm{i}p(x_1-x_2-x_0)}=\frac{1}{2\pi\hbar}\mathrm{e}^{\mathrm{i}p(x-x_0)}. \tag{8.1.1}$$

此式表明，在 $(\hat{p}_{x_1},\hat{p}_{x_2})$ 表象中观测这一对粒子，无论二者的间距 x_0 有多大，只要观测到一个粒子的动量为 p，则另一个的必为 $-p$. 这意味着两个粒子间可能存在着非定域、非因果的相互作用. 所谓定域性，指的是依据狭义相对论中一切信息的传播速度不能超过光速，从而不存在超距作用.

在 $(\hat{x}_1,\hat{x}_2)$ 表象下，基于 $x = x_1 - x_2=x_0$，这个二粒子复合体的量子态可表示为

$$\psi(x_1,x_2)=\delta(x-x_0)=\frac{1}{2\pi\hbar}\int_\infty \mathrm{d}p\exp[\mathrm{i}p(x_1-x_2-x_0)/\hbar]. \tag{8.1.2}$$

这里用到了式(3.5.10a). 结合以上两式可得

$$\psi(x_1,x_2)=\int_\infty \mathrm{d}p u_p(x_1)\phi_p(x_2). \tag{8.1.3}$$

这表明，复合体在$(\hat{x}_1,\hat{x}_2)$表象中的本征态是每个粒子在各自动量表象中的本征态组成的纠缠态. 后来习惯上称这种纠缠的粒子对为 EPR 纠缠对或 EPR 对.

在 7.5 节讨论双电子复合体自旋态时，若复合体处于纠缠态$|\chi_{00}\rangle_A$和$|\chi_{10}\rangle_S$，则测得一个电子的自旋为上旋，无论两个电子相距多远，则另一个必为下旋，反之亦然. 这同样意味着两个电子间可能存在着非定域、非因果的相互作用.

爱因斯坦等认为纠缠态所隐喻的这种非定域、非因果的相互作用不应该存在. 为此提出了定域实在论的观点：第一，定域因果性，如果两个事件之间是类空间隔的，二者之间必将不存在因果关系；第二，物理实在性，未微扰系统的任何可观测量，作为物理实在的一个要素，客观上应该具有确定的数值.

相对论中提出，若 A 和 B 两个事件发生时的空间距离为ΔS，设t=0 时刻 A 发生，$t=\tau$时刻 B 发生，且在 A 发生的时刻同时从 A 发出一束光，于$t=T=\Delta S/c$ (c为光速)时刻到达 B. 在这样的图景下，T与τ之间的关系会出现三种情况：第一种，类时间隔，满足$\tau>T$，即 B 在光束到达后才发生，则 B 有可能是 A 导致的；第二种，类光间隔，满足$\tau=T$，即 B 是在光束到达的同时发生的，此时，B 有可能是 A 导致的，也有可能不是 A 导致的；第三种，类空间隔，满足$\tau<T$，即 B 在光束到达前发生的，此时，B 不可能是 A 导致的.

基于定域实在论，EPR 对中的两个纠缠粒子 A 和 B，当间距x_0大到使 A 和 B 满足类空间隔时，则对 A 所做的任何测量都不可能影响到 B. 换句话说，测量 A 得到动量为p，不能作为判定 B 的动量必为$-p$的依据. 可见，定域实在论和量子力学是矛盾的.

量子力学对微观粒子的状态给予了统计诠释，这必然导致量子力学对物理现象的解释与定域实在论有出入. 实际上，量子力学中关于两个不对易算符对应的物理量满足不确定性原理(例如$[\hat{x},\hat{p}_x]=\mathrm{i}\hbar$)，则同一时刻粒子的$x$和$p_x$不能同时准确测量的论述就与定域实在论格格不入. 纠缠态隐喻的非定域、非因果作用，揭示的是对易算符对应的物理量，在进行共同测量时，所得结果之间的关联性，自然也不一定符合定域实在论. 孰是孰非，要靠实验检验.

8.1.2 自旋单态纠缠电子对

考虑一对电子e_1和e_2，自旋态彼此相反，处于自旋单态$|\psi\rangle=|\chi_{00}\rangle_A$，满足式 (7.5.19)，利用式(7.5.9)，有

$$|\psi\rangle=\frac{1}{\sqrt{2}}\left(|\uparrow_1\rangle\otimes|\downarrow_2\rangle-|\downarrow_1\rangle\otimes|\uparrow_2\rangle\right)=\frac{1}{\sqrt{2}}\left(\begin{pmatrix}1\\0\end{pmatrix}\otimes\begin{pmatrix}0\\1\end{pmatrix}-\begin{pmatrix}0\\1\end{pmatrix}\otimes\begin{pmatrix}1\\0\end{pmatrix}\right)=\frac{1}{\sqrt{2}}\begin{pmatrix}0\\1\\-1\\0\end{pmatrix}. \tag{8.1.4}$$

对于这种自旋单态纠缠电子对，1952年玻姆提出一种假想实验，通过对两个电子自旋态的测量来研究EPR佯谬(图8.1.2). 设e_1和e_2沿相反方向传播分别进入施特恩-格拉赫电子自旋方向检测装置A和B，其中磁场的方向分别为$\boldsymbol{a}$和$\boldsymbol{b}$.如果$\boldsymbol{a}$和$\boldsymbol{b}$平行,若在装置A中检测出电子e_1向$\boldsymbol{a}$偏转，则在装置B中必检测出电子e_2向$-\boldsymbol{b}$方向偏转. 然而，在实验中如果将$\boldsymbol{b}$与$\boldsymbol{a}$设置的不平行，则在装置B中，既可检测出电子e_2沿$-\boldsymbol{b}$方向偏转，也可能沿$\boldsymbol{b}$方向偏转.

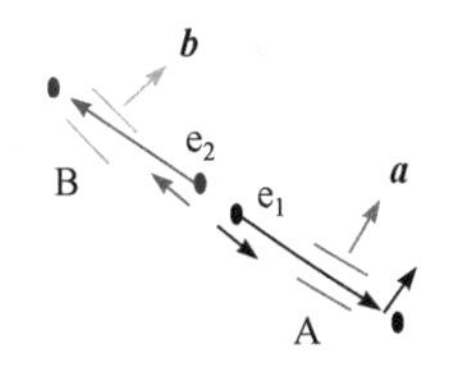

图8.1.2 玻姆假想实验,用以检测一对EPR电子e_1和e_2的自旋态

设$\hat{\boldsymbol{\sigma}}^{(1,2)}$是电子$e_{1,2}$的泡利算符，满足$\hat{\boldsymbol{\sigma}}^{(1,2)}=\hat{\sigma}_x^{(1,2)}\boldsymbol{e}_x+\hat{\sigma}_y^{(1,2)}\boldsymbol{e}_y+\hat{\sigma}_z^{(1,2)}\boldsymbol{e}_z$，其中的三个分量由式(7.2.16)给出. 设$\boldsymbol{a}=a_x\boldsymbol{e}_x+a_y\boldsymbol{e}_y+a_z\boldsymbol{e}_z$，$\boldsymbol{b}=b_x\boldsymbol{e}_x+b_y\boldsymbol{e}_y+b_z\boldsymbol{e}_z$，则电子$e_{1,2}$的泡利算符分别在$\boldsymbol{a}$和$\boldsymbol{b}$方向上的投影算符$\hat{A}_{\boldsymbol{a}}$和$\hat{B}_{\boldsymbol{b}}$为

$$\begin{cases}\hat{A}_{\boldsymbol{a}}=\hat{\boldsymbol{\sigma}}^{(1)}\cdot\boldsymbol{a}=\hat{\sigma}_x^{(1)}a_x+\hat{\sigma}_y^{(1)}a_y+\hat{\sigma}_z^{(1)}a_z=\begin{pmatrix}a_z & a_x-\mathrm{i}a_y\\ a_x+\mathrm{i}a_y & -a_z\end{pmatrix}\\ \hat{B}_{\boldsymbol{b}}=\hat{\boldsymbol{\sigma}}^{(2)}\cdot\boldsymbol{b}=\hat{\sigma}_x^{(2)}b_x+\hat{\sigma}_y^{(2)}b_y+\hat{\sigma}_z^{(2)}b_z=\begin{pmatrix}b_z & b_x-\mathrm{i}b_y\\ b_x+\mathrm{i}b_y & -b_z\end{pmatrix}\end{cases}. \tag{8.1.5}$$

记$A_{\boldsymbol{a}}$和$B_{\boldsymbol{b}}$分别是$\hat{A}_{\boldsymbol{a}}$和$\hat{B}_{\boldsymbol{b}}$的本征值，则$A_{\boldsymbol{a}}$和$B_{\boldsymbol{b}}$分别代表装置A和B对电子e_1和e_2沿$\boldsymbol{a}$和$\boldsymbol{b}$方向自旋分量的测量结果. 考虑到探测器效率不高，有漏测的可能，则有

$$A_{\boldsymbol{a}}=\begin{cases}+1, & \text{装置A测得电子1沿}\boldsymbol{a}\text{方向偏转}\\ -1, & \text{装置A测得电子1沿}-\boldsymbol{a}\text{方向偏转}\\ 0, & \text{电子1漏测}\end{cases}, \tag{8.1.6}$$

$$B_{\boldsymbol{b}}=\begin{cases}+1, & \text{装置B测得电子2沿}\boldsymbol{b}\text{方向偏转}\\ -1, & \text{装置B测得电子2沿}-\boldsymbol{b}\text{方向偏转}\\ 0, & \text{电子2漏测}\end{cases}, \tag{8.1.7}$$

显然，

$$|A_{\boldsymbol{a}}|\leqslant 1, \quad |B_{\boldsymbol{b}}|\leqslant 1. \tag{8.1.8}$$

利用式(7.5.9)，$\hat{A}_{\boldsymbol{a}}$和$\hat{B}_{\boldsymbol{b}}$的直积为

$$
\begin{aligned}
&\hat{A}_a \otimes \hat{B}_b \\
&= \begin{pmatrix} a_z & a_x - \mathrm{i}a_y \\ a_x + \mathrm{i}a_y & -a_z \end{pmatrix} \otimes \begin{pmatrix} b_z & b_x - \mathrm{i}b_y \\ b_x + \mathrm{i}b_y & -b_z \end{pmatrix} \\
&= \begin{pmatrix} a_z b_z & a_z(b_x - \mathrm{i}b_y) & (a_x - \mathrm{i}a_y)b_z & (a_x - \mathrm{i}a_y)(b_x - \mathrm{i}b_y) \\ a_z(b_x + \mathrm{i}b_y) & -a_z b_z & (a_x - \mathrm{i}a_y)(b_x + \mathrm{i}b_y) & -(a_x - \mathrm{i}a_y)b_z \\ (a_x + \mathrm{i}a_y)b_z & (a_x + \mathrm{i}a_y)(b_x - \mathrm{i}b_y) & -a_z b_z & -a_z(b_x - \mathrm{i}b_y) \\ (a_x + \mathrm{i}a_y)(b_x + \mathrm{i}b_y) & -(a_x + \mathrm{i}a_y)b_z & -a_z(b_x + \mathrm{i}b_y) & a_z b_z \end{pmatrix}.
\end{aligned} \tag{8.1.9}
$$

直积 $\hat{A}_a \otimes \hat{B}_b$ 在式(8.1.4)量子态下的期望值或平均值 $E(\boldsymbol{a},\boldsymbol{b})$ 为

$$
E(\boldsymbol{a},\boldsymbol{b}) = \langle \psi | \hat{A}_a \otimes \hat{B}_b | \psi \rangle = -\boldsymbol{a} \cdot \boldsymbol{b} = -\cos\theta_{ab}, \tag{8.1.10}
$$

其中，θ_{ab} 是 $\boldsymbol{a}$ 与 $\boldsymbol{b}$ 的夹角.

$E(\boldsymbol{a},\boldsymbol{b})$ 亦代表电子 e_1 在 $\boldsymbol{a}$ 方向的自旋分量 $\hat{A}_a = \hat{\boldsymbol{\sigma}}^{(1)} \cdot \boldsymbol{a}$ 与电子 e_2 在 $\boldsymbol{b}$ 方向的自旋分量 $\hat{B}_b = \hat{\boldsymbol{\sigma}}^{(2)} \cdot \boldsymbol{b}$ 的关联函数. 若 $\boldsymbol{a} = \boldsymbol{b}$ ，则有 $E(\boldsymbol{a},\boldsymbol{b}) = -1$ ，这表明，因为此时装置 A 和 B 的磁场方向相同，且电子 e_1 和 e_2 的自旋方向相反，若对 e_1 的测量结果为 $A_a = 1$ ，则对 e_2 的测量结果必为 $B_{b=a} = -1$ ，故有

$$
A_a = -B_a . \tag{8.1.11}
$$

8.1.3　隐变量理论与贝尔不等式

量子力学中最受争议的观点是波函数的统计诠释以及由此导致的物理量测量时的概然性. 有人认为，量子力学并未揭示出事件的全部因果变量，存在一些尚未揭示的变量，姑且称为隐变量 λ ，这导致了量子力学的概然性. 为此，需要将薛定谔方程修正为

$$
\mathrm{i}\hbar \frac{\partial}{\partial t} | \psi \rangle = \hat{H} | \psi \rangle + \mathrm{i}\hbar\gamma \sum_n a_n \phi_n(\lambda_k) \frac{\mathrm{d}}{\mathrm{d}t} a_n , \tag{8.1.12}
$$

式中，$a_n(t) = \langle n | \psi(t) \rangle$ 是 $|\psi(t)\rangle$ 在以 $\{|n\rangle\}$ 为基矢的 F 表象中的展开系数，$\phi_n(\lambda_k)$ 为隐函数势，γ 为客体与仪器间的相关强度. 这便是隐变量理论，核心思想是，对 A 和 B 两个彼此隔离的事件来说，它们必然处于由隐变量支配的实在状态之中，由于量子力学理论没有揭示和包含这些隐变量，才使量子力学所预测的测量会出现概然性；同时，隐变量又发挥着作用，使得两事件之间表现出关联性，呈现出纠缠现象.

隐变量理论是否正确，依赖于实验的检验. 为此，贝尔(Bell)基于隐变量的核心思想推导出一种可望供实验检验的不等式，后来称为贝尔不等式.

隐变量理论认为，每次测量的结果不应该是随机的，而是由隐变量λ所关联的. 用$\rho(\lambda)$代表隐变量概率密度，满足归一化条件

$$\int\rho(\lambda)\mathrm{d}\lambda=1. \tag{8.1.13}$$

如果用隐变量理论来分析玻姆假想实验装置对自旋单态纠缠电子对的测量，则有$A_a=A_a(\lambda)$和$B_b=B_b(\lambda)$. 由式(8.1.10)给出的关联函数或期望值$E(\boldsymbol{a},\boldsymbol{b})$，在隐变量理论下则表达为$A_a(\lambda)$和$B_b(\lambda)$的乘积在隐变量概率密度$\rho(\lambda)$下的期望值，即

$$E(\boldsymbol{a},\boldsymbol{b})=\int\mathrm{d}\lambda\rho(\lambda)A_a(\lambda)B_b(\lambda). \tag{8.1.14}$$

由于隐变量理论不能给出$\rho(\lambda)$的表达式，故无法计算出$E(\boldsymbol{a},\boldsymbol{b})$的具体数值. 但是，贝尔证明，可以在玻姆假想实验装置A和B中任意设置三个磁场方向$\boldsymbol{a}$、$\boldsymbol{b}$和$\boldsymbol{c}$，对应的期望值$E(\boldsymbol{a},\boldsymbol{b})$、$E(\boldsymbol{a},\boldsymbol{c})$和$E(\boldsymbol{b},\boldsymbol{c})$满足以下定理.

定理 8.1.1 设有一对电子处于自旋相反的纠缠态，对$\boldsymbol{a}$、$\boldsymbol{b}$和$\boldsymbol{c}$三个空间方向，测量这两个电子自旋方向的三个期望值$E(\boldsymbol{a},\boldsymbol{b})$、$E(\boldsymbol{a},\boldsymbol{c})$和$E(\boldsymbol{b},\boldsymbol{c})$满足贝尔不等式

$$|E(\boldsymbol{a},\boldsymbol{b})-E(\boldsymbol{a},\boldsymbol{c})|\leqslant 1+E(\boldsymbol{b},\boldsymbol{c}). \tag{8.1.15}$$

证 利用式(8.1.14)，有

$$E(\boldsymbol{a},\boldsymbol{b})-E(\boldsymbol{a},\boldsymbol{c})=\int\mathrm{d}\lambda\rho(\lambda)A_a(\lambda)B_b(\lambda)-\int\mathrm{d}\lambda\rho(\lambda)A_a(\lambda)B_c(\lambda).$$

由式(8.1.11)，有$B_a(\lambda)=-A_a(\lambda)$和$B_c(\lambda)=-A_c(\lambda)$，上式变为

$$E(\boldsymbol{a},\boldsymbol{b})-E(\boldsymbol{a},\boldsymbol{c})=-\int\mathrm{d}\lambda\rho(\lambda)\left[A_a(\lambda)A_b(\lambda)-A_a(\lambda)A_c(\lambda)\right].$$

由式(8.1.6)可知，$A_b(\lambda)A_b(\lambda)\equiv 1$，上式可变为

$$E(\boldsymbol{a},\boldsymbol{b})-E(\boldsymbol{a},\boldsymbol{c})=-\int\mathrm{d}\lambda\rho(\lambda)A_a(\lambda)A_b(\lambda)\left[1-A_b(\lambda)A_c(\lambda)\right].$$

再利用$B_c(\lambda)=-A_c(\lambda)$，有

$$E(\boldsymbol{a},\boldsymbol{b})-E(\boldsymbol{a},\boldsymbol{c})=-\int\mathrm{d}\lambda\rho(\lambda)A_a(\lambda)A_b(\lambda)\left[1+A_b(\lambda)B_c(\lambda)\right].$$

两边取绝对值，有

$$|E(\boldsymbol{a},\boldsymbol{b})-E(\boldsymbol{a},\boldsymbol{c})|=\int\mathrm{d}\lambda\rho(\lambda)|A_a(\lambda)A_b(\lambda)|\left[1+A_b(\lambda)B_c(\lambda)\right].$$

利用式(8.1.8)，有$|A_a(\lambda)A_b(\lambda)|\leqslant 1$，再利用式(8.1.13)和式(8.1.14)，有

$$|E(\boldsymbol{a},\boldsymbol{b})-E(\boldsymbol{a},\boldsymbol{c})|\leqslant\int\mathrm{d}\lambda\rho(\lambda)\left[1+A_b(\lambda)B_c(\lambda)\right]=1+E(\boldsymbol{b},\boldsymbol{c}).$$

此即不等式(8.1.15)，证毕.

隐变量理论认为，对玻姆假想实验装置来说，任意设置的三个方向 $\boldsymbol{a}$ 、$\boldsymbol{b}$ 和 $\boldsymbol{c}$ 对应的期望值都应满足贝尔不等式. 将量子力学推导出的期望值式(8.1.10)代入贝尔不等式(8.1.15)，得到

$$|\cos\theta_{ab}-\cos\theta_{ac}|\leqslant 1-\cos\theta_{bc}\,,$$

然而却存在许多例外. 例如，若 $\boldsymbol{b}\perp\boldsymbol{c}$ ，则 $\cos\theta_{bc}=0$ 且 $\theta_{ab}+\theta_{ac}=\pi/2$ ，故有 $|\cos\theta_{ab}-\sin\theta_{ab}|\leqslant 1$. 若 $\theta_{ab}=-\pi/4$ ，则 $|\cos\theta_{ab}-\sin\theta_{ab}|=\sqrt{2}>1$. 这说明，若 $\boldsymbol{b}\perp\boldsymbol{c}$ 且 $\theta_{ab}=-\pi/4$ ，则量子力学给出的期望值不能使贝尔不等式得到满足.

可见，基于定域实在论的隐变量理论和量子力学理论难以兼容. 孰是孰非，有待实验的判决.

8.1.4 CHSH 不等式

贝尔不等式的证明场景是二体电子构成的自旋单态 $|\psi\rangle=|\chi_{00}\rangle_A$ ，条件过于受限，实验上不易实现. 为此，Clauer、Horne、Shimony 和 Holt 四人提出一个更具一般性的不等式，也易于进行实验检验，称为 CHSH 不等式.

设有粒子 1 和 2，分别传送给装置 A 和 B. 装置 A 对粒子 1 的物理量 a 或 a' 的测量，结果只能为 $A_a=\pm1$ 和 $A_{a'}=\pm1$ ，故若 $(A_a+A_{a'})=\pm2$ 则必有 $(A_a-A_{a'})=0$ ，反之亦然. 装置 B 对粒子 2 的物理量 b 或 b' 的测量，结果也只能为 $B_b=\pm1$ 和 $B_{b'}=\pm1$.

所以，事件 $S=A_aB_b+A_{a'}B_b+A_{a'}B_{b'}-A_aB_{b'}=(A_a+A_{a'})B_b+(A_{a'}-A_a)B_{b'}\equiv\pm2$ ，即 $|S|\equiv 2$. 按隐变量理论，S 在隐变量概率密度 $\rho(\lambda)$ 下的期望值为 $\overline{S}=\int\mathrm{d}\lambda\rho(\lambda)S(\lambda)$ ，故有 $|\overline{S}|\leqslant\int\mathrm{d}\lambda\rho(\lambda)|S(\lambda)|=2\int\mathrm{d}\lambda\rho(\lambda)=2$. 根据式(8.1.14)，有

$$\begin{aligned}\overline{S}&=\int\mathrm{d}\lambda\rho(\lambda)\left[A_a(\lambda)B_b(\lambda)+A_{a'}(\lambda)B_b(\lambda)+A_{a'}(\lambda)B_{b'}(\lambda)-A_a(\lambda)B_{b'}(\lambda)\right]\\&=E(a,b)+E(a',b)+E(a',b')-E(a,b'). \end{aligned}\tag{8.1.16}$$

从而得到 CHSH 不等式为

$$|E(a,b)+E(a',b)+E(a',b')-E(a,b')|\leqslant 2\,. \tag{8.1.17}$$

若用 CHSH 不等式描述玻姆假想实验，则 a 、b 、a' 和 b' 代表 $\boldsymbol{a}$ 、$\boldsymbol{b}$ 、$\boldsymbol{a}'$ 和 $\boldsymbol{b}'$ 四个方向. 如图 8.1.3 所示，若 $\boldsymbol{a}$ 、$\boldsymbol{b}$ 、$\boldsymbol{a}'$ 和 $\boldsymbol{b}'$ 在 (x,y) 平面，且 $\theta_{ab}=\theta_{a'b}=\theta_{a'b'}=\pi/4,\ \theta_{ab'}=3\pi/4$, 利用式(8.1.10)计算出上式左边四个期望值，求和后的绝对值为 $2\sqrt{2}>2$ ，依然表明隐变量理论和量子力学理论在许多情况下不兼容.

8.1.5 贝尔不等式的光子实验检验

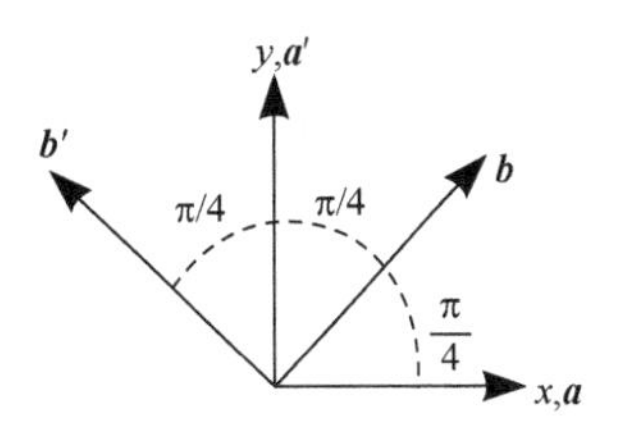

图 8.1.3 四方向 $\boldsymbol{a}$ 、$\boldsymbol{b}$ 、$\boldsymbol{a}'$ 和 $\boldsymbol{b}'$ 的一种选择

玻姆假想实验，设想操控一对纠缠的电子，检测其自旋态，借以研究 EPR 佯谬，实验难度很大. 相比之下，操控一对纠缠的光子，检测其偏振态，相对容易.

如图 8.1.4 所示，从光源 S 发出一对线偏纠缠光子 1 和 2，沿相反方向传播，分别进入检偏器 A 和 B. 每个检偏器都将入射光分解为一对相互垂直的偏振分量，记为//和⊥，并为探测器所接收. 精确调整光路使得对光子 1 和 2 的探测能同时进行. 在迎光方向设置直角坐标系 x 和 y，则检偏器 A 的//和⊥偏振方向分别为 $\boldsymbol{a}$ 和 $\hat{\boldsymbol{a}}$ ，与 x 的夹角为 $\theta_{\boldsymbol{a}}$ 和 $\theta_{\hat{a}}=\theta_{\boldsymbol{a}}+\pi/2$；检偏器 B 的//和⊥偏振方向分别为 $\boldsymbol{b}$ 和 $\hat{\boldsymbol{b}}$ ，与 x 的夹角为 $\theta_{\boldsymbol{b}}$ 和 $\theta_{\hat{b}}=\theta_{\boldsymbol{b}}+\pi/2$.

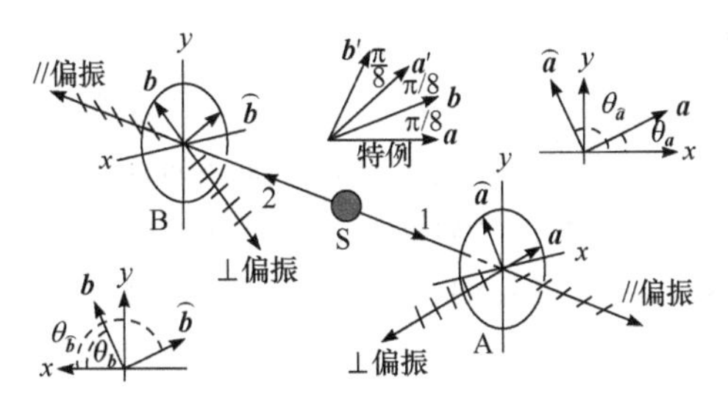

图 8.1.4 基于检测纠缠光子偏振态检验贝尔不等式的实验装置图

令 $|a\rangle$ 、$|b\rangle$ 、$|\hat{a}\rangle$ 和 $|\hat{b}\rangle$ 分别是沿 $\boldsymbol{a}$ 、$\boldsymbol{b}$ 、$\hat{\boldsymbol{a}}$ 和 $\hat{\boldsymbol{b}}$ 方向的偏振态，则有

$$|a\rangle=\begin{pmatrix}\cos\theta_{\boldsymbol{a}}\\ \sin\theta_{\boldsymbol{a}}\end{pmatrix},\quad |b\rangle=\begin{pmatrix}\cos\theta_{\boldsymbol{b}}\\ \sin\theta_{\boldsymbol{b}}\end{pmatrix},\quad |\hat{a}\rangle=\begin{pmatrix}\cos\theta_{\hat{a}}\\ \sin\theta_{\hat{a}}\end{pmatrix},\quad |\hat{b}\rangle=\begin{pmatrix}\cos\theta_{\hat{b}}\\ \sin\theta_{\hat{b}}\end{pmatrix}. \tag{8.1.18}$$

以 $\boldsymbol{a}$ 和 $\boldsymbol{b}$ 方向为例，投影算符为

$$\hat{P}_{\boldsymbol{a}}=|a\rangle\langle a|=\begin{pmatrix}\cos\theta_{\boldsymbol{a}}\\ \sin\theta_{\boldsymbol{a}}\end{pmatrix}\otimes\begin{pmatrix}\cos\theta_{\boldsymbol{a}} & \sin\theta_{\boldsymbol{a}}\end{pmatrix}=\begin{pmatrix}\cos^2\theta_{\boldsymbol{a}} & \cos\theta_{\boldsymbol{a}}\sin\theta_{\boldsymbol{a}}\\ \sin\theta_{\boldsymbol{a}}\cos\theta_{\boldsymbol{a}} & \sin^2\theta_{\boldsymbol{a}}\end{pmatrix}, \tag{8.1.19}$$

$$\hat{P}_{\boldsymbol{b}}=|b\rangle\langle b|=\begin{pmatrix}\cos\theta_{\boldsymbol{b}}\\ \sin\theta_{\boldsymbol{b}}\end{pmatrix}\otimes\begin{pmatrix}\cos\theta_{\boldsymbol{b}} & \sin\theta_{\boldsymbol{b}}\end{pmatrix}=\begin{pmatrix}\cos^2\theta_{\boldsymbol{b}} & \cos\theta_{\boldsymbol{b}}\sin\theta_{\boldsymbol{b}}\\ \sin\theta_{\boldsymbol{b}}\cos\theta_{\boldsymbol{b}} & \sin^2\theta_{\boldsymbol{b}}\end{pmatrix}. \tag{8.1.20}$$

光子在水平和垂直方向的线偏振态为

$$|\leftrightarrow\rangle=\begin{pmatrix}1\\ 0\end{pmatrix},\quad |\updownarrow\rangle=\begin{pmatrix}0\\ 1\end{pmatrix}. \tag{8.1.21}$$

这样，实验中装置 A 和 B 同时测得的关联光子对的态矢为

$$|\psi\rangle=\frac{1}{\sqrt{2}}\left(|\leftrightarrow_1\rangle\otimes|\leftrightarrow_2\rangle+|\updownarrow_1\rangle\otimes|\updownarrow_2\rangle\right)=\frac{1}{\sqrt{2}}\left[\begin{pmatrix}1\\0\end{pmatrix}\otimes\begin{pmatrix}1\\0\end{pmatrix}+\begin{pmatrix}0\\1\end{pmatrix}\otimes\begin{pmatrix}0\\1\end{pmatrix}\right]=\frac{1}{\sqrt{2}}\begin{pmatrix}1\\0\\0\\1\end{pmatrix}. \tag{8.1.22}$$

令 $R(\boldsymbol{a},\boldsymbol{b})$ 为装置 A 测得光子 1 沿 $\boldsymbol{a}$ 方向偏振，同时装置 B 测得光子 2 沿 $\boldsymbol{b}$ 方向偏振的关联函数，则有

$$R(\boldsymbol{a},\boldsymbol{b})=\langle\psi\,|\,\hat{P}_a\otimes\hat{P}_b\,|\psi\rangle, \tag{8.1.23}$$

其中，

$$\begin{aligned}&\hat{P}_a\otimes\hat{P}_b\\&=\begin{pmatrix}\cos^2\theta_a & \cos\theta_a\sin\theta_a\\ \sin\theta_a\cos\theta_a & \sin^2\theta_a\end{pmatrix}_a\otimes\begin{pmatrix}\cos^2\theta_b & \cos\theta_b\sin\theta_b\\ \sin\theta_b\cos\theta_b & \sin^2\theta_b\end{pmatrix}\\&=\begin{pmatrix}\cos^2\theta_a\cos^2\theta_b & \cos^2\theta_a\cos\theta_b\sin\theta_b & \cos\theta_a\sin\theta_a\cos^2\theta_b & \cos\theta_a\sin\theta_a\cos\theta_b\sin\theta_b\\ \cos^2\theta_a\cos\theta_b\sin\theta_b & \cos^2\theta_a\sin^2\theta_b & \cos\theta_a\sin\theta_a\cos\theta_b\sin\theta_b & \cos\theta_a\sin\theta_a\sin^2\theta_b\\ \cos\theta_a\sin\theta_a\cos^2\theta_b & \cos\theta_a\sin\theta_a\cos\theta_b\sin\theta_b & \sin^2\theta_a\cos\theta_b\sin\theta_b & \sin^2\theta_a\cos\theta_b\sin\theta_b\\ \cos\theta_a\sin\theta_a\cos\theta_b\sin\theta_b & \cos\theta_a\sin\theta_a\sin^2\theta_b & \sin^2\theta_a\cos\theta_b\sin\theta_b & \sin^2\theta_a\sin^2\theta_b\end{pmatrix}\end{aligned}$$

利用以上三式可以计算出

$$R(\boldsymbol{a},\boldsymbol{b})=\frac{1}{4}\left[1+\cos2(\theta_a-\theta_b)\right]. \tag{8.1.24}$$

记 $A_{a\hat{a}}$ 和 $B_{b\hat{b}}$ 分别代表装置 A 和 B 对光子 1 和 2 偏振方向的测量结果，约定

$$A_{a\hat{a}}=\begin{cases}+1, & \text{装置A测得光子1的偏振沿}\boldsymbol{a}\text{取向}\\ -1, & \text{装置A测得光子1的偏振沿}\hat{\boldsymbol{a}}\text{取向}\\ 0, & \text{光子1漏测}\end{cases}, \tag{8.1.25}$$

$$B_{b\hat{b}}=\begin{cases}+1, & \text{装置B测得光子2的偏振沿}\boldsymbol{b}\text{取向}\\ -1, & \text{装置B测得光子2的偏振沿}\hat{\boldsymbol{b}}\text{取向}\\ 0, & \text{光子2漏测}\end{cases}, \tag{8.1.26}$$

其中，零值是考虑到探测器效率不高，有漏测的可能.

由隐变量理论，装置 A 和 B 分别对光子 1 和 2 偏振态测量结果的关联函数为

$$E(\boldsymbol{a},\boldsymbol{b})=\int\mathrm{d}\lambda\rho(\lambda)A_{a\hat{a}}(\lambda)B_{b\hat{b}}(\lambda). \tag{8.1.27}$$

量子力学中与 $E(\boldsymbol{a},\boldsymbol{b})$ 相对应的表达式为

$$E(\boldsymbol{a},\boldsymbol{b})=\langle\psi|(\hat{P}_a-\hat{P}_{\hat{a}})\otimes(\hat{P}_b-\hat{P}_{\hat{b}})|\psi\rangle=R(\boldsymbol{a},\boldsymbol{b})+R(\hat{\boldsymbol{a}},\hat{\boldsymbol{b}})-R(\hat{\boldsymbol{a}},\boldsymbol{b})-R(\boldsymbol{a},\hat{\boldsymbol{b}})\,, \quad (8.1.28)$$

其中，$\hat{P}_{\hat{a}}$ 和 $\hat{P}_{\hat{b}}$ 取负是因为在式(8.1.25)和式(8.1.26)中约定，若测得光子沿 $\hat{\boldsymbol{a}}$ 和 $\hat{\boldsymbol{b}}$ 方向偏振，则 $A_{a\hat{a}}$ 和 $B_{b\hat{b}}$ 的取值为−1. 利用式(8.1.24)以及 $\theta_{\hat{a}}=\theta_a+\pi/2$ 和 $\theta_{\hat{b}}=\theta_b+\pi/2$，考虑到 $\theta_{\hat{a}}-\theta_{\hat{b}}=\theta_a-\theta_b$，$\cos 2(\theta_a-\theta_{\hat{b}})=\cos 2(\theta_{\hat{a}}-\theta_b)=-\cos 2(\theta_a-\theta_b)$，式 (8.1.28)变为

$$E(\boldsymbol{a},\boldsymbol{b})=\cos 2(\theta_a-\theta_b)\,. \quad (8.1.29)$$

按隐变量理论，对四个任意的空间方向 $\boldsymbol{a},\boldsymbol{a}',\boldsymbol{b},\boldsymbol{b}'$，对应的四个期望值 $E(\boldsymbol{a},\boldsymbol{b})$，$E(\boldsymbol{a}',\boldsymbol{b}')$, $E(\boldsymbol{a}',\boldsymbol{b})$ 和 $E(\boldsymbol{a},\boldsymbol{b}')$ 应该满足 CHSH 不等式，即式(8.1.17)，于是应该有

$$|\bar{S}|=|\cos 2(\theta_a-\theta_b)+\cos 2(\theta_{a'}-\theta_{b'})+\cos 2(\theta_{a'}-\theta_b)-\cos 2(\theta_a-\theta_{b'})|\leqslant 2\,. \quad (8.1.30)$$

不难找到，在一些情况下，上式并不满足. 例如，如图 8.1.4 所示的特例，当 $\theta_a=0$，$\theta_b=\pi/8,\theta_{a'}=\pi/4,\theta_{b'}=3\pi/8$ 时，$|\bar{S}|=2\sqrt{2}>2$.

下面介绍一个具体的实验(A. Aspect，P. Grangier，G. Rogre，*Phys. Rev. Lett.*，1982，(47)：91). 如图 8.1.5 所示，钙原子光源在激光的泵浦下跃迁到激发态，通过级联辐射产生偏振关联的两束光，分别入射到波片检偏器 A 和 B. 通过四事件记录仪，同时完成 $R(\boldsymbol{a},\boldsymbol{b})$，$R(\hat{\boldsymbol{a}},\hat{\boldsymbol{b}})$，$R(\hat{\boldsymbol{a}},\boldsymbol{b})$ 和 $R(\boldsymbol{a},\hat{\boldsymbol{b}})$ 四个量的记录. 固定 $\boldsymbol{a}$ 方向，改变 $\boldsymbol{b}$ 方向，可以改变 $\varphi=\theta_a-\theta_b$，借此得以检验量子力学推出的式(8.1.29). 实验结果如图 8.1.6 所示，实验数据与理论公式吻合得很好.

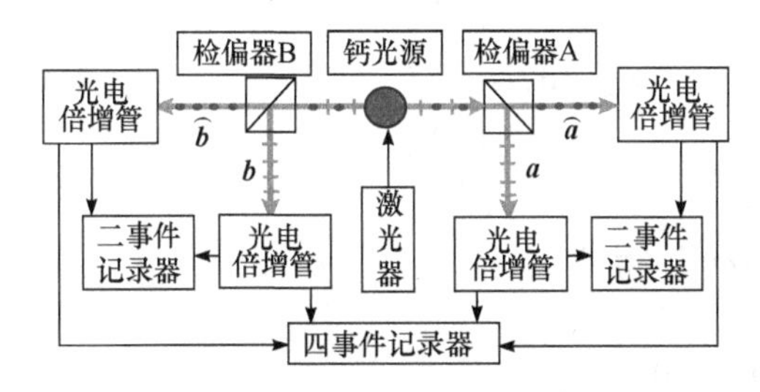

图 8.1.5 钙光源级联辐射检验贝尔不等式的实验装置示意图

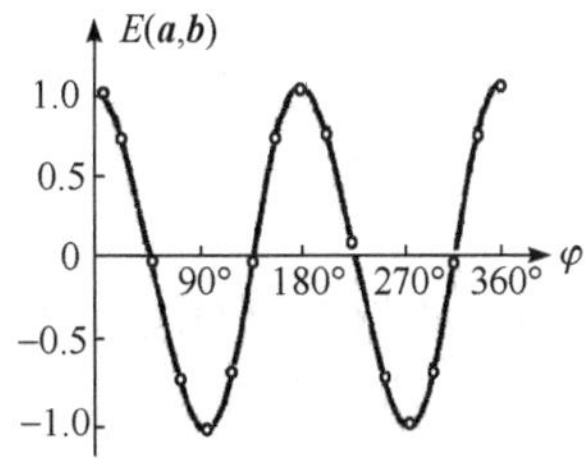

图 8.1.6 $E(\boldsymbol{a},\boldsymbol{b})$ 随 $\varphi=\theta_a-\theta_b$ 变化的实验观测曲线

分别取四个方向 $\boldsymbol{a},\boldsymbol{a}',\boldsymbol{b},\boldsymbol{b}'$ 为 $\theta_a=0$，$\theta_b=\pi/8$，$\theta_{a'}=\pi/4$, $\theta_{b'}=3\pi/8$ 时，实验测量结果为 $|\bar{S}_{实验}|=2.697\pm0.015$，明显大于基于式(8.1.30)计算出的 CHSH 不等式规定的最大值 2.

上述实验及其他实验结果表明，隐变量理论得不到实验的支持，量子力学的结论与实验符合得很好.

8.1.6 贝尔算符和贝尔基

单电子的自旋本征态由式(7.2.3)给出. 在 7.5 节中，给出了双电子构成的反对称自旋纠缠态$|\chi_{00}\rangle_A$和对称自旋纠缠态$|\chi_{10}\rangle_S$.实际上，它们是一种贝尔算符的本征态.

对双电子体系自旋态，定义贝尔算符为

$$\hat{B}=\hat{\boldsymbol{\sigma}}\cdot\boldsymbol{a}\otimes\hat{\boldsymbol{\sigma}}\cdot(\boldsymbol{b}-\boldsymbol{b}')+\hat{\boldsymbol{\sigma}}\cdot\boldsymbol{a}'\otimes\hat{\boldsymbol{\sigma}}\cdot(\boldsymbol{b}+\boldsymbol{b}'). \tag{8.1.31}$$

若$\boldsymbol{a}$、$\boldsymbol{b}$、$\boldsymbol{a}'$和$\boldsymbol{b}'$在(x,y)平面，按图 8.1.3 所示的方式取向，则$a_x=1,a_y=a_z=0$；$b_x=b_y=\dfrac{1}{\sqrt{2}},b_z=0$ $a'_x=0,a'_y=1,a'_z=0$；$-b'_x=b'_y=\dfrac{1}{\sqrt{2}},b'_z=0$.记这样的贝尔算符为$\hat{B}_{\frac{\pi}{4}}$，由式(8.1.9)，有

$$\hat{B}_{\frac{\pi}{4}}=2\sqrt{2}\begin{pmatrix}0&0&0&0\\0&0&1&0\\0&1&0&0\\0&0&0&0\end{pmatrix}. \tag{8.1.32}$$

设$\hat{B}_{\frac{\pi}{4}}$的本征方程为$\hat{B}_{\frac{\pi}{4}}|\varphi\rangle=B_{\frac{\pi}{4}}|\varphi\rangle$. 将$|\varphi\rangle$用式(7.5.13)给出的双电子自旋空间中的四个基矢展开，有

$$|\varphi\rangle=a_1|1\rangle+a_2|2\rangle+a_3|3\rangle+a_4|4\rangle=\begin{pmatrix}a_1\\a_2\\a_3\\a_4\end{pmatrix}. \tag{8.1.33}$$

将式(8.1.32)和式(8.1.33)代入$\hat{B}_{\frac{\pi}{4}}|\varphi\rangle=B_{\frac{\pi}{4}}|\varphi\rangle$，得到

$$\begin{pmatrix}-B_{\frac{\pi}{4}}&0&0&0\\0&-B_{\frac{\pi}{4}}&2\sqrt{2}&0\\0&2\sqrt{2}&-B_{\frac{\pi}{4}}&0\\0&0&0&-B_{\frac{\pi}{4}}\end{pmatrix}\begin{pmatrix}a_1\\a_2\\a_3\\a_4\end{pmatrix}=0. \tag{8.1.34}$$

解此齐次方程组的久期方程，得到$B_{\frac{\pi}{4}}^{(1,2)}=0$，$B_{\frac{\pi}{4}}^{(3,4)}=\pm2\sqrt{2}$. 将$B_{\frac{\pi}{4}}$的值代入上式，获得$|\varphi\rangle$的 4 个解为

$$\begin{cases} |\psi^{(\pm)}\rangle = \dfrac{1}{\sqrt{2}}\left(|\uparrow_1\rangle\otimes|\downarrow_2\rangle \pm |\downarrow_1\rangle\otimes|\uparrow_2\rangle\right), & B_{\frac{\pi}{4}} = 0 \\ |\phi^{(\pm)}\rangle = \dfrac{1}{\sqrt{2}}\left(|\uparrow_1\rangle\otimes|\uparrow_2\rangle \pm |\downarrow_1\rangle\otimes|\downarrow_2\rangle\right), & B_{\frac{\pi}{4}} = \pm 2\sqrt{2} \end{cases}, \tag{8.1.35}$$

$|\psi^{(\pm)}\rangle$ 和 $|\phi^{(\pm)}\rangle$ 称为基于双电子自旋态的贝尔基，是基于双电子自旋的纠缠态，称为电子贝尔态. 实际上，$|\psi^{(+)}\rangle = |\chi_{10}\rangle_S$，见式(7.5.20)，而 $|\psi^{(-)}\rangle = |\chi_{00}\rangle_A$，见式 (7.5.19).

对双光子体系偏振态，定义贝尔算符为

$$\hat{B} = \hat{Q}(\boldsymbol{a})\otimes[\hat{Q}(\boldsymbol{b}) - \hat{Q}(\boldsymbol{b}')] + \hat{Q}(\boldsymbol{a}')\otimes[\hat{Q}(\boldsymbol{b}) + \hat{Q}(\boldsymbol{b}')], \tag{8.1.36}$$

其中，

$$\hat{Q}(\boldsymbol{a}) = \hat{P}(\boldsymbol{a}) - \hat{P}(\bar{\boldsymbol{a}}) = \begin{pmatrix} \cos 2\theta_a & \sin 2\theta_a \\ \sin 2\theta_a & -\cos 2\theta_a \end{pmatrix}. \tag{8.1.37}$$

若 $\boldsymbol{a}$ 、$\boldsymbol{b}$ 、$\boldsymbol{a}'$ 和 $\boldsymbol{b}'$ 在 (x,y) 平面，按图 8.1.4 所示特例取向，则 $\theta_{\boldsymbol{a}}=0$ ，$\theta_{\boldsymbol{b}} = \pi/8$ ，$\theta_{\boldsymbol{a}'} = \pi/4,\ \theta_{\boldsymbol{b}'} = 3\pi/8$. 用下标 $\dfrac{\pi}{8}$ 加以标注，则有 $\hat{Q}_{\frac{\pi}{8}}(\boldsymbol{a}) = \begin{pmatrix} 1 & 0 \\ 0 & -1 \end{pmatrix}$, $\hat{Q}_{\frac{\pi}{8}}(\boldsymbol{a}') = \begin{pmatrix} 0 & 1 \\ 1 & 0 \end{pmatrix}$, $\hat{Q}_{\frac{\pi}{8}}(\boldsymbol{b}) = \dfrac{1}{\sqrt{2}}\begin{pmatrix} 1 & 1 \\ 1 & -1 \end{pmatrix}$, $\hat{Q}_{\frac{\pi}{8}}(\boldsymbol{b}') = \dfrac{1}{\sqrt{2}}\begin{pmatrix} -1 & 1 \\ 1 & 1 \end{pmatrix}$. 由式(8.1.9)，有

$$\hat{B}_{\frac{\pi}{8}} = \sqrt{2}\begin{pmatrix} 1 & 0 & 0 & 1 \\ 0 & -1 & 1 & 0 \\ 0 & 1 & -1 & 0 \\ 1 & 0 & 0 & 1 \end{pmatrix}. \tag{8.1.38}$$

设 $\hat{B}_{\frac{\pi}{8}}$ 的本征方程为 $\hat{B}_{\frac{\pi}{8}}|\Theta\rangle = B_{\frac{\pi}{8}}|\Theta\rangle$.可以用式(8.1.21)构成双光子体系偏振空间方的四个基矢，得到与式(7.5.13)在形式上完全相同的结果，将 $|\Theta\rangle$ 用这四个基矢展开，有

$$|\Theta\rangle = b_1|1\rangle + b_2|2\rangle + b_3|3\rangle + b_4|4\rangle = \begin{pmatrix} b_1 \\ b_2 \\ b_3 \\ b_4 \end{pmatrix}. \tag{8.1.39}$$

将式(8.1.38)和式(8.1.39)代入 $\hat{B}_{\frac{\pi}{8}}|\Theta\rangle = B_{\frac{\pi}{8}}|\Theta\rangle$ ，得到

$$\begin{pmatrix} \sqrt{2}-B_{\frac{\pi}{8}} & 0 & 0 & \sqrt{2} \\ 0 & -\sqrt{2}-B_{\frac{\pi}{8}} & \sqrt{2} & 0 \\ 0 & \sqrt{2} & -\sqrt{2}-B_{\frac{\pi}{8}} & 0 \\ \sqrt{2} & 0 & 0 & \sqrt{2}-B_{\frac{\pi}{8}} \end{pmatrix}\begin{pmatrix} b_1 \\ b_2 \\ b_3 \\ b_4 \end{pmatrix}=0 . \tag{8.1.40}$$

解此齐次方程组的久期方程，得到 $B_{\frac{\pi}{8}}^{(1,2)}=0$ ，$B_{\frac{\pi}{8}}^{(3,4)}=\pm 2\sqrt{2}$. 将 $B_{\frac{\pi}{8}}$ 的值代入上式，获得 $|\Theta\rangle$ 的 4 个解为

$$\begin{cases} |\Psi^{(+)}\rangle=\dfrac{1}{\sqrt{2}}\left(|\leftrightarrow_1\rangle\otimes|\updownarrow_2\rangle+|\updownarrow_1>\otimes|\leftrightarrow_2\rangle\right), \quad B_{\frac{\pi}{8}}=0 \\ |\Psi^{(-)}\rangle=\dfrac{1}{\sqrt{2}}\left(|\leftrightarrow_1\rangle\otimes|\updownarrow_2\rangle-|\updownarrow_1>\otimes|\leftrightarrow_2\rangle\right), \quad B_{\frac{\pi}{8}}=-2\sqrt{2} \\ |\Phi^{(+)}\rangle=\dfrac{1}{\sqrt{2}}\left(|\leftrightarrow_1\rangle\otimes|\leftrightarrow_2\rangle+|\updownarrow_1>\otimes|\updownarrow_2\rangle\right), \quad B_{\frac{\pi}{8}}=2\sqrt{2} \\ |\Phi^{(-)}\rangle=\dfrac{1}{\sqrt{2}}\left(|\leftrightarrow_1\rangle\otimes|\leftrightarrow_2\rangle-|\updownarrow_1>\otimes|\updownarrow_2\rangle\right), \quad B_{\frac{\pi}{8}}=0 \end{cases} . \tag{8.1.41}$$

$|\Psi^{(\pm)}\rangle$ 和 $|\Phi^{(\pm)}\rangle$ 称为基于双光子偏振态的贝尔基，是基于双光子偏振的纠缠态，称为光子贝尔态.

相比基于自旋的电子贝尔态来说，基于偏振的光子贝尔态更容易产生. 基于非线性光学中的频率下转换效应，利用单轴晶体(例如 BBO)，可以有效产生光子贝尔态. 单轴晶体的折射率 n 与光的传播方向有关

$$n(\theta)=\frac{n_{\mathrm{o}}n_{\mathrm{e}}}{\sqrt{n_{\mathrm{e}}^2\cos^2\theta+n_{\mathrm{o}}^2\sin^2\theta}} . \tag{8.1.42}$$

式中，θ 是光波矢 $\boldsymbol{k}$ 与晶体光轴之间的夹角，n_{o} 和 n_{e} 分别是寻常光和非常光的折射率. BBO 是单轴晶体，$n_{\mathrm{e}}<n_{\mathrm{o}}$. 非常光的偏振方向位于入射面，即 $\boldsymbol{k}$ 与晶体光轴组成的平面内，而寻常光的偏振方向则垂直于入射面. 所以，寻常光和非常光的偏振方向是相互垂直的.

用一束频率为 2ω 的激光作为泵浦光入射到晶体中，基于频率下转换效应，可实现 $2\omega\to\omega+\omega$ ，即一个频率为 2ω 的光子可以产生两个频率为 ω 的光子，形成一对纠缠光子. 此时，须满足相位匹配条件 $\boldsymbol{k}_{泵}(2\omega)=\boldsymbol{k}_1(\omega)+\boldsymbol{k}_2(\omega)$. 这又分为两

种情况，一种为 I 类相位匹配 $\boldsymbol{k}_{泵}(2\omega)=\boldsymbol{k}_1^{(o)}(\omega)+\boldsymbol{k}_2^{(o)}(\omega)$ 或 $\boldsymbol{k}_{泵}(2\omega)=\boldsymbol{k}_1^{(e)}(\omega)+\boldsymbol{k}_2^{(e)}(\omega)$，此时可以产生 $|\Phi^{(\pm)}\rangle$ 型的光子贝尔态；一种为 II 类相位匹配 $\boldsymbol{k}_{泵}(2\omega)=\boldsymbol{k}_1^{(o)}(\omega)+\boldsymbol{k}_2^{(e)}(\omega)$ 或 $\boldsymbol{k}_{泵}(2\omega)=\boldsymbol{k}_1^{(e)}(\omega)+\boldsymbol{k}_2^{(o)}(\omega)$，此时可以产生 $|\Psi^{(\pm)}\rangle$ 型的光子贝尔态. 具体操作时，可基于式(8.1.42)和晶体的 n_o 和 n_e 值，选取适当的 θ，使匹配条件得到满足来获得所需的纠缠光子对.

8.2　纠缠判据与纠缠度

在 7.5.2 节中讨论了双电子体系中 $(\hat{S}^2,\hat{S}_z)$ 的共同本征态为自旋单态和自旋三重态，其中 $|\chi_{00}\rangle_A$ 和 $|\chi_{10}\rangle_S$ 为纠缠态，$|\chi_{11}\rangle_S$ 和 $|\chi_{1\text{-}1}\rangle_S$ 为可分离态. 同样是双电子体系，贝尔算符 $\hat{B}_{\frac{\pi}{4}}$ 给出的所有四个本征态，见式(8.1.35)，都是纠缠态，其中 $|\psi^{(\pm)}\rangle$ 就是 $|\chi_{10}\rangle_{S,A}$，而 $|\phi^{(\pm)}\rangle$ 是 $|\chi_{11}\rangle_S$ 和 $|\chi_{1\text{-}1}\rangle_S$ 的线性组合. 本节讨论一种判据，来判断什么情况下量子态是纠缠态，并给出纠缠度来描述纠缠的强弱.

8.2.1　密度算符

在 3.1.5 节中讨论过，对任意给定的量子态 $|\psi\rangle$ 与 $|\varphi\rangle$，$\hat{P}=|\varphi\rangle\langle\psi|$ 构成一种算符. 特别地，若 $|\varphi\rangle=|\psi\rangle$，则算符

$$\hat{\rho}=|\psi\rangle\langle\psi|. \tag{8.2.1}$$

称为**密度算符**. 依据狄拉克符号的性质，显然有 $\hat{\rho}^\dagger=\hat{\rho}$，即密度算符是厄密算符.

设 F 表象的基矢为 $\{|k\rangle\}$，则 $\hat{\rho}$ 在 F 表象中的矩阵元为

$$\rho_{kj}=\langle k|\hat{\rho}|j\rangle. \tag{8.2.2}$$

$\boldsymbol{\rho}=(\rho_{kj})$ 称为 $\hat{\rho}$ 在 F 表象中的密度矩阵.

在 F 表象中，若基矢 $|k\rangle$ 的本征值为 f_k，则力学量 F 在量子态 $|\psi\rangle$ 上的取值概率为

$$W(f_k)=|\langle k|\psi\rangle|^2=\langle k|\psi\rangle\langle\psi|k\rangle=\langle k|\hat{\rho}|k\rangle=\rho_{kk}. \tag{8.2.3}$$

这说明，此概率等于密度矩阵中对应基矢 $|k\rangle$ 的对角矩阵元.

力学量 A 在量子态 $|\psi\rangle$ 下的平均值为

$$\overline{A}=\langle\psi|\hat{A}|\psi\rangle=\sum_k\langle\psi|k\rangle\langle k|\hat{A}|\psi\rangle=\sum_k\langle k|\hat{A}|\psi\rangle\langle\psi|k\rangle,$$

将式(8.2.1)代入，有

$$\overline{A}=\sum_k \langle k|\hat{A}\hat{\rho}|k\rangle=\mathrm{Tr}(\hat{A}\hat{\rho}), \tag{8.2.4}$$

其中，$\mathrm{Tr}(\hat{A}\hat{\rho})$ 是算符 $\hat{A}\hat{\rho}$ 在 F 表象中矩阵的迹. 特别地，若 $\hat{A}=\hat{I}$ ，则

$$\mathrm{Tr}(\hat{\rho})=\sum_k \langle k|\hat{\rho}|k\rangle=\sum_k \rho_{kk}=1, \tag{8.2.5}$$

这表明任意表象下密度矩阵的迹均为 1.

8.2.2　量子纠缠态的定义

本节主要以粒子 1 和 2 组成的复合体为例来说明量子纠缠的定义、纠缠判据和纠缠度等概念，故将两粒子复合体的量子态记为$|\psi_{12}\rangle$.

在 7.5.4 节描述过，对两个粒子组成的复合体，若其量子态等于每个粒子量子态的直积，如$|\chi_{11}\rangle_S=|\uparrow_1\rangle\otimes|\uparrow_2\rangle$ 和$|\chi_{1\text{-}1}\rangle_S=|\downarrow_1\rangle\otimes|\downarrow_2\rangle$，则这样的态称为可分离态，否则称为纠缠态. 也可以从密度算符的角度来重新进行定义.

设粒子 1 和 2 的基矢分别为 $\{|\varphi_m^{(1)}\rangle\}$ 和 $\{|\varphi_n^{(2)}\rangle\}$，对应的密度算符分别为

$$\hat{\rho}_1(m)=|\varphi_m^{(1)}\rangle\langle\varphi_m^{(1)}|,\quad \hat{\rho}_2(n)=|\varphi_n^{(2)}\rangle\langle\varphi_n^{(2)}|, \tag{8.2.6}$$

粒子 1 和 2 复合体的量子态为$|\psi_{12}\rangle=\sum_{m\,n}c_{mn}|\varphi_m^{(1)}\rangle\otimes|\varphi_n^{(2)}\rangle$. 若$|\psi_{12}\rangle$对应的密度算符 $\hat{\rho}=|\psi_{12}\rangle\langle\psi_{12}|$可以表达为

$$\hat{\rho}=\sum_k p_k\hat{\rho}_1(k)\otimes\hat{\rho}_2(k), \tag{8.2.7}$$

则$|\psi\rangle$为可分离态，其中$\sum_k p_k=1$. 不可分离态则为纠缠态.

例 8.2.1　两电子复合体量子态为$|\psi_{12}\rangle=|\uparrow_1\rangle\otimes|\uparrow_2\rangle$，求其密度算符，检验其为可分离态.

解　$|\psi_{12}\rangle$的密度矩阵为

$$\hat{\rho}=|\psi_{12}\rangle\langle\psi_{12}|=\left(|\uparrow_1\rangle\otimes|\uparrow_2\rangle\right)\left(\langle\uparrow_1|\otimes\langle\uparrow_2|\right).$$

利用等式$(a\otimes b)(c\otimes d)=(ac)\otimes(bd)$，有

$$\hat{\rho}=\left(|\uparrow_1\rangle\otimes|\uparrow_2\rangle\right)\left(\langle\uparrow_1|\otimes\langle\uparrow_2|\right)=\left(|\uparrow_1\rangle\langle\uparrow_1|\right)\otimes\left(|\uparrow_2\rangle\langle\uparrow_2|\right)=\hat{\rho}_1(\uparrow)\otimes\hat{\rho}_2(\uparrow).$$

可见，$|\psi_{12}\rangle$为可分离态.

例 8.2.2　对两电子复合体，贝尔算符 $\hat{B}_{\frac{\pi}{4}}$ 属于本征值 $B_{\frac{\pi}{4}}=2\sqrt{2}$ 的量子态为 $|\phi_{12}^{(+)}\rangle=\frac{1}{\sqrt{2}}\left(|\uparrow_1\rangle\otimes|\uparrow_2\rangle+|\downarrow_1\rangle\otimes|\downarrow_2\rangle\right)$，求其密度算符，检验其为纠缠态.

解　$|\phi_{12}^{(+)}\rangle$的密度矩阵为

$$\hat{\rho}=|\phi_{12}^{(+)}\rangle\langle\phi_{12}^{(+)}|=\frac{1}{2}\big(|\uparrow_1\rangle\otimes|\uparrow_2\rangle+|\downarrow_1\rangle\otimes|\downarrow_2\rangle\big)\big(\langle\uparrow_1|\otimes\langle\uparrow_2|+\langle\downarrow_1|\otimes\langle\downarrow_2|\big).$$

利用等式 $(a\otimes b)(c\otimes d)=(ac)\otimes(bd)$，有

$$\hat{\rho}=\sum_{k=\uparrow,\downarrow}\frac{1}{2}\hat{\rho}_1(k)\otimes\hat{\rho}_2(k)+\frac{1}{2}\big(|\uparrow_1\rangle\langle\downarrow_1|\otimes|\uparrow_2\rangle\langle\downarrow_2|\big)+\frac{1}{2}\big(|\downarrow_1\rangle\langle\uparrow_1|\otimes|\downarrow_2\rangle\langle\uparrow_2|\big).$$

可见，$\hat{\rho}\neq\sum_{k=\uparrow,\downarrow}p_k\hat{\rho}_1(k)\otimes\hat{\rho}_2(k)$，且 $\sum_k p_k=1$，所以 $|\phi_{12}^{(+)}\rangle$ 为纠缠态.

8.2.3　约化密度算符

对两粒子复合体来说，若只需求解粒子 1 的某一力学量 $A^{(1)}$ 的平均值，可引入约化密度算符来简化运算.

设粒子 1 和 2 的基矢分别为 $\{|\varphi_m^{(1)}\rangle\}$ 和 $\{|\varphi_n^{(2)}\rangle\}$，则两粒子复合体量子态的一般形式为

$$|\psi_{12}\rangle=\sum_{m\,n}c_{mn}|\varphi_m^{(1)}\rangle\otimes|\varphi_n^{(2)}\rangle,\quad \sum_{m\,n}|c_{mn}|^2=1. \tag{8.2.8}$$

式(7.5.19)、式(7.5.20)、式(8.1.35)都是式(8.2.8)两电子复合体的几种具体形式，式 (8.1.41)则是两光子复合体下的一种具体形式.

与式(8.2.8)对应的密度算符为 $\hat{\rho}=|\psi_{12}\rangle\langle\psi_{12}|$. 若求粒子 1 的力学量 $A^{(1)}$ 的平均值，由式(8.2.4)，有

$$\begin{aligned}\overline{A}^{(1)}&=\mathrm{Tr}(\hat{A}^{(1)}\hat{\rho})=\sum_{m\,n}\langle\varphi_m^{(1)}|\langle\varphi_n^{(2)}|\hat{A}^{(1)}\hat{\rho}|\varphi_m^{(1)}\rangle|\varphi_n^{(2)}\rangle\\&=\sum_m\langle\varphi_m^{(1)}|\hat{A}^{(1)}\sum_n\langle\varphi_n^{(2)}|\hat{\rho}|\varphi_n^{(2)}\rangle|\varphi_m^{(1)}\rangle.\end{aligned} \tag{8.2.9}$$

令

$$\hat{\rho}^{(1)}=\sum_n\langle\varphi_n^{(2)}|\hat{\rho}|\varphi_n^{(2)}\rangle=\mathrm{Tr}^{(2)}(\hat{\rho}), \tag{8.2.10}$$

其中，$\mathrm{Tr}^{(2)}$ 表示只对粒子 2 取迹，得到的 $\hat{\rho}^{(1)}$ 是粒子 1 空间的算符，称 $\hat{\rho}^{(1)}$ 为粒子 1 的约化密度算符. 这样，$A^{(1)}$ 的平均值可表达为

$$\overline{A}^{(1)}=\sum_m\langle\varphi_m^{(1)}|\hat{A}^{(1)}\hat{\rho}^{(1)}|\varphi_m^{(1)}\rangle=\mathrm{Tr}^{(1)}[\hat{A}^{(1)}\hat{\rho}^{(1)}], \tag{8.2.11}$$

其中，$\mathrm{Tr}^{(1)}$ 表示只对粒子 1 取迹. 同样可定义粒子 2 的约化密度算符为

$$\hat{\rho}^{(2)}=\sum_n\langle\varphi_n^{(1)}|\hat{\rho}|\varphi_n^{(1)}\rangle=\mathrm{Tr}^{(1)}(\hat{\rho}). \tag{8.2.12}$$

例 8.2.3　两电子复合体的量子态为：(1) $|\psi_{12}\rangle=\frac{1}{\sqrt{2}}\left(|\uparrow_1\rangle|\downarrow_2\rangle-|\downarrow_1\rangle|\uparrow_2\rangle\right)$，(2) $|\psi_{12}\rangle=|\uparrow_1\rangle|\uparrow_2\rangle$. 求 $\hat{s}_x^{(1)}=\frac{\hbar}{2}\begin{pmatrix}0&1\\1&0\end{pmatrix}$，$\hat{s}_y^{(1)}=\frac{\hbar}{2}\begin{pmatrix}0&-\mathrm{i}\\\mathrm{i}&0\end{pmatrix}$，$\hat{s}_z^{(1)}=\frac{\hbar}{2}\begin{pmatrix}1&0\\0&-1\end{pmatrix}$的平均值.

解　(1) $|\psi_{12}\rangle=\frac{1}{\sqrt{2}}\left(|\uparrow_1\rangle|\downarrow_2\rangle-|\downarrow_1\rangle|\uparrow_2\rangle\right)$的密度矩阵为

$$\hat{\rho}=|\psi_{12}\rangle\langle\psi_{12}|=\frac{1}{2}\left(|\uparrow_1\rangle|\downarrow_2\rangle-|\downarrow_1\rangle|\uparrow_2\rangle\right)\left(\langle\uparrow_1|\langle\downarrow_2|-\langle\downarrow_1|\langle\uparrow_2|\right),$$

电子 1 的约化密度矩阵为

$$\hat{\rho}^{(1)}=\langle\uparrow_2|\hat{\rho}|\uparrow_2\rangle+\langle\downarrow_2|\hat{\rho}|\downarrow_2\rangle=\frac{1}{2}\left(|\downarrow_1\rangle\langle\downarrow_1|+|\uparrow_1\rangle\langle\uparrow_1|\right)=\frac{1}{2}\hat{I}^{(1)}. \tag{8.2.13}$$

利用式(8.2.11)和式(7.2.17)，有

$$\overline{s_z^{(1)}}=\mathrm{Tr}^{(1)}[s_z^{(1)}\hat{\rho}^{(1)}]=\frac{1}{2}\left(\langle\uparrow_1|s_z^{(1)}|\uparrow_1\rangle+\langle\downarrow_1|s_z^{(1)}|\downarrow_1\rangle\right)=\frac{\hbar}{4}\left(\langle\uparrow_1|\uparrow_1\rangle-\langle\downarrow_1|\downarrow_1\rangle\right)=0,$$

$$\overline{s_x^{(1)}}=\mathrm{Tr}^{(1)}[s_x^{(1)}\hat{\rho}^{(1)}]=\frac{1}{2}\left(\langle\uparrow_1|s_x^{(1)}|\uparrow_1\rangle-\langle\downarrow_1|s_x^{(1)}|\downarrow_1\rangle\right)=\frac{\hbar}{4}\left(\langle\uparrow_1|\downarrow_1\rangle-\langle\downarrow_1|\uparrow_1\rangle\right)=0,$$

$$\overline{s_y^{(1)}}=\mathrm{Tr}^{(1)}[s_y^{(1)}\hat{\rho}^{(1)}]=\frac{1}{2}\left(\langle\uparrow_1|s_y^{(1)}|\uparrow_1\rangle-\langle\downarrow_1|s_y^{(1)}|\downarrow_1\rangle\right)=\mathrm{i}\frac{\hbar}{4}\left(\langle\uparrow_1|\downarrow_1\rangle+\langle\downarrow_1|\uparrow_1\rangle\right)=0.$$

(2) $|\psi_{12}\rangle=|\uparrow_1\rangle|\uparrow_2\rangle$的密度矩阵为

$$\hat{\rho}=|\psi\rangle\langle\psi|=|\uparrow_1\rangle|\uparrow_2\rangle\langle\uparrow_2|\langle\uparrow_1|,$$

电子 1 的约化密度矩阵为

$$\hat{\rho}^{(1)}=\langle\uparrow_2|\hat{\rho}|\uparrow_2\rangle+\langle\downarrow_2|\hat{\rho}|\downarrow_2\rangle=|\uparrow_1\rangle\langle\uparrow_1|=\begin{pmatrix}1\\0\end{pmatrix}\otimes(1\ \ 0)=\begin{pmatrix}1&0\\0&0\end{pmatrix},$$

$$\overline{s_z^{(1)}}=\mathrm{Tr}^{(1)}[s_z^{(1)}\hat{\rho}^{(1)}]=\frac{\hbar}{2}\left[(1\ \ 0)\begin{pmatrix}1&0\\0&-1\end{pmatrix}\begin{pmatrix}1&0\\0&0\end{pmatrix}\begin{pmatrix}1\\0\end{pmatrix}+(0\ \ 1)\begin{pmatrix}1&0\\0&-1\end{pmatrix}\begin{pmatrix}1&0\\0&0\end{pmatrix}\begin{pmatrix}0\\1\end{pmatrix}\right]=\frac{\hbar}{2},$$

$$\overline{s_x^{(1)}}=\mathrm{Tr}^{(1)}[s_x^{(1)}\hat{\rho}^{(1)}]=\frac{\hbar}{2}\left[(1\ \ 0)\begin{pmatrix}0&1\\1&0\end{pmatrix}\begin{pmatrix}1&0\\0&0\end{pmatrix}\begin{pmatrix}1\\0\end{pmatrix}+(0\ \ 1)\begin{pmatrix}0&1\\1&0\end{pmatrix}\begin{pmatrix}1&0\\0&0\end{pmatrix}\begin{pmatrix}0\\1\end{pmatrix}\right]=0,$$

$$\overline{s_y^{(1)}}=\mathrm{Tr}^{(1)}[s_y^{(1)}\hat{\rho}^{(1)}]=\frac{\hbar}{2}\left[(1\ \ 0)\begin{pmatrix}0&-\mathrm{i}\\\mathrm{i}&0\end{pmatrix}\begin{pmatrix}1&0\\0&0\end{pmatrix}\begin{pmatrix}1\\0\end{pmatrix}+(0\ \ 1)\begin{pmatrix}0&-\mathrm{i}\\\mathrm{i}&0\end{pmatrix}\begin{pmatrix}1&0\\0&0\end{pmatrix}\begin{pmatrix}0\\1\end{pmatrix}\right]=0.$$

量子纠缠表现为量子态之间的关联，反之不然，即粒子的量子态存在关联并不等于粒子间存在纠缠. 例如，对两电子复合体，若量子态为$|\psi_{12}\rangle=|\uparrow_1\rangle|\uparrow_2\rangle$，表明电子 1 和 2 的自旋取向存在关联，但电子 1 和 2 都处于自旋确定态，二者之间

没有纠缠. 若$|\psi_{12}\rangle=\frac{1}{\sqrt{2}}\left(|\uparrow_1\rangle|\downarrow_2\rangle-|\downarrow_1\rangle|\uparrow_2\rangle\right)$,从总体看,其中一个电子的状态确定,如电子 1 处于$|\uparrow_1\rangle$，则不论电子 2 与电子 1 相距多远，电子 2 的状态也随之确定为$|\downarrow_2\rangle$，即电子 1 和 2 处于纠缠态，这需要同时测量电子 1 和 2 方能加以确定；但从局部看，由式(8.2.13)，电子 1 的约化密度算符为$\hat{\rho}^{(1)}=\frac{1}{2}\hat{I}^{(1)}$，同理可证$\hat{\rho}^{(2)}=\frac{1}{2}\hat{I}^{(2)}$，这表明单独测量电子 1 或 2，测量结果为$|\uparrow\rangle$或$|\downarrow\rangle$的概率都是 1/2，表明对纠缠态来说，单独测量任意一个电子得不到整体的信息.

8.2.4　施密特分解与纠缠判据

定理 8.2.1　对粒子 1 和 2 复合体中的量子态$|\psi_{12}\rangle$，总存在粒子 1 的一组基矢$\{|\varphi_m^{(1)}\rangle\}$和粒子 2 的一组基矢$\{|\varphi_m^{(2)}\rangle\}$，使得

$$|\psi_{12}\rangle=\sum_m\lambda_m|\varphi_m^{(1)}\rangle\otimes|\varphi_m^{(2)}\rangle.\tag{8.2.14}$$

此式称为施密特分解，其中λ_m是满足$\sum_m\lambda_m^2=1$的非负实数，称为施密特系数.

证　设粒子 1 和 2 的状态空间具有相同的维数，分别具有基矢$\{|\tilde{\varphi}_j^{(1)}\rangle\}$和$\{|\tilde{\varphi}_k^{(2)}\rangle\}$. 在$|\tilde{\varphi}_j^{(1)}\rangle\otimes|\tilde{\varphi}_k^{(2)}\rangle$空间中，$|\psi_{12}\rangle$可以表示为

$$|\psi_{12}\rangle=\sum_{jk}a_{jk}|\tilde{\varphi}_j^{(1)}\rangle\otimes|\tilde{\varphi}_k^{(2)}\rangle.\tag{8.2.15}$$

根据矩阵理论，总能找到幺正矩阵$\boldsymbol{u}=(u_{jm})$和$\boldsymbol{v}=(v_{mk})$使得矩阵$\boldsymbol{a}=(a_{jk})$满足变换$\boldsymbol{a}=\boldsymbol{udv}$，其中$\boldsymbol{d}=(d_{mm})$是具有非负元素的对角矩阵且$\sum_m d_{mm}^2=1$. 于是

$$|\psi_{12}\rangle=\sum_{mjk}u_{jm}d_{mm}v_{mk}|\tilde{\varphi}_j^{(1)}\rangle\otimes|\tilde{\varphi}_k^{(2)}\rangle.\tag{8.2.16}$$

定义$|\varphi_m^{(1)}\rangle=\sum_j u_{jm}|\tilde{\varphi}_j^{(1)}\rangle$，$|\varphi_m^{(2)}\rangle=\sum_k v_{mk}|\tilde{\varphi}_k^{(2)}\rangle$，$\lambda_m=d_{mm}$，即可得到施密特分解式(8.2.14). 由于$\{|\varphi_m^{(1)}\rangle\}$和$\{|\varphi_m^{(2)}\rangle\}$分别来自基矢$\{|\tilde{\varphi}_j^{(1)}\rangle\}$和$\{|\tilde{\varphi}_k^{(2)}\rangle\}$的幺正变换，故也分别是粒子 1 和 2 的一组基矢.

定理 8.2.2　对粒子 1 和 2 复合体的量子态$|\psi_{12}\rangle$来说，若其施密特系数的个数多于 1，则必为纠缠态.

证　设粒子 1 和 2 的基矢分别为$\{|\varphi_m^{(1)}\rangle\}$和$\{|\varphi_m^{(2)}\rangle\}$，对$|\psi_{12}\rangle$做施密特分解，有$|\psi_{12}\rangle=\sum_m\lambda_m|\varphi_m^{(1)}\rangle\otimes|\varphi_m^{(2)}\rangle$，$\sum_m\lambda_m^2=1$.

$$\begin{aligned}\hat{\rho}=|\psi_{12}\rangle\langle\psi_{12}|&=\left(\sum_m \lambda_m|\varphi_m^{(1)}\rangle\otimes|\varphi_m^{(2)}\rangle\right)\left(\sum_n \lambda_n\langle\varphi_n^{(1)}|\otimes\langle\varphi_n^{(2)}|\right)\\&=\left(\sum_{m,n}\lambda_m\lambda_n|\varphi_m^{(1)}\rangle\langle\varphi_n^{(1)}|\otimes|\varphi_m^{(2)}\rangle\langle\varphi_n^{(2)}|\right)\\&=\sum_{n=m}\lambda_m^2\hat{\rho}_1(m)\otimes\hat{\rho}_2(m)+\sum_{n\neq m}\lambda_m\lambda_n|\varphi_m^{(1)}\rangle\langle\varphi_n^{(1)}|\otimes|\varphi_m^{(2)}\rangle\langle\varphi_n^{(2)}|.\end{aligned}$$

若施密特系数的个数为 1，则在$n\neq m$时，必有$\lambda_m\lambda_n=0$.按定义式(8.2.7)，此时$|\psi_{12}\rangle$为可分离态. 若施密特系数的个数多于 1，则$\lambda_m\lambda_n$可以不为零，不满足式 (8.2.7)，此时$|\psi_{12}\rangle$为纠缠态.

例 8.2.4 设两电子复合体的量子态为$|\psi_{12}\rangle=\frac{1}{\sqrt{2}}\left(|\uparrow_1\rangle|\downarrow_2\rangle-|\downarrow_1\rangle|\uparrow_2\rangle\right)$，通过施密特分解，验证其为纠缠态.

解 $|\psi_{12}\rangle=\sum_{j,k=\uparrow,\downarrow}a_{jk}|\tilde{\varphi}_j^{(1)}\rangle|\tilde{\varphi}_k^{(2)}\rangle$，其中$|\tilde{\varphi}_{j=\uparrow}^{(1,2)}\rangle=|\uparrow_{1,2}\rangle,|\tilde{\varphi}_{j=\downarrow}^{(1,2)}\rangle=|\downarrow_{1,2}\rangle$，

$$\boldsymbol{a}=(a_{jk})=\begin{pmatrix}a_{11}&a_{12}\\a_{21}&a_{22}\end{pmatrix}=\frac{1}{\sqrt{2}}\begin{pmatrix}0&1\\-1&0\end{pmatrix}=\begin{pmatrix}0&1\\1&0\end{pmatrix}\begin{pmatrix}\frac{1}{\sqrt{2}}&0\\0&\frac{1}{\sqrt{2}}\end{pmatrix}\begin{pmatrix}-1&0\\0&1\end{pmatrix}=\boldsymbol{udv}$$

其中，$\boldsymbol{u}=\begin{pmatrix}0&1\\1&0\end{pmatrix}$和$\boldsymbol{v}=\begin{pmatrix}-1&0\\0&1\end{pmatrix}$是幺正矩阵，$\boldsymbol{d}=\frac{1}{\sqrt{2}}\begin{pmatrix}1&0\\0&1\end{pmatrix}$. 故有

$$|\psi\rangle=\sum_{m,j,k=\uparrow,\downarrow}u_{jm}d_{mm}v_{mk}|\tilde{\varphi}_j^{(1)}\rangle|\tilde{\varphi}_k^{(2)}\rangle=\sum_{m=\uparrow,\downarrow}\lambda_m|\varphi_m^{(1)}\rangle|\varphi_m^{(2)}\rangle,$$

其中，$|\varphi_m^{(1)}\rangle=\sum_{j=\uparrow,\downarrow}u_{jm}|\tilde{\varphi}_j^{(1)}\rangle$, $|\varphi_m^{(2)}\rangle=\sum_{k=\uparrow,\downarrow}v_{mk}|\tilde{\varphi}_k^{(2)}\rangle$, $\lambda_1=d_{11}=1/\sqrt{2}$, $\lambda_2=d_{22}=1/\sqrt{2}$.

可见，$|\psi_{12}\rangle$有两个施密特系数，故为纠缠态.

8.2.5 两体复合体的纠缠度

纠缠度是反映量子态纠缠强弱的物理量，对两粒子复合体，一种基于冯 · 诺伊曼(von Neumann)熵定义的纠缠度为

$$E_{\psi_{12}}=-\mathrm{Tr}[\hat{\rho}^{(1)}\log_2\hat{\rho}^{(1)}]=-\mathrm{Tr}[\hat{\rho}^{(2)}\log_2\hat{\rho}^{(2)}],\tag{8.2.17}$$

式中，$\rho^{(1)}$和$\rho^{(2)}$分别是粒子 1 和 2 的约化密度矩阵.

例 8.2.5 设两电子复合体的量子态为(1) $|\psi_{12}\rangle=\frac{1}{\sqrt{2}}\left(|\uparrow_1\rangle|\downarrow_2\rangle+|\downarrow_1\rangle|\uparrow_2\rangle\right)$，(2) $|\psi_{12}\rangle=|\downarrow_1\rangle|\downarrow_2\rangle$，求其纠缠度.

解 (1) $|\psi_{12}\rangle = \frac{1}{\sqrt{2}}(|\uparrow_1\rangle|\downarrow_2\rangle + |\downarrow_1\rangle|\uparrow_2\rangle)$ 的密度矩阵为

$$\hat{\rho} = |\psi_{12}\rangle\langle\psi_{12}| = \frac{1}{2}(|\uparrow_1\rangle|\downarrow_2\rangle + |\downarrow_1|\rangle\uparrow_2\rangle)(\langle\uparrow_1|\langle\downarrow_2| + \langle\downarrow_1|\langle\uparrow_2|),$$

电子 1 的约化密度矩阵为

$$\hat{\rho}^{(1)} = \langle\uparrow_2|\hat{\rho}|\uparrow_2\rangle + \langle\downarrow_2|\hat{\rho}|\downarrow_2\rangle = \tfrac{1}{2}(|\downarrow_1\rangle\langle\downarrow_1| + |\uparrow_1\rangle\langle\uparrow_1|) = \frac{1}{2}\hat{I}^{(1)}.$$

$$E_{\psi_{12}} = -\mathrm{Tr}[\hat{\rho}^{(1)}\log_2\hat{\rho}^{(1)}] = -\mathrm{Tr}\left\{\frac{1}{2}\begin{pmatrix}1 & 0\\ 0 & 1\end{pmatrix}\log_2\left[\frac{1}{2}\begin{pmatrix}1 & 0\\ 0 & 1\end{pmatrix}\right]\right\} = \mathrm{Tr}\left[\frac{1}{2}\begin{pmatrix}1 & 0\\ 0 & 1\end{pmatrix}\right] = 1.$$

利用电子 2 的约化密度矩阵，可以得到同样的结果. 这说明作为贝尔基之一，$|\psi_{12}\rangle = \frac{1}{\sqrt{2}}(|\uparrow_1\rangle|\downarrow_2\rangle + |\downarrow_1\rangle|\uparrow_2\rangle)$ 具有最大的纠缠度. 可以证明，贝尔基的另外三个量子态的纠缠度也等于 1.

(2) $|\psi_{12}\rangle = |\downarrow_1\rangle|\downarrow_2\rangle$ 的密度矩阵为

$$\hat{\rho} = |\psi\rangle\langle\psi| = |\downarrow_1\rangle|\downarrow_2\rangle\langle\downarrow_2|\langle\downarrow_1|,$$

电子 1 的约化密度矩阵为

$$\hat{\rho}^{(1)} = \langle\uparrow_2|\hat{\rho}|\uparrow_2\rangle + \langle\downarrow_2|\hat{\rho}|\downarrow_2\rangle = |\downarrow_1\rangle\langle\downarrow_1| = \begin{pmatrix}0\\ 1\end{pmatrix}\otimes\begin{pmatrix}0 & 1\end{pmatrix} = \begin{pmatrix}0 & 0\\ 0 & 1\end{pmatrix},$$

$$E_{\psi_{12}} = -\mathrm{Tr}[\rho^{(1)}\log_2\hat{\rho}^{(1)}] = -\mathrm{Tr}\left\{\begin{pmatrix}0 & 0\\ 0 & 1\end{pmatrix}\log_2\left[\begin{pmatrix}0 & 0\\ 0 & 1\end{pmatrix}\right]\right\} = 0.$$

可见，可分离态 $|\psi_{12}\rangle = |\downarrow_1\rangle|\downarrow_2\rangle$ 不是纠缠态，纠缠度为零.

8.3 量子隐形传态

8.3.1 量子比特

比特(bit)是信息量的单位. 信息量的经典定义为：若消息 x 的概率分布为 $p(x)$，则其携带的信息量为

$$I(x) = -\log_2 p(x) \quad (\mathrm{bit}). \tag{8.3.1}$$

以二进制符号 0 和 1 为例，$p(x=0) = p(x=1) = 1/2$，则 $I(1) = I(0) = 1$ bit.

量子比特(quantum bit，简记为 qubit 或 qbit)的定义为：若二维希尔伯特空间的基矢为 $|0\rangle$ 和 $|1\rangle$，则量子比特为

$$|\psi\rangle = \alpha|0\rangle + \beta|1\rangle . \tag{8.3.2}$$

其中，复常数α和β满足$|\alpha|^2 + |\beta|^2 = 1$.与经典比特最大的不同是，量子比特可能处于$|0\rangle$态，也可能处于$|1\rangle$态，还可能处于$|0\rangle$和$|1\rangle$的叠加态$\alpha|0\rangle + \beta|1\rangle$.

量子比特不可克隆，这是量子态具有不可克隆性的一种具体体现. 这一点对量子比特具有重要意义，其具体含义是，利用一种设备克隆量子态$|\psi\rangle$可视作通过算符$\hat{U}$对$|\psi\rangle$进行操作，由于$\hat{U}$须是厄密算符，这种操作是一种幺正变换. 对此，有下面的定理.

定理 8.3.1 以幺正变换的方式只能同时克隆一对相互正交的量子态，不能同时克隆任意量子态.

证 设有一个克隆系统，由输入单元A和输出单元B组成. 初始时刻B处于归一化量子态$|s\rangle$，满足$\langle s|s\rangle = 1$. 对此克隆系统来说，将任意量子态$|\psi\rangle$从A输入，即可从B克隆出$|\psi\rangle$，这种克隆过程可表示为$\hat{U}(|\psi\rangle \otimes |s\rangle) = |\psi\rangle \otimes |\psi\rangle$，其中$\hat{U}$是一种幺正变换，满足$\hat{U}^+\hat{U} = \hat{I}$. 现有另一量子态$|\varphi\rangle \neq |\psi\rangle$，将$|\varphi\rangle$输入到A，同样有$\hat{U}(|\varphi\rangle \otimes |s\rangle) = |\varphi\rangle \otimes |\varphi\rangle$且$\langle\varphi| \otimes \langle s|)\hat{U}^+ = \langle\varphi| \otimes \langle\varphi|$. 现考察$|\psi\rangle$和$|\varphi\rangle$的关系.

因为$(\langle\varphi| \otimes \langle s|)\hat{U}^+\hat{U}(|\psi\rangle \otimes |s\rangle) = (\langle\varphi| \otimes \langle\varphi|)(|\psi\rangle \otimes |\psi\rangle)$，又因为$\hat{U}^+\hat{U} = \hat{I}$，故有

$$(\langle\varphi| \otimes \langle s|)(|\psi\rangle \otimes |s\rangle) = (\langle\varphi| \otimes \langle\varphi|)(|\psi\rangle \otimes |\psi\rangle).$$

利用等式$(a \otimes b)(c \otimes d) = (ac) \otimes (bd)$，并注意$\langle s|s\rangle = 1$，有

$$\langle\varphi|\psi\rangle\langle s|s\rangle = \langle\varphi|\psi\rangle\langle\varphi|\psi\rangle \quad \Rightarrow \quad \langle\varphi|\psi\rangle = (\langle\varphi|\psi\rangle)^2 .$$

这有两个可能的解：$\langle\varphi|\psi\rangle = 0$或$\langle\varphi|\psi\rangle = 1$. 后一个解与$|\varphi\rangle \neq |\psi\rangle$的约定不符，表明以幺正变换的方式只能同时克隆一对相互正交的量子态，不能同时克隆任意量子态.

8.3.2 量子隐形传态原理

如图 8.3.1 所示，发送者 A 欲将载有二比特信息$\begin{pmatrix}\alpha \\ \beta\end{pmatrix}$的光子$|\varphi_1\rangle$传送给接收者B，

$$|\varphi_1\rangle = \alpha|\leftrightarrow_1\rangle + \beta|\updownarrow_1\rangle = \left(|\leftrightarrow_1\rangle \quad |\updownarrow_1\rangle\right)\begin{pmatrix}\alpha \\ \beta\end{pmatrix}. \tag{8.3.3}$$

如果走经典通道，容易失密. 为此，通过一个 EPR 源，将光子$|\varphi_2\rangle$和$|\varphi_3\rangle$制作为纠缠光子对$|\psi_{23}^{(-)}\rangle$，即

$$|\psi_{23}^{(-)}\rangle = \frac{1}{\sqrt{2}}\left(|\leftrightarrow_2\rangle|\updownarrow_3\rangle - |\updownarrow_2\rangle|\leftrightarrow_3\rangle\right), \tag{8.3.4}$$

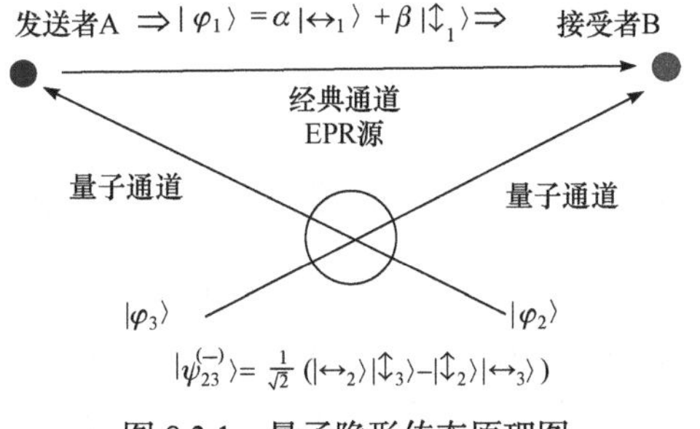

图 8.3.1　量子隐形传态原理图

是四个光子贝尔基中的一个. 将光子$|\varphi_2\rangle$发送给 A，将光子$|\varphi_3\rangle$发送给 B.

A 收到$|\varphi_2\rangle$后，与手中的$|\varphi_1\rangle$相互作用，得到三比特光子态$|\varphi_{123}\rangle$为

$$|\varphi_{123}\rangle=|\varphi_1\rangle\otimes|\psi_{23}\rangle=\left(\alpha|\leftrightarrow_1\rangle+\beta|\updownarrow_1\rangle\right)\otimes\frac{1}{\sqrt{2}}\left(|\leftrightarrow_2\rangle|\updownarrow_3\rangle-|\updownarrow_2\rangle|\leftrightarrow_3\rangle\right). \tag{8.3.5}$$

将$|\varphi_{123}\rangle$用式(8.1.41)给出的基于光子 1 和 2 的贝尔基$|\varPsi_{12}^{(\pm)}\rangle$和$|\varPhi_{12}^{(\pm)}\rangle$展开，有

$$|\varphi_{123}\rangle=\frac{1}{2}(|\leftrightarrow_3\rangle\quad|\updownarrow_3\rangle)\left\{\begin{pmatrix}-\alpha\\\beta\end{pmatrix}|\varPsi_{12}^{(+)}\rangle+\begin{pmatrix}-\alpha\\-\beta\end{pmatrix}|\varPsi_{12}^{(-)}\rangle+\begin{pmatrix}-\beta\\\alpha\end{pmatrix}|\varPhi_{12}^{(-)}\rangle+\begin{pmatrix}\beta\\\alpha\end{pmatrix}|\varPhi_{12}^{(-)}\rangle\right\}. \tag{8.3.6}$$

四个贝尔基$|\varPsi_{12}^{(\pm)}\rangle$和$|\varPhi_{12}^{(\pm)}\rangle$是贝尔算符$\hat{B}_{\frac{\pi}{8}}$的本征态. 发送者 A 用$\hat{B}_{\frac{\pi}{8}}$作用到$|\varphi_{123}\rangle$上，必然以$\frac{1}{4}$的概率测得其中的一个本征值，例如$|\varPsi_{12}^{(+)}\rangle$的本征值$B_{12}^{(+)}$，即

$$B_{12}^{(+)}\sim\left(|\leftrightarrow_3\rangle\quad|\updownarrow_3\rangle\right)\begin{pmatrix}-\alpha\\\beta\end{pmatrix}=\left(-\alpha|\leftrightarrow_3\rangle+\beta|\updownarrow_3\rangle\right)=|\varphi_3^{\begin{pmatrix}-\alpha\\\beta\end{pmatrix}}\rangle. \tag{8.3.7}$$

$B_{12}^{(+)}$对应于光子$|\varphi_3\rangle$的一个确定的态$|\varphi_3^{\begin{pmatrix}-\alpha\\\beta\end{pmatrix}}\rangle$. 接收者 B 得到光子$|\varphi_3\rangle$时，$|\varphi_3\rangle$处于任意态. 算符$\hat{B}_{\frac{\pi}{8}}$作用到$|\varphi_{123}\rangle$上获得本征值$B_{12}^{(+)}$相当于对光子$|\varphi_2\rangle$进行了操作，由于光子$|\varphi_2\rangle$和$|\varphi_3\rangle$处于纠缠态，这会导致光子$|\varphi_3\rangle$塌缩到态$|\varphi_3^{\begin{pmatrix}-\alpha\\\beta\end{pmatrix}}\rangle$. 通过测量$|\varphi_3\rangle$，B 得到一个二比特信息$\begin{pmatrix}-\alpha\\\beta\end{pmatrix}$.

发送者 A 与接收者 B 事先约定好了四个幺正矩阵

$$U_1=\begin{pmatrix}-1&0\\0&1\end{pmatrix},\quad U_2=\begin{pmatrix}-1&0\\0&-1\end{pmatrix},\quad U_3=\begin{pmatrix}0&-1\\1&0\end{pmatrix},\quad U_4=\begin{pmatrix}0&1\\1&0\end{pmatrix}. \tag{8.3.8}$$

A 在获得$B_{12}^{(+)}$后，通过经典通道，按约定通知 B 使用U_1.于是，B 进行运算

$$U_1\begin{pmatrix}-\alpha\\ \beta\end{pmatrix}=\begin{pmatrix}-1 & 0\\ 0 & 1\end{pmatrix}\begin{pmatrix}-\alpha\\ \beta\end{pmatrix}=\begin{pmatrix}\alpha\\ \beta\end{pmatrix}. \tag{8.3.9}$$

这样，B 就获得了 A 欲传送的光子$|\varphi_1\rangle$所携带的二比特信息$\begin{pmatrix}\alpha\\ \beta\end{pmatrix}$. A 并没有传送光子$|\varphi_1\rangle$给 B，所以这是一种隐形传态，具有高度保密性.

隐形传态的信息是通过经典和非经典两部分传送的. 非经典信息为 B 通过量子通道获得的 EPR 源产生的纠缠光子对中的一个光子$|\varphi_3\rangle$；经典信息为 B 通过经典通道获得的 A 传送来的贝尔算符$\hat{B}_{\frac{\pi}{8}}$的测量信息. 所以，全过程不可能在类空距离传递，并没破坏因果律. 整个过程第三者无法偷听，连发送者 A 自己也不知道传递的信息是什么，因为$|\varphi_1\rangle$被操作后就被破坏掉了，这就形成了高保密通信.

8.3.3 量子隐形传态实验装置

最简单的量子隐形传态实验系统由贝尔基分析器、检偏探测器和 EPR 源组成，如图 8.3.2(a)所示. 在 EPR 源中，通过紫外激光脉冲激励单轴晶体 BBO，利用频率下转换效应，产生纠缠光子对$|\varphi_2\rangle$和$|\varphi_3\rangle$. 检偏探测器由一个偏振分束器和两个探测器组成，用于分析$|\varphi_3\rangle$的偏振状态.

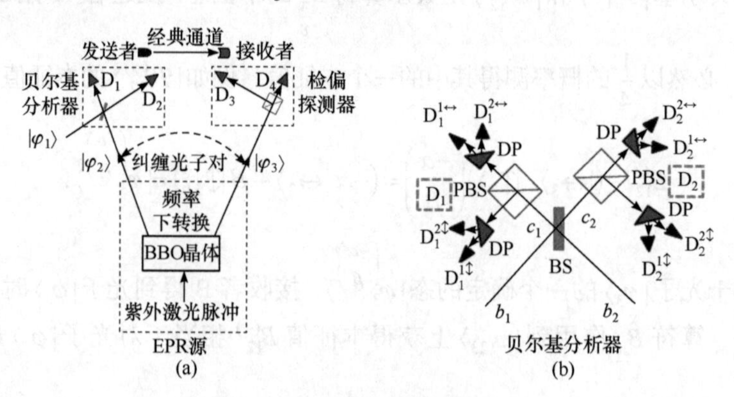

图 8.3.2 量子隐形传态实验图

贝尔基分析器用于测量$|\varphi_1\rangle$和$|\varphi_2\rangle$两光子复合体所处的贝尔态，下面以检测$|\Psi_{12}^{(-)}\rangle$为例来说明其一种可行的工作过程. 如图 8.3.2(b)所示，BS 为等比例分束器，PBS 为偏振分束器，DP 为色散棱镜. 设频率不同的两束光$b_1(\nu_1)$和$b_2(\nu_2)$从两侧 45°入射到 BS 上，从两侧出射的光束c_1和c_2已重新组合，可记为

$$\begin{cases} c_1^j \sim \dfrac{1}{\sqrt{2}}(b_1^j + b_2^j) \\ c_2^j \sim \dfrac{1}{\sqrt{2}}(b_1^j - b_2^j) \end{cases}, \tag{8.3.10}$$

其中，j 表示 $\leftrightarrow$ 或 $\updownarrow$ 偏振，b_2^j 前面的负号缘于 BS 在 b_1 和 c_1 一面镀有反射膜，故在 b_2 和 c_2 一面要发生光密到光疏反射时的半波损失. 两光子复合体可表示为

$$c_1^j c_2^k \sim \tfrac{1}{2}(b_1^j b_1^k + b_1^j b_2^k - b_2^j b_1^k - b_2^j b_2^k). \tag{8.3.11}$$

这对应 8 个信号，分别由贝尔基分析器中的探测器 D_1 中的探头 $D_1^{1\updownarrow}$、$D_1^{2\updownarrow}$、$D_1^{1\leftrightarrow}$ 和 $D_1^{2\leftrightarrow}$ 及探测器 D_2 中的探头 $D_2^{1\updownarrow}$、$D_2^{2\updownarrow}$、$D_2^{1\leftrightarrow}$ 和 $D_2^{2\leftrightarrow}$ 来测量. 若 b_1 和 b_2 皆为单光子光束，如果测得 $j \neq k$，例如 $j = \leftrightarrow$ 和 $k = \updownarrow$，则上式中第 1 项和第 4 项必为零. 故有

$$c_1^j c_2^k \sim \begin{cases} \pm\dfrac{1}{\sqrt{2}}|\Psi_{12}^{(-)}\rangle, & j \neq k \\ 0, & j = k \end{cases}. \tag{8.3.12}$$

这样,若测得两光子的偏振态不同,就表明它们处于 $|\Psi_{12}^{(-)}\rangle = \dfrac{1}{\sqrt{2}}(|\leftrightarrow\rangle|\updownarrow\rangle - |\updownarrow\rangle|\leftrightarrow\rangle)$ 态.

8.4　量子退相干

电子的干涉和衍射实验分别呈现出的干涉条纹和衍射花样，充分说明了电子具有波动性. 基于冷原子的布拉格散射，可以实现原子(例如铷原子 Rb)的准双缝干涉，如图 8.4.1 所示. 建立一个频率为 ω_0 的驻波电磁场，将铷原子束 A 以一定的角度入射到驻波场，形成透射波 B 和散射波 C.

设入射原子的波函数为 ψ_A，出射原子的波函数分别为 ψ_B 和 ψ_C，则观察屏上原子的波函数为 $\psi_0 \sim \psi_B + \psi_C$，呈现出的干涉条纹由 ψ_0 的概率密度 $\rho_0 = \langle\psi_0|\psi_0\rangle$ 决定，即

$$\rho_0 = \langle\psi_0|\psi_0\rangle \sim |\psi_B|^2 + |\psi_C|^2 + 2\mathrm{Re}(\psi_B\psi_C). \tag{8.4.1}$$

此式的最后一项是干涉项，由其产生干涉条纹.

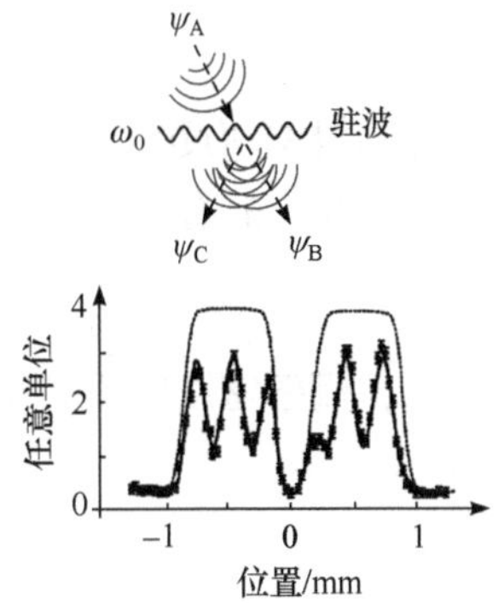

图 8.4.1　原子布拉格散射准双缝干涉

在以上实验中，同传统的电子双缝干涉实验类似，原子的轨迹是无法识别与标记的，无法确定原子是处

于束 B 还是束 C. 不过，利用微波激励拉比振荡效应，可以对原子的轨迹进行识别与标记. 原子 Rb 的基态由两个超精细结构的态构成，记为$|1\rangle$ 和$|2\rangle$. Rb 的激发态为$5^2p_{3/2}$，记为$|3\rangle$.能级E_3与E_2及E_1的共振频率分别为$\omega_{32}=(E_3-E_2)/\hbar$和$\omega_{31}=(E_3-E_1)/\hbar$.如图 8.4.2 所示，建立一个频率为$\omega_0$的驻波电磁波，选取$\omega_0$使得$\omega_{31}>\omega_0>\omega_{32}$，因此，$\omega_0$与$\omega_{32}$及$\omega_{31}$的失谐量分别为$\varDelta_{31}=\omega_0-\omega_{31}<0$和$\varDelta_{32}=\omega_0-\omega_{32}>0$. 在布拉格散射过程中，$|1\rangle$ 态因其$\varDelta_{31}<0$，空间状态会变号，$|2\rangle$ 态因其$\varDelta_{32}>0$，空间状态不变号.

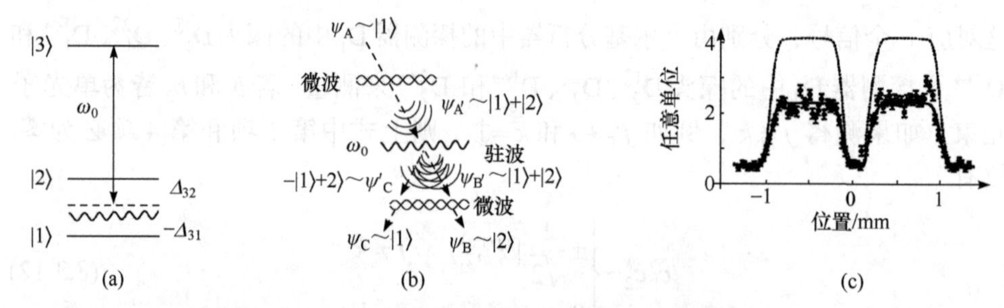

图 8.4.2　原子布拉格散射准双缝干涉中的退相干现象

从冷原子源出射的铷原子，绝大多数处于基态$|1\rangle$，故$\psi_A\sim|1\rangle$. 在被驻波场散射前,给原子施加 3GHz 的微波脉冲产生拉比振荡,使原子处于叠加态$\psi'_A\sim|1\rangle+|2\rangle$. ψ'_A被驻波场作用后，形成透射波ψ'_B和散射波ψ'_C. 对后者来说，$|1\rangle$ 态的空间状态会变号，故$\psi'_C\sim-|1\rangle+|2\rangle$.对处于$\psi'_B$和$\psi'_C$的铷原子再施加一次相同的微波脉冲，产生第二次拉比振荡，则$\psi'_B\to\psi_B\sim|2\rangle$，$\psi'_C\to\psi_C\sim|1\rangle$. 这样一来，束 B 和 C 中原子的特征就被标记出来了. 实验观测表明,此时干涉条纹消失了. 这种现象称为量子退相干现象，可以用纠缠态来加以解释.

原子经历两次微波拉比振荡后，形成了一个量子纠缠态$|\psi_e\rangle$

$$|\psi_e\rangle\sim|\psi_B\rangle\otimes|2\rangle+|\psi_C\rangle\otimes|1\rangle. \tag{8.4.2}$$

相应的概率密度为$\rho_e=\langle\psi_e|\psi_e\rangle\sim|\psi_B|^2+|\psi_C|^2+\psi_B\psi_C^*\langle1|2\rangle+\psi_B^*\psi_C\langle2|1\rangle$.因$\langle1|2\rangle=\langle2|1\rangle=0$，故有

$$\rho_e\sim|\psi_B|^2+|\psi_C|^2. \tag{8.4.3}$$

可见，概率密度中没有干涉项，干涉条纹消失了.

习　题　8

8.1　两电子复合体量子态为$|\psi_{12}\rangle=|\downarrow_1\rangle\otimes|\downarrow_2\rangle$，求其密度算符，检验其为可

分离态.

8.2 对两电子复合体，贝尔算符 $\hat{B}_{\frac{\pi}{4}}$ 属于本征值 $B_{\frac{\pi}{4}}=-2\sqrt{2}$ 的量子态为 $|\phi_{12}^{(-)}\rangle=\frac{1}{\sqrt{2}}\left(|\uparrow_1\rangle\otimes|\uparrow_2\rangle-|\downarrow_1\rangle\otimes|\downarrow_2\rangle\right)$，求其密度算符，检验其为纠缠态.

8.3 两电子复合体的量子态为：(1) $|\psi_{12}\rangle=\frac{1}{\sqrt{2}}\left(|\uparrow_1\rangle|\downarrow_2\rangle+|\downarrow_1\rangle|\uparrow_2\rangle\right)$，(2) $|\psi_{12}\rangle=|\downarrow_1\rangle|\downarrow_2\rangle$. 求 $\hat{s}_x^{(1)}=\frac{\hbar}{2}\begin{pmatrix}0 & 1\\ 1 & 0\end{pmatrix}$，$\hat{s}_y^{(1)}=\frac{\hbar}{2}\begin{pmatrix}0 & -\mathrm{i}\\ \mathrm{i} & 0\end{pmatrix}$，$\hat{s}_z^{(1)}=\frac{\hbar}{2}\begin{pmatrix}1 & 0\\ 0 & -1\end{pmatrix}$的平均值.

8.4 设两电子复合体的量子态为 $|\psi_{12}\rangle=\frac{1}{\sqrt{2}}\left(|\uparrow_1\rangle|\downarrow_2\rangle+|\downarrow_1\rangle|\uparrow_2\rangle\right)$，通过施密特分解，验证其为纠缠态.

8.5 设两电子复合体的量子态为：(1) $|\psi_{12}\rangle=\frac{1}{\sqrt{2}}\left(|\uparrow_1\rangle|\downarrow_2\rangle-|\downarrow_1\rangle|\uparrow_2\rangle\right)$，(2) $|\psi_{12}\rangle=|\uparrow_1\rangle|\uparrow_2\rangle$. 求其纠缠度.